PUTONG GAODENG YUANXIAO
SHIERWU TUMU GONGCHENG LEI GUIHUA XILIE JIAOCAI

普通高等院校“十二五”土木工程类规划系列教材

潜孔锤钻进技术

QIANKONGCHUI ZUANJIN JISHU

主 编　石永泉

西南交通大学出版社
·成 都·

内容简介

本书内容主要由四部分组成：潜孔锤钻进技术相关的基础理论，包括工程热力学与流体力学的基础理论、冲击碎岩过程和理论分析；液动潜孔锤钻进技术，包括液动潜孔锤结构、工作原理、特点、钻头、钻进工艺和配套设备；气动潜孔锤钻进技术，包括气动潜孔锤结构、工作原理、特点、钻头、钻进工艺和配套设备；包含潜孔锤钻进技术的一些组合钻进技术，包括气动潜孔锤跟管钻进技术、湿式气动潜孔锤钻进施工法、气动矛和夯管锤施工法、中心取样钻探和气动潜孔锤取芯钻进工艺等。

本书系高等学校勘查技术与工程专业学生的教材，也可供从事岩土钻掘工作的技术人员参考使用。

图书在版编目（CIP）数据

潜孔锤钻进技术 / 石永泉主编. 一成都：西南交通大学出版社，2013.1

普通高等院校"十二五"土木工程类规划系列教材

ISBN 978-7-5643-2138-3

Ⅰ. ①潜… Ⅱ. ①石… Ⅲ. ①潜孔钻机－高等学校－教材 Ⅳ. ①P634.3

中国版本图书馆 CIP 数据核字（2012）第 320444 号

普通高等院校"十二五"土木工程类规划系列教材

潜孔锤钻进技术

石永泉　主编

*

责任编辑　杨　勇

特邀编辑　曾荣兵

封面设计　何东琳设计工作室

西南交通大学出版社出版发行

（成都二环路北一段 111 号　邮政编码: 610031　发行部电话: 028-87600564）

http: //press.swjtu.edu.cn

四川五洲彩印有限责任公司印刷

*

成品尺寸：185 mm × 260 mm　　印张：12.5

字数：311 千字

2013 年 1 月第 1 版　　2013 年 1 月第 1 次印刷

ISBN 978-7-5643-2138-3

定价：35.00 元

普通高等院校“十二五”土木工程类规划系列教材

编　委　会

前　言

潜孔锤钻进技术也称为冲击回转钻进技术、冲击器钻进技术；在石油钻井中，又称之为旋冲钻井技术。潜孔锤钻进技术是一项先进的钻进技术，其内容包括潜孔锤钻进工艺及其配套设备仪器。潜孔锤钻进方法具有效率高、质量好、成本低、机械化程度高等一系列优点，是一种很有发展前景的钻进方法。潜孔锤钻进技术，吸引了国内外众多的研究人员和应用者，为了进一步提高潜孔锤钻进效率、克服应用过程中的缺点、进一步扩大应用领域范围，近年来潜孔锤钻进技术得到了长足的发展。取得了许多研究成果，开发了许多新产品。

我校考虑到培养学生一专多能、拓展学生知识面，开设了许多专业选修课程，1997年在勘查技术与工程专业开设了"潜孔锤钻进技术"专业选修课程，并编写了《潜孔锤钻进技术》校内部教材。该教材至今已应用16年，现在加以修编正式出版。

本书内容主要由四部分组成：潜孔锤钻进技术相关的基础理论，包括工程热力学与流体力学的基础理论、冲击碎岩过程和理论分析；液动潜孔锤钻进技术，包括液动潜孔锤结构、工作原理、特点、钻头、钻进工艺和配套设备；气动潜孔锤钻进技术，包括气动潜孔锤结构、工作原理、特点、钻头、钻进工艺和配套设备；包含潜孔锤钻进技术的一些组合钻进技术，包括气动潜孔锤跟管钻进技术、湿式气动潜孔锤钻进施工法、气动矛和夯管锤施工法、中心取样钻探和气动潜孔锤取芯钻进工艺等。本书属于应用技术课程教材，内容既注重基础理论、基本原理，也注重实用技术。虽然编者在本书中努力反映潜孔锤钻进技术研究工作的最新进展，但可能与实际还是有差距的。

本书可作为高等学校勘查技术与工程等土建类专业的教材，使用时，可根据专业要求和学时多少作必要的取舍。

编者的助手石思参加编写了本书的部分内容。成都理工大学罗启忠副教授审阅本书。

由于编者水平有限，书中难免存在不足之处，恳请读者批评指正。

成都理工大学
石永泉
2012年8月

目　录

绪 论

潜孔锤钻进技术也称为冲击回转钻进技术、冲击器钻进技术；在石油钻井中，又称之为旋冲钻井技术。潜孔锤（也称其为冲击器）钻进是冲击式钻进和回转式钻进相结合的一种钻进方法。回转和冲击联合作用，共同破碎岩石，它们互相补充，发挥出其主要优点，因此潜孔锤钻进方法能够提高钻进效率，质量好、成本低、机械化程度高。依据驱动潜孔锤工作的介质不同分为两种，以气体驱动潜孔锤工作的，称为气动潜孔锤钻进技术；以液体驱动潜孔锤工作的，称为液动潜孔锤钻进技术。两者在工艺和设备上均有些不同。

潜孔锤钻进技术应用范围广泛，适于各种钻地工程，即适于钻进各种地层，达到各种工程目的，如地矿勘探、工程勘察、地基处理注浆成孔、锚杆（索）成孔、水井成孔、非开挖成孔、桩基成孔、油气钻井、地下工程事故救援成孔等。在各种钻地工程中，采用潜孔锤钻进方法相比其他钻进方法均会不同程度地提高钻进效率、降低成本，且有些钻地工程其他钻进方法是无法完成的。

（1）本书主要内容。

本书内容上主要由四部分组成：潜孔锤钻进技术相关的基础理论，包括工程热力学与流体力学的基础理论、冲击碎岩过程和理论分析；液动潜孔锤钻进技术，包括液动潜孔锤结构、工作原理、特点、设计基本知识、钻头、钻进工艺和配套设备；气动潜孔锤钻进技术，包括气动潜孔锤结构、工作原理、特点、设计基本知识、钻头、钻进工艺和配套设备；包含潜孔锤钻进技术的一些组合钻进技术，包括气动潜孔锤跟管钻进技术、湿式气动潜孔锤钻进施工法，气动矛和夯管锤施工法、中心取样钻探和气动潜孔锤取心钻进工艺等。学生在学习中应注意理论联系实际，并重视实验课的学习。

（2）本书特点。

由于是应用技术课程教材，本书详细介绍了潜孔锤钻进技术应用方面相关的基础理论。而潜孔锤钻具设计方面知识，本书只介绍了基本知识，这样既有利于学生较好地应用该技术，也有利于从事钻具设计的学生入门。本书详细介绍了常用的、新的潜孔锤钻具以及设备产品结构、工作原理、特点等，尽量选用新的理论、研究成果内容。同时，书中相关的产品信息量较大，有一定的手册功能。

（3）本课程的目的。

通过本课程的学习，学生能够掌握潜孔锤钻进技术知识；能够依据工程要求、地层条件，合理地选用潜孔锤钻具、设备，确定合理的钻进工艺规程和操作注意事项，并组织施工；能够积极开展潜孔锤钻进技术研究工作，发展潜孔锤钻进技术。

（4）潜孔锤钻进技术发展史。

潜孔锤钻进方法的应用已有一百多年的历史，早在19世纪60年代就有人进行了潜孔式冲击器的试制工作，早期在法国研制过低频液动冲击器，后来在苏联和美国进行过"涡轮锤"和"涡轮振动钻"的研究工作。

20 世纪 60 年代以来，苏联将液动冲击器定型统一生产，把液动冲击器钻进法作为常规的钻进工艺之一，不仅用于硬合金钻进、钢粒钻进，还用于金刚石钻进。因此苏联的液动冲击器钻进技术是比较成熟的，他们做了很多工作，进行了冲击回转钻进岩石可钻性分级，依此确定了一些最优化钻进参数；此外，还研制了绳索取芯用的冲击器。日本利根公司从事液动冲击器的研究工作约有四十余年的历史，研制出了高频液动冲击器。

首次利用空气作为冲洗循环介质进行空气钻进的尝试，是 1932 年在美国德克萨斯州东部的油井中进行的，但这种尝试没有成功，1938 年，在德克萨斯州和加利福尼亚又重新进行了试验获得了成功。1951 年开始推广这种钻进方法，到了 20 世纪 60 年代，普遍利用了风动潜孔锤钻进方法。美国曾在 3 500 m 的深井中，成功地进行了气动潜孔锤钻进，气动潜孔锤一般都用于无岩芯钻井，但德国、苏联等国也在研制取芯式气动潜孔锤。目前，美、俄、日、奥、德等国都在扩大气动潜孔锤的使用范围，其中澳大利亚在 150 m 孔深内的钻孔中采用气动潜孔锤代替金刚石钻进，使成本下降 9/10；美国使用气动潜孔锤钻进水井已达 75%，而且已扩大到金属矿床勘探孔中。国外还把气动潜孔锤钻进与气举反循环钻进结合起来，美国贝克公司称为“最新式钻具”。德国的气动潜孔锤钻探都已成为成熟的钻进技术。进入 20 世纪 80 年代以来，国外还研制了许多把气动潜孔锤钻进技术与其他钻探技术相结合的新颖而有成效的钻进法，如以空气作反循环介质的中心连续取样钻进法（CSR 法）；瑞典在潜孔锤钻进基础上推出的 ODEX 跟管钻进系统；比利时的“土星”及“海王星”跟管钻进法；日本利根公司推出的能在漂石和基岩中钻进口径 380 ~ 1 500 mm 钻孔的 MACH 钻进法等。

总之，国外的潜孔锤钻进技术比较成熟，许多国家正在积极推广应用。实践也表明，这种钻进方法是很有发展前途的。

我国自 1958 年开始研制液动冲击器钻具，许多单位在这方面做了很多工作，液动冲击回转钻进技术日趋成熟，射流式液动冲击器形成系列；原国家地矿部还进行了各种液动冲击器选型工作；冶金、一些解放军部队也进行了研制液动冲击器工作。1971 年至今，全国用液动冲击回转钻进累计进尺 20 余万米，近些年也研制并应用了绳索取芯液动冲击器，大大提高了钻进效率。

我国空气钻进研究与试验，已有五十余年历史。20 世纪 60 年代在矿山部门开始应用了气动潜孔锤钻进方法，并开始研制专用钻机。1978 年以来，地矿部勘探技术研究所与吉林省水利局进行了空气反循环潜孔锤打基岩水井试验，取得了一定的效果，后来保定水文方法队开始试验中压空压机潜孔锤钻进法，取得了较为满意的效果，钻孔深达 250 m，静水位以下水井深达 186 m，接着又进行了低压空压机潜孔锤钻进试验及利用增压机等试验研究工作，取得了一些有益的经验。目前，气动潜孔锤钻进方法在水井施工中应用较多，在油气钻井方面也开始推广应用。

我国的液动潜孔锤钻进技术已具有较高水平，且国家已将其作为地勘工作中的重点推广项目。对气动冲击器的研究我国起步较晚，但现在发展较快，在工程成孔施工中应用较多。我国的潜孔锤钻进技术得到了长足的发展，应用范围在不断扩大。

第 1 章　工程热力学与流体力学的基础理论

冲击器是由液体或气体驱动工作的，液体或气体的性质和规律对于冲击器的工作性能有重要影响，因此有必要了解流体力学的基础理论。由于在前面的学习课程中，已讲授过液体静力学、液体动力学、液体流动时的压力损失等内容，故本章重点介绍气体性质和运动规律。

1.1　空气的物理性质

空气钻进技术就是把空气作为洗井介质或动力能量来源破碎岩石的一种钻进方法，目前主要是利用压缩空气。它是由大气通过空气压缩机把机械能转变为压缩空气能，在使用中又将压缩空气变为机械能（携带岩粉、冷却钻头或者是使冲击器产生冲击动作破碎岩石），在能量交换的过程中，空气是遵循着著名的热力学中已经被证明的气体定律变化的。为了说明这些基本定律，首先应当对空气的基本性质有所认识。

空气是无色、无嗅、无味的多种气体的混合物，其主要成分为氧（21%）和氮（78%），并包含着少量的 CO_2（0.03%）、氩（0.94%）以及其他气体等。此外，在空气中经常含有水蒸气，它的含量变化很大。为了区别于不含水蒸气的干燥空气，把含有水蒸气的空气称为湿空气。

如同其他物质一样，空气也是由分子组成的。分子不停地运动，并由分子力将它们聚集在一起。但气体与固体、液体不同，气体的分子不仅相互间离得较远，而且不像固体、液体分子那么大，故能够十分自由地运动。因此，气体能在空间扩散，并同其他气体相混合。

气体分子本身的体积同气体占有的空间容积相比是很小的，即气体的容积大部分是空间。因此气体能压缩成原容积的很小一部分，气体分子在其中作直线运动，直至它与另一个分子或容器碰撞，碰撞后改变其运动速度和方向。气体分子对容器壁的碰撞，在 0 °C 和标准大气压下，每平方厘米的壁上碰撞达 3×10^{23} 次/s。作用于壁上的空气压力就是这些分子撞击的结果。这时每立方厘米的空气含有约 27×10^{18} 个分子，它们的平均速度为 500 m/s。

如果缓慢地压缩气体的容积（并通过散热使温度保持不变），那么每单位容积内的分子数便要增加。随之而来的是每秒钟分子撞击容器壁的次数要增多，气体对容器壁的压力就要升高。假如当气体容积被压缩到原来容积的一半或四分之一时，每单位面积的分子撞击数就要增加到两倍或四倍，也就是说气体的压力增大两倍或四倍。

如果我们限定气体的容积而使其温度升高，气体分子的运动速度就会加快，单位时间内，分子撞击器壁的次数就会增加，器壁所受到的分子压力也要相应增大。这就说明为什么稀薄气体每单位容积的分子数少，但在温度升高时对容器壁的压力同稠密气体在低温时对容器壁的压力是相同的。显然，如果气体温度升高又要保持气体压力不变，就必须增大气体的容积。

空气是多种气体的机械混合物。作为混合气体来说，它的性质和各组成气体的性质及其混合比例有关。一般认为各组成气体符合气体状态变化规律，则混合气体也符合气体状态变化规律。一般将混合气体的压力称为全压，它是各组成气体分压 P_i 的总和，即

$$P = P_1 + P_2 + P_3 + \cdots$$

某种气体的分压 P_i 表示这种气体在与混合气体同样温度下，单独占据混合气体的总容积时所具有的压力。

从上面的叙述可知，压力、容积（比容）、温度是表征气体物理性质最主要的基本参数。除此之外，还有重度、比热、湿度、黏度、空气中的音速等参数。

1.1.1 压力（压强）P

压力是单位面积上所承受的垂直作用力。确切地说，气体的压力是大量分子在紊乱的热运动中对容器壁频繁冲击的总效果。故气体的压力既取决于分子的平均运动强度，同时又取决于分子的浓度。这可从分子运动论所得的方程式看出：

$$P = \frac{2}{3} n \bar{E} = \frac{2}{3} n \frac{mV^2}{2} \quad (\mathrm{N/cm^2})$$

式中 n ——单位容积内分子数；

$\bar{E}$ ——气体分子直线运动平均动能；

m ——一个气体分子的质量；

V ——分子的平方根速度。

按照压力的定义，还可写成：

$$P = \frac{F}{A} \quad (\mathrm{N/cm^2})$$

式中 F ——作用力，N；

A ——承受作用力的面积，$\mathrm{cm^2}$。

1. 绝对压力、表压力、真空压力

气体压力有表压力（或计示压力或相对压力）、绝对压力、真空压力之分。用普通压力表测量出来的压力为表压力，它不包括自然界的大气压力在内，或产品说明中标注的压力即指表压力。表压力加上大气压力即绝对压力：

$$\left.\begin{aligned} P_{绝} &= P_a + \gamma h \\ P_{表} &= P_{绝} - P_a = \gamma h \end{aligned}\right\} \quad (\mathrm{N/m^2})$$

式中 $P_{绝}$ ——流体的绝对压力，$\mathrm{N/m^2}$；

P_a ——当地大气压力，$\mathrm{N/m^2}$；

$P_{表}$ ——流体的相对压力（即流体的绝对压力与大气压力的差值），通常压力表测量的就是此值；

γ——流体重度，N/m^3；

h——压头，m。

大气压力因纬度、高度、气候条件不同而不同。在海平面上，当温度为 0 °C 时，大气压力 P_a 的平均数值为 101 325 Pa（1.033 2 kg/cm²），所以公认把这个数值定为 1 个标准大气压（atm）。这在海拔高度不太高时（1 100 m 以内）计算误差很小，对工程设计带来的影响在允许范围之内。

有了上列关系式，压力 P 的大小就可以从不同的基准计算，因而产生了绝对压力、相对压力、真空压力的概念。

（1）绝对压力 ($P_{绝}$)：以绝对真空为零点而计量的压力。在气体状态方程式中，其压力都是绝对压力。

（2）相对压力（也称表压）：以一个标准大气压状态为零点而计量的压力。表压实质是指某点绝对压力超过大气压的数值，即绝对压力与大气压力之差。

（3）真空压力（也称真空度）：工程既会遇到绝对压力大于大气压的情况，也会遇到绝对压力小于大气压的情况。例如，水泵吸水管、风机吸风管内流体的绝对压力是低于大气压的。这些部位的相对压力 $P_{绝}-P_a$ 是负值，此时绝对压力不足于大气压的差数称为真空压力（也称真空度），用符号 P_v 表示。

真空压力，是指流体的绝对压力小于大气压力产生真空的程度，用数学式表示为

$$P_v = P_a - P_{绝} = -\gamma h_v = -P_{表}$$

如以液柱高形式来表示就称为真空高度，即

$$h_v = \frac{P_v}{\gamma}$$

式中　h_v——真空高度，m；

　　P_v——真空压力，N/m^2。

例如，某设备内流体的绝对压力为 0.3 个工程大气压，求它相应的真空压力为若干？

$$真空压力\ P_v = P_a - P_{绝} = 1 - 0.3 = 0.7\ （大气压）$$

$$真空高度\ h_v = \frac{P_v}{\gamma} = \frac{0.7\times 9.81\times 10\,000}{1\,000\times 9.81} = 7\ （米水柱）$$

由此可见，理论上最大真空高度是当绝对压力为零时，即

$$h_v = (P_a - P_{绝})/\gamma = P_a/\gamma = \frac{10\,000\times 9.81}{1\,000\times 9.81} = 10\ （米水柱）$$

2. 压力的度量

压力的度量有三种单位：

（1）应力单位：用单位面积承受的力表示，其单位为帕斯卡（Pa）或者为牛/米²（N/m^2）（工程单位为公斤·力/米²、公斤·力/厘米²）。

（2）大气压单位：工程上常用大气压表示。由物理学知，温度为 0 °C、重力加速度为

980.665 cm/s^2、水银重度为 133 416 N/m^3（即 13 600 公斤·力/米^3）时，760 mm 水银柱作用在底面的压力为一标准大气压，即 $P_{标准}$ = 101 396 N/m^2（10 336 公斤·力/米^2）。在工程上为便于计算，常取一工程大气压为 P = 98 100 N/m^2（10^4公斤·力/米^2）。

（3）液柱高单位：即以水柱或水银柱的高度表示压力的大小。由 $P_{表} = \gamma h$ 可知，$h = P_{表}/\gamma$。说明一定的压力 $P_{表}$ 相当于一定的液柱高。如果 γ 取不同液体，则 h 值不同，即一定的压力可用不同的液柱高度来表示。

例：将一工程大气压的数值换算成相应的水柱高及水银柱高（水重度 $\gamma_{水}$ = 9 810 N/m^3，水银重度 $\gamma_{水银}$ = 133 416 N/m^3）。

一工程大气压为 P_a = 98 100 N/m^2，则相应的水柱高与水银柱高为

$$h_{水柱} = P_a/\gamma_{水} = 98\ 100/9\ 810 = 10 \quad（米水柱）$$

$$h_{水银柱} = P_a/\gamma_{水银} = 98\ 100/133\ 416 = 735.3 \quad（毫米水银柱）$$

各种压力单位的换算见表 1.1。

表 1.1　压力单位的换算

N/m^2 (牛顿/米^2，帕)	kgf/cm^2 (工程大气压)	kgf/cm^2 (标准大气压)	mHg (米汞柱)	mH$_2$O (米水柱)	kgf/m^2 (公斤·力/米^2)	Ib/in^2 (磅/英寸^2)	Bar (巴)
100 000	1.019 7	0.986 15	0.750 1	10.197		14.50	1
98 066.5	1	0.967 8	0.735 6	10.000	10 000	14.22	0.980 7
	0.070 31	0.068 05	0.051 7	0.703 1		1	0.068 95
133 300	1.359 5	1.315 8	1	13.6		19.34	1.333 2
9 806	0.100 0	0.09 678	0.073 55	1	1 000	1.422	0.098 06
101 325	1.033 2	1	0.760	10.33	10 332	14.70	1.013 3

1.1.2　气体的比容 υ

比容就是单位质量物质所占有的容积：

$$\upsilon = \frac{V}{M} \quad (\text{m}^3/\text{kg})$$

式中　V——气体容积，m^3；

M——气体的质量，kg。

显然，比容也是气体压力的函数。在温度为 0 °C 和压力为 1 标准大气压（760 mm 汞柱）的情况下，干燥空气的比容为 0.773 m^3/kg。

1.1.3　气体的重度 γ 与气体的密度 ρ

重度是单位容积的物质具有的重量：

$$\gamma = \frac{G}{V} \quad [\text{N/m}^3（国际单位制）；公斤·力/米^3（工程单位制）]$$

重度与比重是两种不同的概念，量纲也不一样，但在一些书籍及文献中把二者混为一谈。应该指出，在克（g）、厘米（cm）、秒（s）等物理单位制中，重度和比重的绝对值是相同的。例如设泥浆的比重为 1.1，它在 g、cm、s 制中重度也为 1.1 克·力/厘米 ^{3}，但在工程单位制（公斤·力·米·秒）中，比重为 1.1 的泥浆其重度γ= 1 100 公斤·力/米 ^{3}，而在国际单位制中（N·m·s）则为 10 791 N/m^3。我国已发布命令，采用国际单位制。在有关流体力学的计算中，经常要涉及重度这一概念，因此必须注意二者的区别。

密度 ρ 是单位体积内的质量，即

$$\rho = \frac{M}{V} \quad (\text{kg/m}^3)$$

密度ρ、重度γ、比容υ之间关系为

$$\gamma = \rho g = \frac{g}{\upsilon}$$

式中　ρ ——气体的密度，kg/m^3；
g ——重力加速度，m/s^2；
υ ——比容（m^3/kg），为密度物理量的倒数；
M ——气体质量，kg；
γ ——气体重度，N/m^3；
V ——气体体积，m^3。

1.1.4　压缩空气流量与自由空气流量换算

气体系统的耗气量通常是指有压状态下的空气流量（即压缩空气流量），而空气压缩机铭牌上的流量是指压缩机吸入的自由空气流量，它们之间的换算关系为

$$Q_{自} = Q_{压}(T_{自}/T_{压})\frac{P+1.013}{1.013}$$

式中　P ——压缩空气表压力，bar；
$Q_{压}$ ——压缩空气体积流量，m^3/min；
$Q_{自}$ ——自由空气体积流量，m^3/min；
$T_{压}$ ——压缩空气温度，K；
$T_{自}$ ——自由空气温度，K。

1.1.5　温度 T

"温度"这个概念是随其测定方法的发展而明确起来的。通常的摄氏温标（t °C），是把一标准大气压下水的冰点定为 0 °C，水的沸点定为 100 °C，中间等分 100 份，每一份即为 1 °C。如果把上述两点定为 32°和 212°，中间分为 180 等份，每一等份为一度，这就成为华氏温标。

如此等等，可以有很多温标。不仅这样，即使采用同一种温标，如果选择的测温物体不同，在测定某一确定温度时，也会得出不同的数值，对此将上述温标称为经验温标。为了避开被测物质性质的影响，1857 年，开尔文根据卡诺定理提出了热力学温标，这种温标与理想气体温度计的温标是一致的，因而把研究的气体视为理想气体时有很大的实用价值与较高的准确性。

热力学温标又称绝对温标，其计算为

$$T = 273.15 + t$$

式中 T——绝对温度，K；

t——摄氏温度，C。

按气体动力学理论，气体分子平均移动动能与绝对温度成下列关系：

$$\overline{E} = \frac{mv^2}{2} = \frac{3}{2}KT$$

式中 E——气体分子平均移动能；

m——分子的质量；

v——分子的均方根速度；

K——菠尔茨曼常数；

T——绝对温度。

1.1.6 比热 c

比热就是单位量的物质产生单位温度变化时所吸收或放出的热量，常以小写字母 c 表示。其量纲为 kcal/kg · °C（千卡/公斤 · 度）。

$$c = \frac{\delta_q}{d_T} \quad (\text{kcal/kg} \cdot {}^\circ\text{C})$$

式中 δ_q——单位量的物体所吸收或放出的热量；

d_T——温度的变化量。

由物理学知道，热量和能量的关系用热功当量 A 来表示：

$A = 1/427$ （kcal/kgf · m °C）

1 kgf · m = 1/427

1 kcal = 427 kgf · m

1 cal = 4.18 J（焦耳）

J = 0.24 cal（卡）

气体的比热数值还随加热过程而变化，因而有定容比热 c_V 和定压比热 c_P 之分。

定容比热 c_V，相当于在密闭容器内加热气体，此时气体无法膨胀，它的压力将随温度上升而增高。

定压比热 c_P，相当于加热气体时，气体可以自由膨胀，但它压力保持不变。

定容比热一般小于定压比热，因为在第二种情况下加热时，一部分热量还要消耗在外功上。

不同气体的 c_V 和 c_P 虽然不同，但理想气体的 c_V 与 c_P 之比都是一个常数，即

$$\frac{c_P}{c_V}=k$$

式中的 k 值称为绝热指数。空气的绝热指数 $k=1.41$。

1.1.7　空气的黏度

黏度是流体做相对运动时的内摩擦力。黏度系数是表明流体黏度性质的系数。

空气的绝对黏度（或称动力黏度）μ，单位为公斤力·秒/米 ^{2} 或牛·秒/米 ^{2}。它的大小与温度有关：

$$\mu=1.758\times10^{-6}\times\frac{380}{380+t}\times\left(\frac{273+t}{273}\right)^{\frac{3}{2}}\qquad(\mathrm{N\cdot s/m^2})$$

运动黏度系数为

$$\gamma=\frac{\mu}{\rho}\qquad(\mathrm{m^2/s})$$

式中　t——空气的温度，°C；

ρ——空气的密度（国际单位：kg/m^3；工程单位：公斤·力·秒 ^{2}/米 ^{4}）。

在标准大气压下，空气的黏度系数见表 1.2。

表 1.2　空气黏度系数

温度/°C	−10	0	10	20	40	60
重度 γ/（N/m^3）	1.34	1.29	1.25	1.20	1.12	1.06
密度 ρ/（kg·f·s^2/m^4）	0.137	0.132	0.127	0.123	0.114	0.108
绝对黏度 $10^6\mu$/（kg·f·s/m^2）	1.65	1.71	1.77	1.83	1.95	2.07
运动黏度系数 $10^6\gamma$/（m^2/s）	12.1	13.0	13.9	14.9	17.0	19.2

由表 1.2 可以看出，空气的流动性随温度升高而下降，这与液体恰恰相反，液体的流动性随温度升高而增大。液体的内摩擦力来源于分子的聚合力，在温度升高时分子活动能力增大，所以内摩擦力减小。气体则由于分子无规则地运动而产生阻力，所以温度升高时内摩擦力增大。

空气的黏度对研究气体流动的特性及计算管路压力损失是很重要的。图 1.1 所示为空气的黏度与空气压力关系。

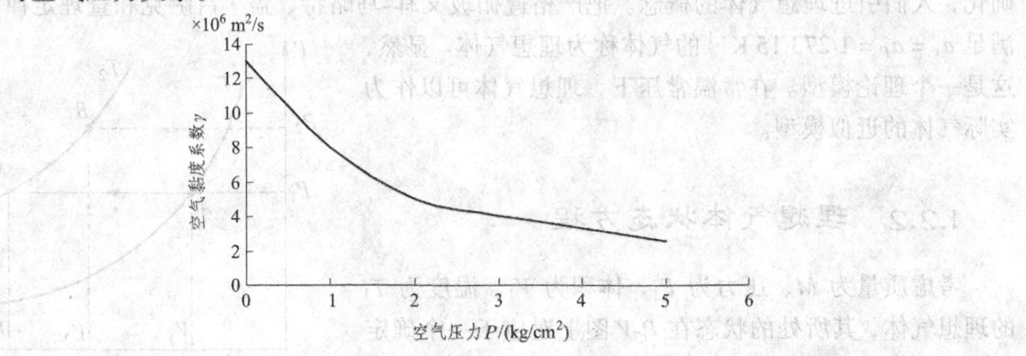

图 1.1　γ-P 关系曲线

1.2 理想气体的状态方程

1.2.1 气体的基本实验定律

（1）玻义耳-马略特定律（Boyle-Mariotte）。

实验发现，在密度较小时，一定质量（M）的气体在温度 T 保持不变时，其压力 P 与体积 V 的乘积是一个常数，即

$$pV=\text{常数}\ (M\text{与}T\text{不变})$$

常数的大小由 M 与 T 决定。在 P-V 图上（压容图），上式表示的是一条双曲线。因为这时温度不变，所以也称等温线。图 1.2 给出了几条对应于不同温度的等温线。

（2）盖·吕萨克定律（Gay-Lussac）。

在同样情况下，实验发现一定质量 M 的气体，在压力 P 保持不变时，其体积 V 与绝对温度 T 成正比：

$$\frac{V}{T}=\text{常数}\quad\text{或}\quad V=V_0a_VT\quad(M\text{与}P\text{不变})$$

式中，V_0 是气体在 273.15 K 时的体积；系数 a_V 称为气体的体积膨胀系数。实验证明，一切气体的 a_V 都近似地等于 $1/273.15\ \text{K}^{-1}$。

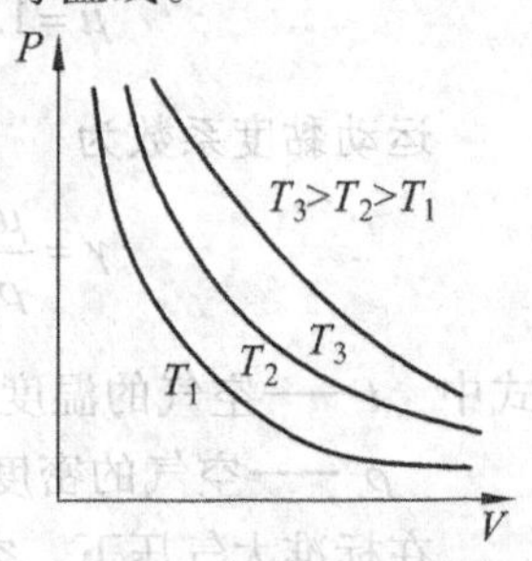

图 1.2 理想气体等温线

（3）查理定律（Charles）。

在同样情况下，实验发现，一定质量 M 的气体，在体积 V 保持不变时，其压力 P 和绝对温度 T 成正比：

$$\frac{P}{V}=\text{常数}\quad\text{或}\quad P=P_0\cdot a_P\cdot \text{T}\quad(M\text{与}V\text{不变})$$

式中，P_0 是气体在 273.15 K 时的压力。系数 a_P 称为气体的压力温度系数。根据实验测定，一切气体的 a_P 也近似地为 $1/273.15\ \text{K}^{-1}$。

实验表明，这三条定律都有一定的局限性。在常温（室温附近）、常压（1 个标准大气压左右）下，大部分气体如氢、氧、氮、氦等基本遵循上述各定律。温度越高，压力越小，即气体越稀薄时，准确程度越高；反之温度越低，压力越大，即气体密度较大时，出现的偏差也较大。一般在 100 个标准大气压以上时，偏差就非常显著。为了使这三条定律适用范围准确化，人们引进理想气体的概念。把严格遵循玻义耳-马略特、盖·吕萨克和查理定律，并且满足 $a_V=a_P=1/273.15\ \text{K}^{-1}$ 的气体称为理想气体。显然，这是一个理论模型。在常温常压下，理想气体可以作为实际气体的近似模型。

1.2.2 理想气体状态方程

考虑质量为 M、压力为 P_1、体积为 V_1、温度为 T_1 的理想气体，其所处的状态在 P-V 图上对应于一个确定的点 A（见图 1.3）。以 P_2、V_2、T_2 表示这一理想气体的

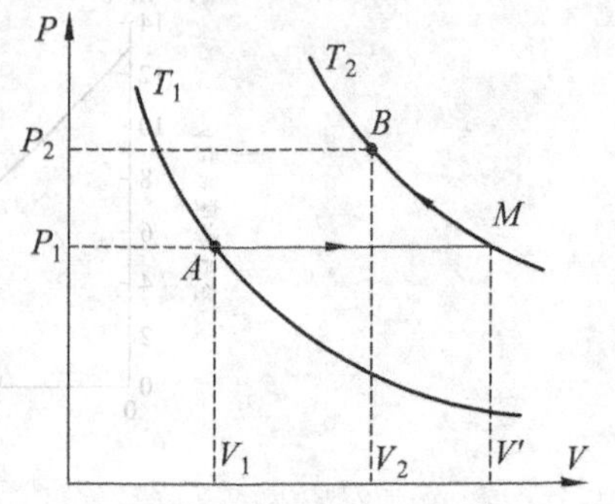

图 1.3 理想气体状态过程

另一个状态 B，现在讨论状态 A 和 B 各参量间的关系。因为只讨论 A、B 两状态两组参量之间的关系，而不涉及中间过程，所以由状态 A 向状态 B 过渡的过程原则上可任意选取。如图 1.3 中所示的途径，让气体从状态 A 经过一个等压过程过渡到一个中间状态 M（P_1、V'、T_2），然后再经过一个等温过程由中间状态 M 过渡到状态 B（P_2、V_2、T_2）。

根据盖-吕萨克定律，对于等压过程有

$$\frac{V_1}{V'}=\frac{T_1}{T_2}$$

根据玻义耳-马略特定律，对于等温过程则

$$P_1V'=P_2V_2$$

将上两式消去 V'，得

$$\frac{P_1V_1}{T_1}=\frac{P_2V_2}{T_2}$$

考虑到原来选择 A、B 两个状态的任意性，上式不仅适用于 A、B 两个状态，还可推广到其他任何状态，即

$$\frac{P_1V_1}{T_1}=\frac{P_2V_2}{T_2}=\cdots=\frac{P_nV_n}{T_n}$$

则 $$\frac{PV}{T}=\text{常数}$$

此式称为理想气体状态方程。

根据阿伏伽德罗定律（Amedeo Avogadro），我们知道，在标准状态下，即 $P_0=1$ 大气压 $=1.013\times10^5$ Pa（N/m^2），$T_0=273.15$ K 时，1 摩尔（摩尔是国际单位制（SI）中七个基本单位之一。按定义，一物质系中包含的结构粒子——可以是原子、分子、离子、电子、光子等的数目与 0.012 千克碳 12（^{12}C）的原子数目相同，即都等于阿伏伽德罗常数 6.023×10^{23} 时，这个物质体系所含物质的量为 1 摩尔。摩尔的外文原名是 Mole，旧译为克分子）的任何气体的体积都是 $V_0=22.4$ L，所以对 1 摩尔的任何气体来说，P_0V_0/T_0 是一个普遍适用于任何气体的恒量，叫作普适气体恒量，通常用 R 来表示，即

$$R=\frac{P_0V_0}{T_0}$$

R 的数值和 P、V、T 的单位有关。在国际单位制中，$P_0=1.013\times10^5$ N/m^2，$V_0=22.4\times10^{-3}$ m^3/mol，$T_0=273.15$ K，把这些数值代入上式就得到 R 的数值：

$$R=\frac{1.013\times10^5\times22.4\times10^{-3}}{273.15}=8.31\quad(\text{J/mol}\cdot\text{K})$$

现在进一步讨论质量为 M kg、物质的量为 μ kg/kmol，则 M kg 气体的千摩尔数为 M/μ。相应地，它在标准状态下所占的体积为 $V_0'=\dfrac{M}{\mu}V_0$，由此便可导出 M/μ 摩尔的理想气体状态方程：

$$\frac{PV}{T}=\frac{P_0V_0'}{T_0}$$

将$V_0'=\dfrac{M}{\mu}V_0$代入，得

$$\frac{PV}{T}=\frac{M}{\mu}\cdot\frac{P_0V}{T_0} \quad 或 \quad PV=\frac{M}{\mu}RT$$

由此还可求得气体密度ρ:

$$\rho=\frac{M}{V}=\frac{P\mu}{RT}$$

$PV=\dfrac{M}{\mu}RT$是理想气体状态方程的常用形态，又叫作克拉珀尤方程。只要温度不太低，压强不太大，这个方程对一切气体都是适用的。

理想气体状态方程实际上包含了前面讲的三个气体实验定律，对于任何一定质量的理想气体，在P、V、T三个参量中，如果保持任何一个参量不变，可以从上述气态方程分别导出各个气体实验定律：如果保持温度T不变，便得到$PV=$恒量，这就是玻义耳-马略特定律；如果保持压强P不变，便得到$\dfrac{V}{T}=$恒量，这就是盖·吕萨克定律；如果保持体积V不变，便得到$\dfrac{P}{T}=$恒量，这就是查理定律。

1.3 气体状态变化过程

在实际工作中为了某种需要，常使气体的状态发生某种变化，即进行某一过程；或者为了简化问题的分析，在不影响工程实际问题设计的精确性时，视复杂的热力过程为某一过程。简单的热力过程包括定压过程、定容过程、定温过程和绝热过程等。

1.3.1 定容过程

定容过程是气体在比容保持不变的情况下所进行的吸热或放热过程，即$\upsilon=$恒量，$d\upsilon=0$的过程。

定容过程中所做的功$W_V=0$，即$dW_V=PdV=0$。在定容变化过程中，所有加给气体的热都消耗在气体的升温，即增加内能方面。

在图1.4所示的P-V图上是一根与P轴平行的直线，气体所吸收或释放的热量ΔQ可按下式计算：

$$\Delta Q=c_VM\Delta T=c_VM(t_2-t_1) \quad (\text{kcal})$$

式中 c_V——气体的定容比热，对于温度为摄氏度衡量的空气，$C_V=$ 0.1693 kcal;

M——气体质量，kg;

t_1——过程的起始温度，°C;

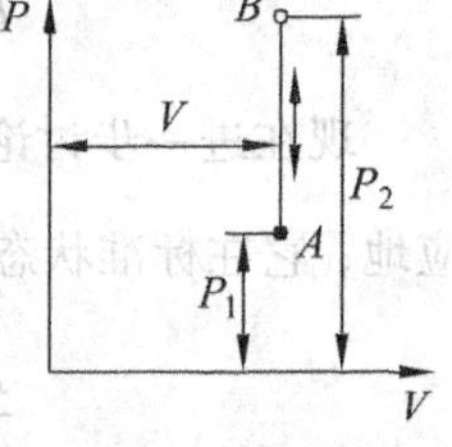

图1.4 定容过程

t_2——过程的终止温度，°C。

1.3.2 定压过程

定压过程就是气体在压力保持不变的情况下所进行的吸热（膨胀）或放热（压缩）过程，即 P = 恒量，$\mathrm{d}P=0$ 的过程。

定压过程所做的功为

$$W=\int_{V_1}^{V_2}P\mathrm{d}V=P(V_2-V_1)$$

式中　P——空气压力；

V_2，V_1——终态和初态的体积。

在定压变化过程中，加给气体的热的一部分消耗在增加气体的内能（即温升）方面，而余下的部分则用在完成外功上。所以定压比热 c_P 比定容比热 c_V 要大。

等压过程 P-V 图上是一根与 V 轴平行的直线，外功用面积 $ABba$ 表示，见图 1.5。

对于等压膨胀过程，$V_2>V_1$，$W>0$，即体系对外做功。表示体系吸收的热量 ΔQ 一部分用以增加体系的内能，另一部分消耗于对外界做功。

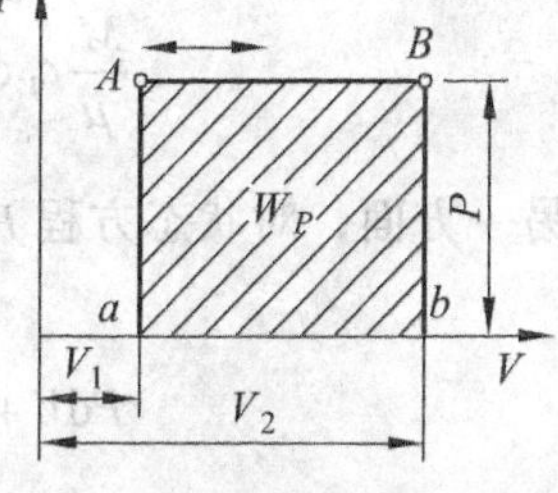

图 1.5　定压过程

1.3.3 定温过程

定温过程就是气体在温度保持不变的情况下所进行的膨胀（吸热）或压缩（放热）过程，即 T = 恒量，$\mathrm{d}T=0$ 的过程。

这表示理想气体在等温膨胀过程中吸收的热量全部用来对外做功；而在等温压缩过程中，外界对体系所做的功，全部转变为体系所放出的热量。

体系在等温过程中对外界所做的功为

$$W=\int_{V_1}^{V_2}P\mathrm{d}V=\frac{M}{\mu}RT\int_{V_1}^{V_2}\frac{1}{V}\mathrm{d}V=\frac{M}{\mu}RT\ln\frac{V_2}{V_1}$$

等温过程在 P-V 图上对应的是一条 $PV=\dfrac{M}{\mu}RT$ = 常数的双曲线（见图 1.6）。

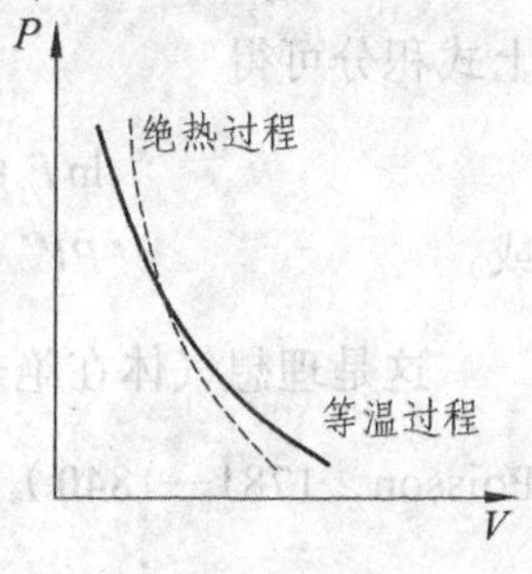

图 1.6　定温过程

1.3.4 绝热过程

绝热过程就是气体在和外界没有热量交换的情况下所进行的膨胀或压缩过程，即 $\Delta Q=0$ 的过程。这时，热力学第一定律为

$$\Delta U=\Delta Q-W=-W\quad 或\quad W=-\Delta U$$

式中 ΔU ——体系状态变化过程中内能的改变；

ΔQ ——状态变化过程中外界传给体系的热量，吸热时 ΔQ 为正，放热时 ΔQ 为负；

ΔW ——体系对外界所做的功（体系对外界做功，W 为正；外界对体系做功，W 为负）。

在绝热过程中，外界对体系所做的功全部转变为体系的内能；或者说，体系在绝热过程中要对外界做功，就必须以减少其内能为代价。

体系对外界所做的功 W 写成微分形式为

$$\mathrm{d}W = P\mathrm{d}V$$

理想气体内能随温度的变化写成微分形式，则

$$\mathrm{d}U = \frac{M}{\mu} c_V \mathrm{d}T$$

在绝热条件下，应满足 $\mathrm{d}U = -\mathrm{d}W$，即

$$\frac{M}{\mu} c_V \mathrm{d}T = P\mathrm{d}V$$

另一方面，对状态方程 $PV = \frac{M}{\mu} RT$ 两边求微分，则

$$P\mathrm{d}V + V\mathrm{d}P = \frac{M}{\mu} R\mathrm{d}T$$

将前两式消去 $\mathrm{d}T$ 可得

$$(c_V + R)P\mathrm{d}V = -c_V V\mathrm{d}P$$

即
$$\frac{\mathrm{d}P}{P} = -\frac{(c_V + R)\mathrm{d}V}{c_V V} = -\left(\frac{c_P}{c_V}\right)\frac{\mathrm{d}V}{V} = -r\frac{\mathrm{d}V}{V}$$

式中，$r = \frac{c_P}{c_V}$ 是气体的定压摩尔热容量和定容摩尔热容量的比值，称比热比（绝热指数）。对上式积分可得

$$\ln P + r\ln V = \text{恒量}$$

或
$$PV^r = \text{恒量}$$

这是理想气体在绝热过程中压力和体积所应服从的规律，称为泊松公式（Simeon Denis Poisson，1781—1840）。它是在理想气体既要遵循状态方程 $PV = \frac{M}{\mu} RT$，又要满足绝热条件 $\Delta Q = 0$ 的情况下得出的结论。公式（PV^r = 恒量）中恒量的大小由体系的原始状态（$P_0 V_0$）决定，一般可表示为 $P_0 V_0^r$。

在 P-V 图上，绝热过程所对应的曲线称为绝热线（见图 1.6 中的虚线）。和等温线（见图 1.6 中的实线）相比，因为 $r = \frac{c_P}{c_V} > 1$，所以绝热线要比较陡一些。

这一点可解释如下：对处于某一定状态的气体，假定分别绝热压缩和等温压缩同样的体积，则不论是等温过程还是绝热过程，压力都要增大，但增大的程度不同。对等温过程，压

力增大仅仅由体积缩小引起；而对绝热过程则不仅如此，在压缩过程中还同时出现温度升高（内能增大）。由于按假定两个过程压缩的体积相同，所以它们的末态体积相同，于是，由查理定律可见，相应于绝热过程压力的增加要比等温过程压力的增加为大，所以曲线要陡些。

1.3.5　多变过程

上面提及的四种基本热力过程，仅仅是许许多多过程中的几种特殊情况。实际过程中很少有真正的定温、绝热变化。因而人们是寻求更切合实际的变化过程，只要这个过程能够描述实际的变化，能够满足实际工程需要即可，这就是多变过程。多变过程表达式为

$$PV^n = \text{恒量}$$

式中　n——多变指数，其值为 $+\infty \sim -\infty$ 中的任意实数。

当：$n=0$，$PV^0=P=$ 恒量，为定压过程；

$n=\infty$，$PV^{\infty}=P^{\frac{1}{\infty}}V=V$ 恒量，为定容过程；

$n=1$，$PV^n=PV=$ 恒量，为定温过程；

$n=r$，$PV^n=PV^r=$ 恒量，为绝热过程。

因此，对于复杂的热力过程，均可近似地分解为多个不同多变指数的多变过程的组合。

1.4　气体的流动

当气体在管道以低速运动，其温度和周围温度接近时，其运动规律和液体一样。也就是说，这时候可以把气体当作不可压缩的液体来看待。所谓不可压缩，在这里是指气体在流动过程中它的重度γ（或密度ρ）可以看成是不变的。一般来说，对于流动着的气体，在没有其他外界原因使其压力变化的条件下，当速度小于 70 m/s 时，因为速度变化引起的γ变化很小，经常可当作不可压缩流体来处理。

1.4.1　流量与流量方程

气体在喷管或扩压管中的流动，以及工程上常见的管道内流体的流动，均可以视为稳定的或近似稳定的一元流动。所谓"稳定流动"，是指流体在流径空间任何一个固定点时，其全部参数（热力学参数及力学参数）均不随时间变化的流动过程，或称定常流动过程。一般在流动中同一截面各点上的参数是不同的，但为了使问题简化，可将管道内任一截面上的各参数都视为均匀一致（实际上只是某种平均值）。这种只在一个方向上有变化的稳定流动称为一元稳定流动。我们所讨论的基本上都是这种一元稳定流动。

在单位时间里，自左向右从某截面 I—I（见图 1.7）流过一定的质量或体积的气体，称为气体的质量流量或体积流量，用符号 Q_G 或 Q_V 来表示。质量流量与体积流量可表示为

$$Q_G = \rho v A \quad (\text{kg/s})$$

$$Q_V = vA \quad (\text{m}^3/\text{s})$$

式中　ρ——气体密度，kg/m^3；

v——流经截面的平均速度，m/s；

A——流经截面的面积，m^2。

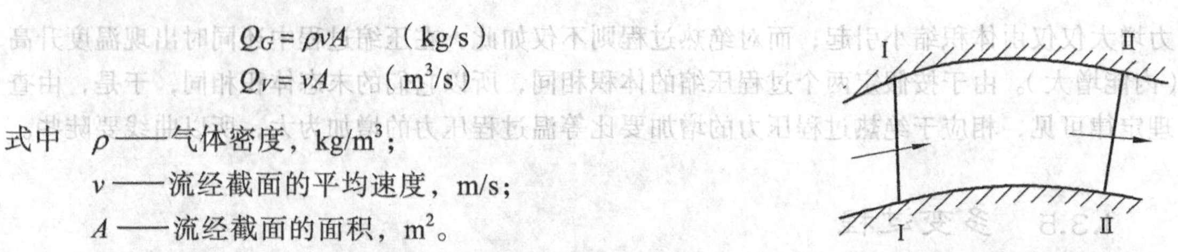

图 1.7　气体流动管路

当气体做稳定流动时，通过Ⅰ—Ⅰ截面和Ⅱ—Ⅱ截面的流量应相等。因此有

$$\gamma_1 v_1 A_1 = \gamma_2 v_2 A_2 = \text{常数}$$

这个方程称为流量方程或连续方程。

将气体作为不可压缩液体处理时，$\gamma_1 = \gamma_2$，因此上式可以化简为

$$v_1 A_1 = v_2 A_2 = \text{常数}$$

从这里可以解释管道中，截面小的地方流速大，截面大的地方流速小。

1.4.2　能量方程

根据能量守恒定律，流进管段的能量等于在管段中消耗的能量和流出管段的能量，即

$$QP_1 + \frac{\gamma}{2g} Qv_1^2 + \gamma Q Z_1 = QP_2 + \frac{\gamma}{2g} Qv_2^2 + \gamma Q Z_2 + \Delta P$$

式中，ΔP是由摩擦等原因造成的。把气体视为理想气体时，ΔP暂且可以略去，而上式两端除以Q，得

$$P_1 + \frac{\gamma}{2g} v_1^2 + \gamma Z_1 = P_2 + \frac{\gamma}{2g} v_2^2 + \gamma Z_2 = \text{恒量}$$

这就是著名的伯努利方程。

对于气体，重度γ很小，在一般工程问题上可以忽略（γZ）项的影响。这样上式可简化为

$$P_1 + \frac{\gamma}{2g} v_1^2 = P_2 + \frac{\gamma}{2g} v_2^2 = \text{恒量}$$

式中　P_1，P_2——气体的静压，即平时所说的气体压力；

$\frac{\gamma}{2g} v_1^2, \frac{\gamma}{2g} v_2^2$——气体的动压，其单位和压力一样，它是表征气体流动速度大小的物理量，或者说是表征气体动能的物理量。

上式表明，不可压缩的流体在管道中运动时，在管道截面小的地方，流体速度大，静压力小；在截面大的地方，流体速度小，静压力大。

静压力与动压力之和$P_0 = P + \frac{\gamma}{2g} v$称为气体在某处的全压（总压）。表征动能转换成压力能时，气体压力所能达到的最大值。

1.5　压缩空气通过管路系统时的能量损失

1.5.1　能量损失的实质及分类

气体系统是由气动元件（如气动冲击器阀、活塞等）和管路系统（由各种管道、弯头、阀门等）所组成。当压缩空气通过这些气动元件和管路系统时，由于流体具有黏性，故在气体内部各部分间或各流层之间就形成一定的相对速度，因而气体内部和气体与这些气动元件、管路系统内壁之间就必然会产生摩擦阻力，气体运动时为克服这种摩擦阻力而损失的能量称为能量损失。

压气通过管路，其能量损失按能量方程式（或称伯努利方程式）计算，也可用图解法表示，如图 1.8 所示。

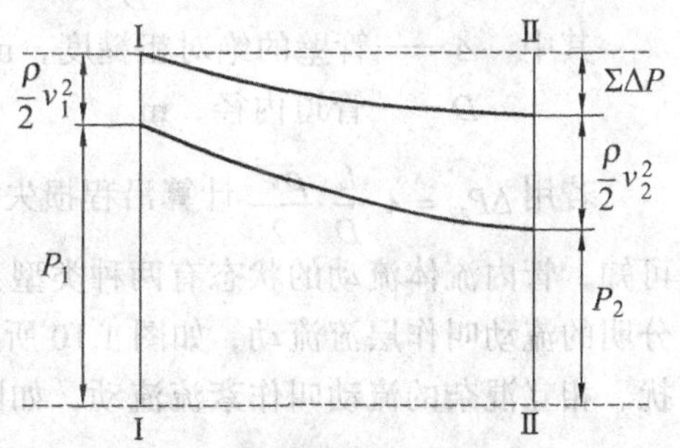

图 1.8　能量方程式与压力损失

根据产生能量损失的外在原因，通常可将能量损失分成两种类型：

（1）沿程损失，是指气流沿等径直管道流动时，气体内部各流层之间或气体与管道内壁之间所呈现的内摩擦阻力消耗的能量，常以符号 $\Delta P_{沿}$ 表示。

（2）局部损失，是指气流在流动过程中遇到局部障碍如突然扩大或突然缩小的管段、弯头等，这将引起流体运动的显著变形、产生旋涡，流体速度重新改组等，如图 1.9 所示。这种由于流体之间的摩擦和碰撞而消耗的气体能量称为局部损失，常以符号 $\Delta P_{局}$ 表示。

显然，压力损失 $\sum\Delta P$ 应包括：

$$\sum P = \sum P_{沿} + \sum P_{局} \quad (\text{Pa})$$

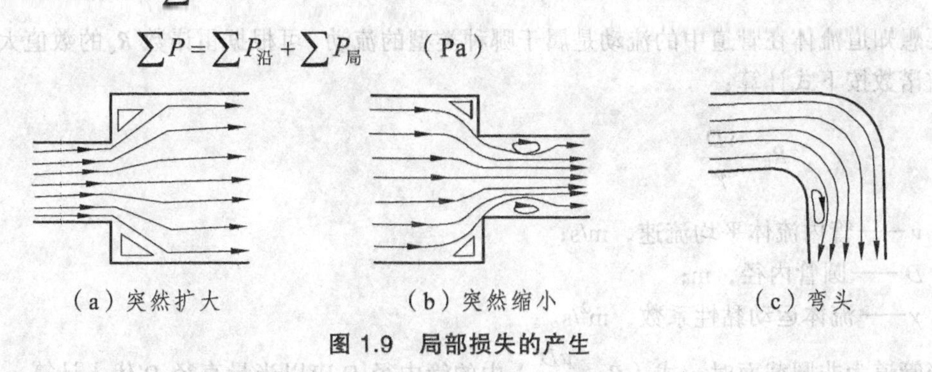

（a）突然扩大　　（b）突然缩小　　（c）弯头

图 1.9　局部损失的产生

1.5.2　沿程损失的计算

在流体力学中，当流体流过某段管长为 L、管径为 D 的刚性直管时，其沿程损失可用下式计算，即

$$\Delta P_{沿} = \lambda \cdot \frac{L}{D} \cdot \frac{\rho v^2}{2} \quad (\text{Pa})$$

式中　λ——沿程损失系数；
　　L——管长，m；
　　D——管道内径，m；
　　v——流体平均速度，m/s；
　　ρ——流体密度，kg/m³。

一般情况下，管径 D、管长 L、流体密度ρ和速度 v 是已知的，而损失系数λ是根据实验求得，它与管内流体的流动状态、管道本身的相对粗糙度 n 有关，即

$$\lambda = f(R_e, n)$$

式中　R_e——雷诺数，判别流体流动状态的判别数；
　　n——相对粗糙度，$n = \dfrac{\Delta}{D}$。

　　其中　Δ——管壁的绝对粗糙度，mm；
　　　　D——管道内径，m。

若用 $\Delta P_{沿} = \lambda \cdot \dfrac{L}{D} \cdot \dfrac{\rho v^2}{2}$ 计算沿程损失 $\Delta P_{沿}$，首先需知道管内流体流动的状态。由流体力学可知，管内流体流动的状态有两种类型：一种是流体流动时内部各分子之间互不干扰，层次分明的流动叫作层流流动，如图 1.10 所示；另一种是流体流动时，流体内部分子之间相互干扰、相互混杂的流动叫作紊流流动，如图 1.11 所示。

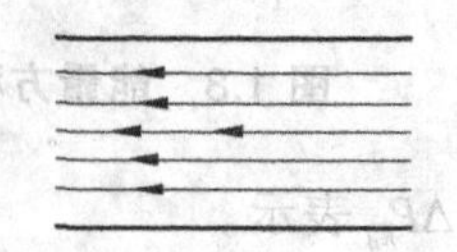

图 1.10　层流流动

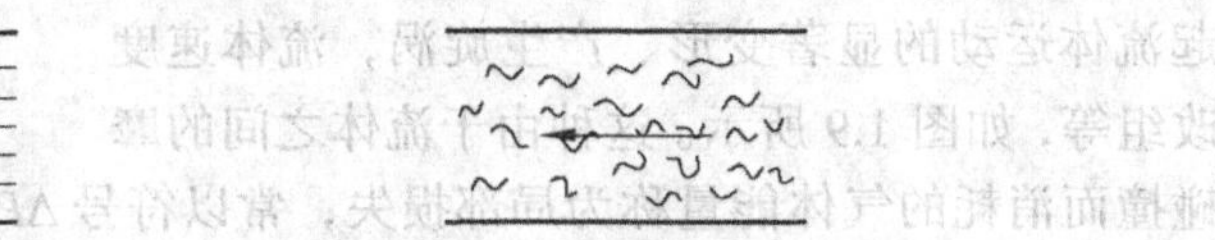

图 1.11　紊流流动

要想知道流体在管道中的流动是属于哪种类型的流动，可根据雷诺数 R_e 的数值大小来判别。雷诺数按下式计算：

$$R_e = \frac{vD}{\gamma}$$

式中　v——管内流体平均流速，m/s；
　　D——圆管内径，m；
　　γ——流体运动黏性系数，m²/s。

当管道为非圆截面时，式（$R_e = \dfrac{vD}{\gamma}$）中的管内径 D 应以当量直径 D'代入计算，即

$$R_e = \frac{vD'}{\gamma}$$

式中　D'——当量直径（$D' = 4R$），m；

　　其中　R——水力半径（$R = \dfrac{A}{L}$），m；
　　　　A——被流体浸润的断面面积，m²；

L——湿周（流体与周围管道接触的边长），m。

因此，对于直径为 D 的圆管，水力半径和当量直径 D 分别为

$$R=\frac{A}{L}=\frac{\frac{\pi}{4}D^2}{\pi D}=\frac{D}{4}$$

$$D'=4R=4\times\frac{D}{4}=D$$

由此可见，圆管的当量直径 D'就是圆管的直径 D。

一般认为：

R_e<2 300 时为层流流动，沿程损失系数λ只与雷诺数 R_e 有关：

$$\lambda=\frac{64}{R_e}$$

R_e>2 300 时为紊流流动，其情况比较复杂，当管道壁面比较光滑时，沿程损失系数λ也只和雷诺数 R_e 有关。

当 $2\,300<R_e<10^4$ 时，则

$$\lambda=\frac{0.314\,6}{\sqrt[4]{R_e}}$$

当 $10^4\leqslant R_e<10^8$ 时，沿程损失系数 λ 仅与管道内壁的粗糙度有关，与 R_e 无关，则

$$\lambda=\frac{1}{\left(1.74+2\lg\frac{r}{\Delta}\right)^2}$$

式中　r——管道内半径，mm；

Δ——管道内壁的绝对粗糙度，mm。

表 1.3 列出了不同材质的管道粗糙度数值。

表 1.3　各种管道的绝对粗糙度

管　子　名　称	绝对粗糙度Δ/mm
干净、整体的黄铜管	0.001 5 ~ 0.01
精制的新的无缝钢管	0.04 ~ 0.17
普通条件下浇成的无缝钢管	0.19
涂柏油的钢管	0.12 ~ 0.21
铸铁管	0.25 ~ 0.42
钢板制成的管道	0.33

根据大量实验的经验可知，推荐一般压缩空气管道取绝对粗糙度Δ = 0.2 mm 计算。

表 1.4 所示为不同管径的管道，当绝对粗糙度Δ为 0.1 ~ 0.2 mm 时的沿程阻力系数值。

表 1.4 沿程损失系数λ

管道直径 D/mm	沿程损失系数λ	
	Δ = 0.1 mm	Δ = 0.2 mm
15	0.033 2	0.041 9
20	0.030 4	0.037 9
32 ~ 25	0.029 4	0.035 2
40 ~ 33	0.026 3	0.032 3
48 ~ 41	0.024 7	0.030 2
57 ~ 50	0.023 4	0.028 4
70 ~ 62.5	0.023 0	0.026 7
83 ~ 76	0.021 0	0.025 4
108 ~ 100	0.019 6	0.023 4
133 ~ 125	0.019 1	0.022 2
219 ~ 207	0.016 6	0.019 6
273 ~ 259	0.015 8	0.018 5
325 ~ 309	0.015 3	0.017 8
377 ~ 357	0.014 8	0.017 2
426 ~ 404	0.014 4	0.016 7
529 ~ 511	0.013 7	0.015 9
630 ~ 610	0.013 3	0.015 3

1.5.3 管道中局部阻力损失

在实际管路系统中，除了直管道以外，还装有阀门、弯头、三通、大小接头，当压缩空气流经这些管件时，其能量就要受到损失。不管哪种类型的局部阻碍所引起的局部能量损失，其值大小可按下式计算：

$$\Delta P_{总}=\xi\frac{\rho v^2}{2} \quad (\mathrm{Pa})$$

式中 ξ——局部损失系数；

v——平均流速（m/s），非经说明一般指的是局部装置后的流速；

ρ——流体密度，kg/m³。

下面列出几种局部装置的损失系数。

1. 管子突然扩大（见图 1.12）

$$\xi=\left[\left(\frac{D_2}{D_1}\right)-1\right]^2$$

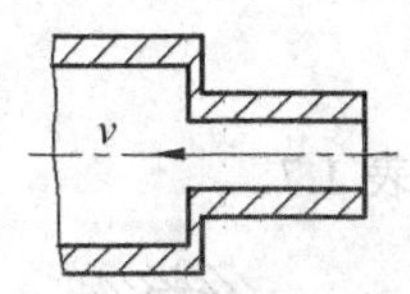

图 1.12　管子突然扩大

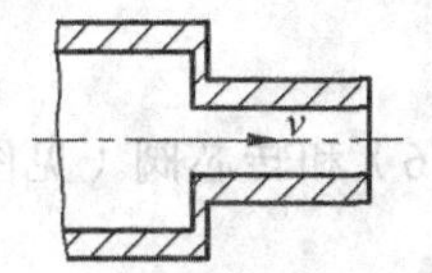

图 1.13　管子突然缩小

2. 管子突然缩小（见图 1.13）

$$\xi=\eta\left(1-\frac{D_2^2}{D_2^2}\right)$$

其中，$\eta=0.4\sim0.5$。

或按表 1.5 取ξ值。

表 1.5　管子突然缩小时的ξ值

$\left(\frac{D_2}{D_1}\right)^2$	0.1	0.2	0.3	0.4	0.5	0.6	0.7	0.8	0.9	1.0
ξ	0.47	0.45	0.38	0.34	0.3	0.25	0.2	0.15	0.09	0

3. 管子逐渐扩大（见图 1.14）

ξ可按表 1.6 选取。

表 1.6　管子逐渐扩大时的ξ值

$\left(\frac{D_2}{D_1}\right)^2$	10°	15°	20°	25°	30°	45°
1.25	0.01	0.02	0.03	0.04	0.05	0.06
1.50	0.02	0.03	0.05	0.08	0.11	0.13
1.75	0.03	0.05	0.07	0.11	0.15	0.20
2.0	0.04	0.06	0.10	0.15	0.21	0.27
2.25	0.05	0.08	0.13	0.19	0.27	0.34
2.5	0.06	0.10	0.15	0.23	0.32	0.40

4. 管子逐渐收缩（见图 1.15）

其ξ值按下列公式计算或取定值$\xi=0.06$。

$$\xi=0.47\sqrt{\frac{\tan\alpha}{2}}\left(\frac{D_1}{D_2}\right)^4$$

式中符号见图 1.15。

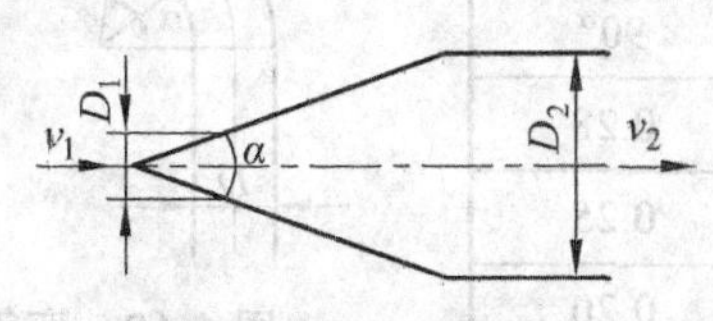

图 1.14　管子逐渐扩大

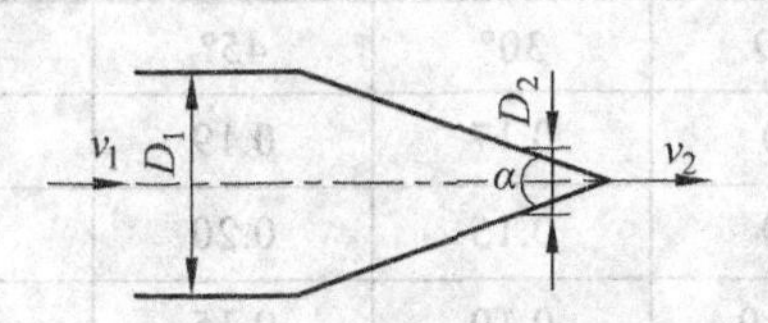

图 1.15　管子逐渐收缩

5. 阀 门

蝶阀（见图 1.16）和转芯阀（见图 1.17）的ξ值见表 1.7。

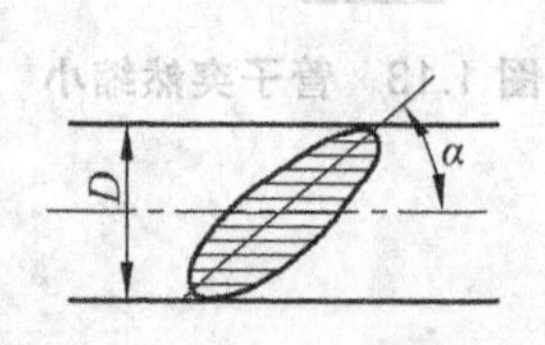

图 1.16 蝶阀

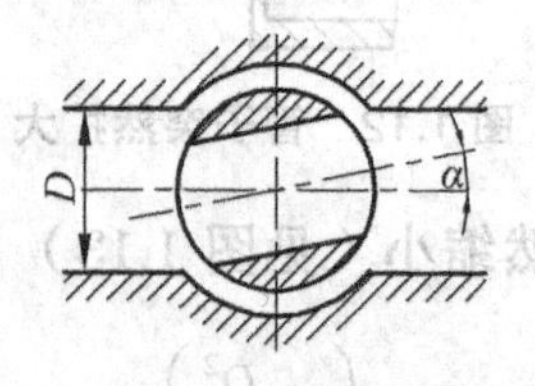

图 1.17 转芯阀

表 1.7 蝶阀和转芯阀的ξ值

α/°	0	5	10	15	20	25	30	35
蝶阀ξ		0.24	0.52	0.9	1.54	2.51	3.91	6.22
转芯阀ξ		0.05	0.29	0.75	1.56	3.10	5.47	9.68
α/°	40	45	50	55	60	65	80.5	
蝶阀ξ	10.8	18.7	32.8	58.8	118	256		
转芯阀ξ	17.3	31.2	52.6	106	206	486	∞	

闸阀（见图 1.18）的ξ值可按表 1.8 选取。

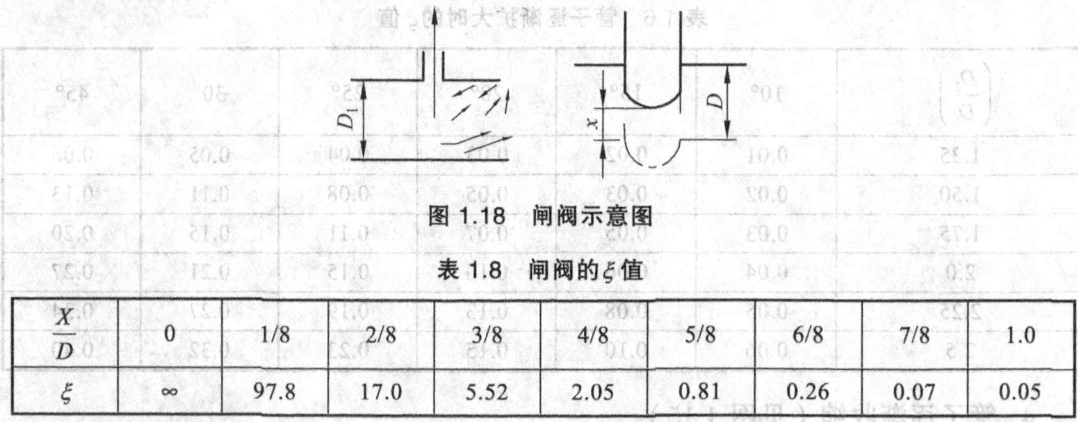

图 1.18 闸阀示意图

表 1.8 闸阀的ξ值

$\frac{X}{D}$	0	1/8	2/8	3/8	4/8	5/8	6/8	7/8	1.0
ξ	∞	97.8	17.0	5.52	2.05	0.81	0.26	0.07	0.05

注：表中数据都是在管道前后有 20 倍管径长度以上的直管段的条件下测得的。

6. 弯管（见图 1.19）

弯管局部损失系数ξ值可按表 1.9 选取。

表 1.9 弯管的ξ值

R/D	30°	45°	60°	90°
3.0	0.17	0.19	0.23	0.28
4.0	0.15	0.20	0.20	0.25
≥6.0	0.10	0.15	0.15	0.20

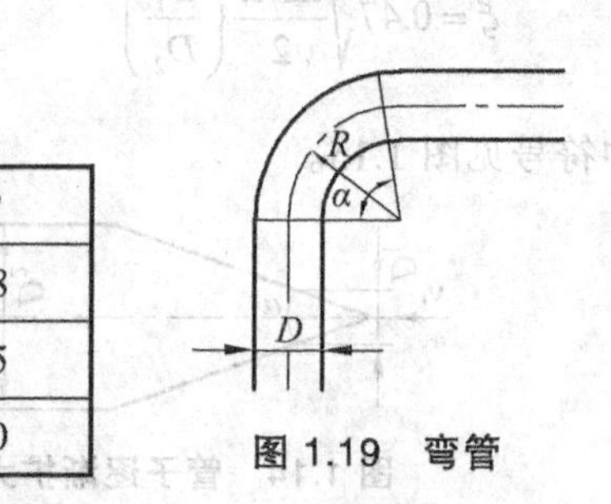

图 1.19 弯管

7. 分流三通管（见图 1.20）

这里只讨论呈直角的三通管。所谓分流三通管，指有流量 Q_1 从支管中流出，主流 Q_0 被分流。

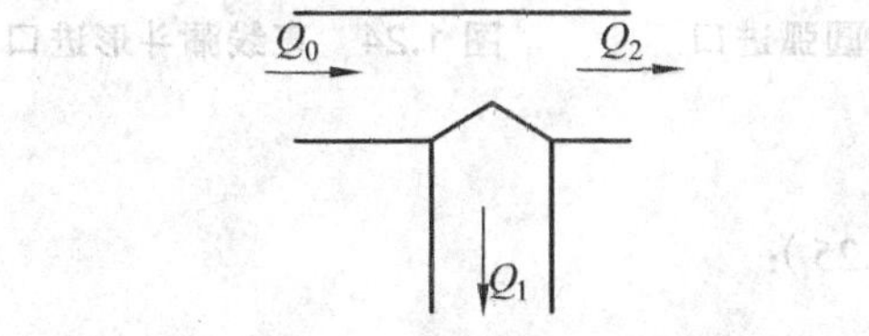

图 1.20　分流三通管

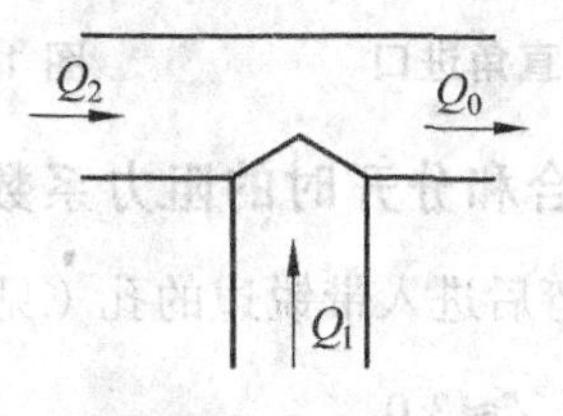

图 1.21　集流三通管

局部阻力系数有两个：一个是ξ_0表示流体在主管中的流动损失；另一个是ξ_1表示流体流经分支管时的流动损失。它们的数值可从表 1.10 中选取。

表 1.10　三通管的ξ_0与ξ_1值

$\frac{Q_1}{Q_0}$	分流三通管					
	0.0	0.2	0.4	0.6	0.8	1.0
ξ_0	0.04	0.08	0.05	0.07	0.21	0.35
ξ_1	0.93	0.88	0.89	0.95	1.10	1.28
$\frac{Q_1}{Q_0}$	集流三通管					
	0.0	0.2	0.4	0.6	0.8	1.0
ξ_0	0.04	0.17	0.30	0.41	0.51	0.60
ξ_1	1.2	0.4	0.08	0.47	0.72	0.91

8. 集流三通管（见图 1.21）

可参考表 1.10。ξ_0表示主管中的局阻系数，v_0是集流后的速度，ξ_1表示支管中的损失系数，v_1是支管中的速度。

9. 入口阻力系数

（1）直角进口（见图 1.22）时：

$$\xi = 0.5$$

（2）圆弧进口，且圆弧半径等于进口管道直径的 0.1 时（见图 1.23）：

$$\xi = 0.1$$

（3）直线漏斗形进口，漏斗两边延长线的夹角等于 45°时（见图 1.24）：

$$\xi = 0.05$$

10. 直角出口阻力系数

$$\xi = 1.0$$

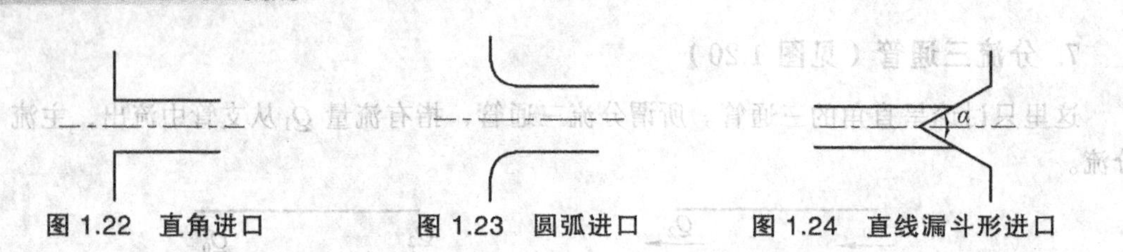

图 1.22 直角进口　　图 1.23 圆弧进口　　图 1.24 直线漏斗形进口

11. 气流汇合和分开时的阻力系数

（1）气流拐弯后进入带锐边的孔（见图 1.25）：

$$\xi \approx 3.0$$

（2）气流急剧拐弯后排出（见图 1.26）：

$$\xi \approx 3.0$$

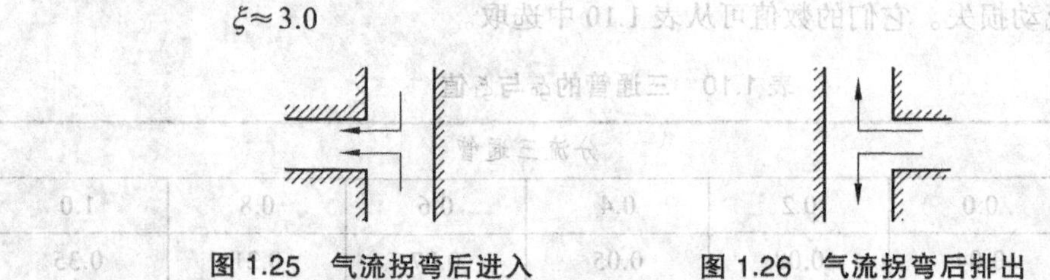

图 1.25 气流拐弯后进入　　图 1.26 气流拐弯后排出

各种局部损失系数也可按表 1.11 查得，该表给出的是局部损失系数的平均值。

表 1.11 局部损失系数 ξ 的平均值

名称		ξ 平均值	名称		ξ 平均值
球阀		4 ~ 8	止回阀		1.0 ~ 2.5
闸阀		0.3 ~ 10	方形补偿器		2 ~ 3
角阀		2 ~ 3	三通用于合流时；主管		1.5
开关		~1.0	三通用于合流时；支管		2.0
90°弯头		1.0 ~ 2.0	三通用于分流时；主管		1.0
普通接头		0.5 ~ 1.0	三通用于分流时；支管		1.50
软管接头		1.5 ~ 3.0	急骤收缩		
油水分离器		5 ~ 8	D_1/D_2	1.5	0.3
90°折曲管		1.0		2.0	0.4
孔板 d/D	0.35	150		3.0	0.5
	0.40	75		10.0	0.6
	0.45	45	急骤扩张		
	0.50	28	D_2/D_1	1.5	0.3
	0.60	11		2.0	0.6
	0.70	4		3.0	0.8
	0.80	1.5		10.0	1.0

管道的计算比较麻烦，尤其在已知其他有关条件求管径或求流量时，往往需要试算几次。即使在管径、流量、压力已知条件下只求压降问题，计算也相当麻烦。因此工程上常采用图表法，如表1.12就给出了流量、管径和压降之间的有关数据。

表1.12　当压缩空气压力为0.7 MPa时，流经100 m管段长压力降（单位：MPa）

自由空气耗量/（m³/min）	管径/mm									
	20	25	32	40	50	60	70	80	90	100
0.5	0.1	0.004								
1	0.04	0.01	0.004							
2	0.15	0.05	0.02	0.004						
5		0.25	0.08	0.03	0.08	0.003				
10			0.3	0.09	0.03	0.01	0.005	0.003		
15				0.18	0.06	0.02	0.01	0.005	0.003	
20				0.32	0.10	0.04	0.02	0.009	0.005	0.003
25					0.15	0.06	0.03	0.015	0.007	0.005
30					0.21	0.08	0.04	0.02	0.01	0.007
40					0.38	0.14	0.06	0.04	0.02	0.011
50						0.20	0.10	0.05	0.03	0.017

1.5.4　流速损失系数

由于管路有沿程阻力损失和局部阻力损失，流体的实际流速比理论流速要小，其减小程度以速度系数φ表示，即

$$v_{实} = \varphi v_{理}$$

式中　$v_{实}$——实际流速；

$v_{理}$——理论流速；

φ——流速损失系数。

流速损失系数与总阻力损失系数α有关，即

$$\varphi = \frac{1}{\sqrt{1+\alpha}}$$

上式是针对自由出流情况而言的。当流出孔孔口很小时，孔口流速系数$\varphi = 0.96 \sim 0.98$。

1.6　水　击

从水力学角度看，各种液动冲击器都是一个复杂的水力机械。正作用液动冲击器和一般

水力机械要求减少水击压力相反，而是要设法合理利用水击压力的能量。正作用液动冲击器工作时，由于阀门的急速关闭（开启），使流动（静止）的液体突然停止（流动）引起管道系统中压力急剧变化，这种突然变化对管壁有一种"锤击"的特征，因此称这种现象为水击（或水锤）。产生这种现象的外因是阀门的突然启闭，而其根本原因还是水流内部的惯性和压缩性相互作用所致（尤其是关闭阀门的时间过短时）。因此，冲击器工作时则发生完全的水击，水击压力一般高于高压管路（钻杆）中正常压力的几倍、几十倍，甚至上百倍。但它是一个变化值，其最大值为

$$\Delta P = \pm \frac{c}{g} \Delta v$$

式中 ΔP ——阀门上最大水击压强；

c ——水击波波速

g ——重力加速度；

Δv ——活阀上部处液流的平均速度。

水锤波的波速为

$$c = \pm \frac{1\,435}{\sqrt{1 + \frac{KD}{E\delta}}} \quad (\text{m/s})$$

式中 K ——水的弹性系数，取 $2.07 \times 10^{8}\ \text{kg/m}^2$；

E ——管材的弹性系数，取 $2.0 \times 10^{10}\ \text{kg/m}^2$；

δ ——管壁厚度；

D ——管道圆形断面的直径；

1 435 —— $\sqrt{\frac{K}{\rho}}$ m/s（ρ 为水的密度 $\rho = 102\ \text{kg} \cdot \text{s}^2/\text{m}^4$）。

水在 $\phi 50$ mm 钻杆中的波速约为 1 360 m/s。

1.7 冲洗液钻进的洗孔参数

1.7.1 冲洗液量的确定

在液动冲击器钻进中，冲洗液量大小也是选择、设计钻具的依据，直接影响钻进效果。

冲洗液量的确定是以保证有效地排出岩粉和冷却钻头为前提。冲洗液量不足，岩屑就不能及时排出孔底，造成岩屑的重复破碎，甚至碎岩受阻；同时，钻头与岩石摩擦产生的热量就不能及时带走，温度就会不断上升，以致钻头上的磨料被软化而失去克取岩石的能力，甚至酿成"烧钻"事故。冲洗液量过大，会增加对孔壁和岩芯的冲刷破坏作用，并导致不必要的能量消耗。因此，合理地确定冲洗液量，是保证正常钻进，获得良好钻进效果的重要环节。

一般认为，从排出岩粉出发确定的冲洗液量能够满足冷却钻头的需要。因此，许多研究

工作都是以有效地排出岩粉作为确定冲洗液量的依据。

$$Q = \beta F v = \beta \frac{\pi}{4}(D^2 - d^2)v \quad (\text{m/s}) \tag{1-1}$$

式中 Q——冲洗液量，m^3/s；

β——上返速度不均匀系数，取 1.1 ~ 1.3；

F——最大上返环状空间过流断面面积，m^2；

D——由最大钻头外径决定的孔径或最大套管内径，m；

d——钻杆外径，m；

v——冲洗液上返流速，m/s。

冲洗液的上返流速 v 必须大于重量最大的岩屑在冲洗液中的沉降速度，即

$$v = v_0 + u \quad (\text{m/s})$$

式中 v_0——冲洗液使岩屑处于悬浮状态的临界速度或岩屑在冲洗液中的等速沉降速度，m/s；

u——岩屑的上升速度，可取 $u = (0.1 \sim 0.3)v_0$，钻孔越深，钻进速度越高，u 值越大。

于是

$$v = (1.1 \sim 1.3)v_0 \tag{1-2}$$

关于岩屑在冲洗液中的沉降速度 v_0 的理论计算方法介绍如下。

如图 1.27 所示，假定岩屑为球形，其重力为 G，则有

$$G = \frac{\pi\delta^3}{6}\rho_s g \quad (\text{N}) \tag{1-3}$$

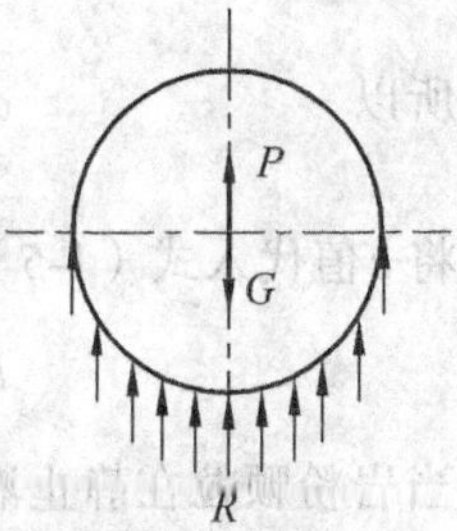

图 1.27 岩屑受力图

式中 δ——球形岩屑的直径，m；

ρ_s——岩屑的密度，kg/m^3；

g——重力加速度，m/s^2。

岩屑在液体中的浮力 P 为

$$P = \frac{\pi\delta^3}{6}\rho g \quad (\text{N}) \tag{1-4}$$

式中 ρ——冲洗液的密度，kg/m^3。

球形岩屑在液体中的沉降阻力为

$$R = cf\frac{v_0^2}{2}\rho = c \cdot \frac{\pi}{4} \cdot \delta^2 \cdot \frac{v_0^2}{2} \cdot \rho \quad (\text{N}) \tag{1-5}$$

式中 c——阻力系数，与岩屑的形状、液体的流态和黏度等有关；

f——岩屑受阻面积，即垂直于下沉运动方向的岩屑横截面面积，m^2。

当 $G > P$ 时，岩屑下降，速度逐渐增大，R 值也随之增大。当 R 值达到足以使作用在岩屑上的三种力保持平衡时，即 $R = G - P$ 时，岩屑将以恒速 v_0 下降。将式（1-3）、（1-4）、（1-5）代入平衡方程式，则有

$$c\frac{\pi}{4}\delta^2 \cdot \frac{v_0^2}{2}\rho = \frac{\pi}{6}\delta^3(\rho_s - \rho)g \tag{1-6}$$

由式（1-6）得出沉降速度为

$$v_0=\sqrt{\frac{4\mathrm{g}}{3c}\cdot\frac{\delta(\rho_s-\rho)}{\rho}}=K\sqrt{\frac{\delta(\rho_s-\rho)}{\rho}} \tag{1-7}$$

式中　K——岩屑的形状系数。

圆形岩屑 $K=4\sim4.5$，不规则形状的岩屑 $K=2.5\sim4$。

式（1-7）称为雷廷格尔公式。式中 K 值取决于 c 值，由于 c 值的取值范围不够准确，该式与实测值相差较大。

由实验数值建立起来的阻力系数 c 与运动物体雷诺数 R_e 的关系中可以较精确地确定 c 值。R_e 值按流体力学可划分为三种值区，因而 c 值也相应地分为三个值区。不同值区的阻力 R 不同，沉降速度 v_0 也不同。分述如下：

（1）$R_e\leqslant1,\ c=\dfrac{24}{R_e}$。

在此值区范围内，物体在液体中所受到的阻力主要是黏性摩擦阻力。

因　$$R_e=\frac{v_0\delta\rho}{\eta}$$

式中　η——液体的动力黏度，Pa·s。

所以　$$c=\frac{24\eta}{v_0\delta\rho}$$

将 c 值代入式（1-5），得物体在液体中的沉降阻力：

$$R=3\pi\eta\delta v_0$$

当岩粉颗粒在静止液体中匀速下沉时，有

$$3\pi\eta\delta v_0=\frac{\pi}{6}\delta^3(\rho_s-\rho)g$$

由此可得

$$v_0=\frac{\delta^2(\rho_s-\rho)g}{18\eta} \tag{1-8}$$

式（1-8）即为沉降速度的斯托克公式。

（2）$1\leqslant R_e\leqslant500$，$c=\dfrac{10}{\sqrt{R_e}}$。

在此值区范围内，物体在液体中所受到的阻力为黏性摩擦阻力和压差阻力。

$$c=10\sqrt{\frac{\eta}{v_0\delta\rho}}$$

$$R=1.25\pi\sqrt{\eta\delta^3\rho v_0^3}$$

$$v_0=1.196\delta\sqrt[8]{\frac{(\rho_s-\rho)^2}{\eta\rho}} \tag{1-9}$$

（3）$500 \leqslant R_e \leqslant 2\times10^5$，$c=0.44$。

在此值区范围内，物体在液体中的沉降阻力主要是压差阻力。

$$c=0.44$$
$$R=0.055\pi\delta^2\rho v_0^2$$
$$v_0=5.4s\sqrt{\frac{\delta(\rho_s-\rho)}{\rho}} \tag{1-10}$$

根据最大岩屑选用上面的 v_0 式，并代入式（1-2）和式（1-1），即可求得冲洗液量的理论计算值。由于假设物体为球形，而实际岩屑多为不规则的形状，它比球形的岩屑沉降阻力大，因而计算结果偏大。尽管如此，但它仍是较为实用的一种方法。

表 1.13　冲洗液上返流速

钻头类型	冲洗液上返流速/（m/s）	
	清水	泥浆
金刚石钻头	0.5 ~ 0.8	0.4 ~ 0.5
硬合金钻头	0.25 ~ 0.6	0.2 ~ 0.5
三牙轮钻头	0.6 ~ 0.8	0.4 ~ 0.6
刮刀钻头和矛式钻头	0.6 ~ 1	0.6 ~ 0.8

钻探中冲洗液上返流速的经验数据介绍如下：

金刚石钻进时冲洗液的上返流速一般为 $v=0.3\sim0.5$ m/s 就能有效地排除岩粉和冷却钻头。合金钻进时，$v\geqslant0.3$ m/s。表 1.13 所列数据是使用不同类型钻头用实验方法得到的冲洗液上返流速的合理界限，表中大值用于钻速高和形成粗岩屑的情况。

1.7.2　压力损失的确定

洗孔过程中，为了克服冲洗液在循环系统中遇到的各种阻力，促成冲洗液的循环流动，冲洗液必须具有一定的压力能。压力能的消耗称为压力损失。

冲洗液在循环系统中的压力损失由下式确定：

$$P=k(P_1+P_2+P_3+P_4) \tag{1-11}$$

式中　k——附加阻力系数，由于岩粉颗粒使冲洗液重度提高而增加的压力损失，一般取 1.1；

P_1——在钻杆中的压力损失，Pa；

P_2——在环状空间中的压力损失，Pa；

P_3——在接头中的压力损失，Pa；

P_4——在岩芯管和钻头内外的压力损失，Pa。

式（1-11）中的各项压力损失运用流体力学中有关液流阻力计算的方法求出。现分别计算如下：

1. 在钻杆内的压力损失

按达西公式计算：

$$P_1 = \lambda_1 \cdot \frac{L}{d_1} \cdot \frac{v_1^2}{2g} \cdot \gamma = 0.81\lambda_1 \frac{LQ^2}{d_1^5} \cdot \rho \tag{1-12}$$

式中 λ_1——阻力系数，见表 1.14；

L——钻孔深度或钻杆柱总长度，m；

d_1——钻杆内容，m；

v_1——冲洗液在钻杆内孔的流速，m/s；

γ——冲洗液的重度，N/m^3；

Q——冲洗液量，m^3/s；

ρ——冲洗液的密度，kg/m^3；

g——$9.81\ m/s^2$。

在这一项的压力损失中，还包括地面管线的孔内钻铤中的压力损失，其计算方法同式（1-12）。

表 1.14 阻力系数

流体	流态	λ_1	R_e
牛顿	层流	$\frac{64}{R_e}$	$\frac{v_1 d_1 \gamma}{\eta g}$
	紊流	$\frac{0.0121}{d_1^{0.226}}$	
宾汉	层流	$\frac{64}{R_e}$	$\frac{v_1 d_1 \gamma}{g\left(\eta_p + \frac{\tau_0 d_1}{6v_1}\right)}$
	紊流	0.02	

注：η——动力黏度，Pa·s；

η_p——塑性黏度，Pa·s；

τ_0——动切力，Pa。

2. 在环状空间中的压力损失

在环状空间中的压力损失仍按达西公式计算：

$$P_2 = \lambda_2 \cdot \frac{L}{D-d} \cdot \frac{v_2^2}{2g} = 0.81\lambda_2 \frac{LQ^2}{(D-d)^3(D+d)^2} \cdot \rho \tag{1-13}$$

式中 λ_2——阻力系数，见表 1.15；

D——钻孔直径或套管内径，m；

v_2——上返流速（m/s），$v_2 = v$；

d——钻杆外径或接箍和锁接箍的外径，m。

表 1.15　阻力系数

流体	流态	λ_1	R_e
牛顿	层流	$\dfrac{96}{R_e}$	$\dfrac{v_2(D-d)\gamma}{\eta g}$
	紊流	0.024	
宾汉	层流	$\dfrac{96}{R_e}$	$\dfrac{v_2(D-d)\gamma}{g\left(\eta_P+\dfrac{\tau_0(D-d)}{6v_2}\right)}$
	紊流	$0.015\sim0.024$	

3. 在接头中的压力损失

冲洗液通过钻杆接头内的压力损失属于局部阻力损失，其计算公式为

$$P_3=\varsigma\frac{L}{l}\cdot\frac{v_3^2}{2g}=0.81\varsigma\cdot\frac{LQ^2}{ld_2^4}\rho \tag{1-14}$$

式中　ς——局部阻力系数，其计算式为

$$\varsigma=\alpha\left[\left(\frac{d_1}{d_2}\right)^2-1\right]^2$$

其中　α——经验系数，一般取 2；

d_2——接头或接箍的内径，m；

l——单根钻杆长度，m；

v_3——冲洗液经接头处的流速，m/s。

4. 岩芯管和钻头中的压力损失

包括冲洗液通过岩芯与岩芯管之间环状间隙流动的压力损失、通过钻头流动的压力损失，以及通过岩芯管与孔壁环状间隙流动的压力损失。这些损失的确定，可参考经验数据或实验得到。一般单管岩芯钻进的各项损失之和为 $(5\sim12)\times10^4$ Pa。

上述各种压力损失的计算，没有涉及高分子处理剂处理的泥浆，其压力损失的公式可参考有关资料。

1.8　空气钻进的洗孔参数

1.8.1　空气钻进最小气量选定标准

充足的气量是空气钻进成败的关键。空气循环的主要任务就是将孔底产生的岩屑运转出孔口。若空气量不足，孔底的岩屑不能及时返出孔口，则它们会逐渐聚集在孔底，使得井口

返出岩屑越来越少，形成“阻塞”现象。因此空气钻井的关键技术就是合理地确定保持井底清洁的空气流量。国内外学者对此问题进行了研究，逐渐形成了井底清洁的三类标准，现简述如下：

第一类标准：气体（与岩屑无关）最小动能标准。认为气固混合物为均一流体，拥有统一的密度与流速，忽略气固之间的相互作用，且井底最小动能最低不能小于标准状况下气体流速为 50 ft/s（15 m/s）时所具有的动能。此标准是从现场成功的空气钻井实例总结而来，至今仍然被现场人员及各类气体钻井手册广泛引用，已经有了较成熟的公式体系。

第二类标准：岩屑沉降末速度标准。考虑了气、固两相之间的相互作用，提出了岩屑沉降末速度的概念（岩屑在上升气流中达到受力平衡时所具有的最大相对沉降速度）。岩屑的沉降末速度越高则要求气体流速也越高，因此为保证携屑，最小气体流速至少应等于岩屑沉降末速度。此标准的主要难度在于难以准确确定岩屑沉降末速度。经研究发现，岩屑沉降末速度与岩屑尺寸、形状、密度以及井底的压力、温度有关，而井底岩屑情况又比较复杂，因此岩屑沉降末速度难以精确确定。

第三类标准：最低井底压力标准。其认为井底压力越低表明携屑越顺畅。虽然此标准现场应用较简单，但其考虑因素较单一，故较少采用。

1.8.2 空气钻进的最小气量和压力损失

空气排量应当是充分的，以保证孔底清洗、钻头冷却和岩粉带到地表的需要。正如实践所表明，在正循环以及普通规格的环状空间条件下，由岩粉排出条件决定的流量，多半能顺利地实现孔底清洗及钻头冷却这两项职能。由于空气的密度和黏度比钻进液低，为了带出钻碎的岩石微粒，必须要有更高的上升气流速度。

下面以第二类标准确定空气最小气量。通常是岩屑上升的绝对速度超过其沉降速度20%。

现已证实，在深度不大（压力和温度接近正常值）、干的岩石中钻进时，上升气流的速度取 $v=15\sim20$ m/s 就足够了。

如果考虑到岩粉微粒上升的绝对速度超过颗粒沉降速度 20%，那么能以 15 m/s 速度上升的最大球形颗粒直径为 2.82 mm。

在更深的地方，压力和相应的空气密度均增大。根据雷廷格尔公式，微粒的沉降速度减少，但是所需的空气流量将更大。空气密度可按下式确定：

$$\rho=\frac{PM}{ZR_0T}=\frac{P}{ZRT} \tag{1-15}$$

式中 P——某一深度处的压力；

M——气体分子的质量（空气为 28.96 g/mol，甲烷为 16.03 g/mol）；

T——绝对温度，K；

R_0——一般的气体常数，取 8.314 J/mol · K；

R——常数（空气和甲烷的常数为 287 J/kg · K 和 518.7 J/kg · K）；

Z——偏离理想气体定律的系数。

为保证带出岩粉所必需的质量流量为

$$Q_m = vA\rho = 1.2A\rho\sqrt{\frac{4g}{3c}}\sqrt{\frac{\rho_r-\rho}{\rho}d_p} = 1.2A\sqrt{\frac{4g}{3c}\cdot\frac{pd_p\rho_r}{ZRT}} \tag{1-16}$$

式中　A——环状空间的横断面面积。

v——空气上升速度；

ρ——空气密度；

d_p——岩屑直径；

其余符号含义同前。

在后面的表达式中未计算气体的密度，因气体密度与岩石密度相比是不大的。

如果所有其他条件不变的话，那么质量流量将随着压力增高而增大。也就是说，随着钻孔深度的加大而增大。所以，空气流量应就孔底的实际状况来确定；或者当钻铤与孔壁间的环状空间与钻杆和孔壁间的环状空间比较已足够大的情况下（或在井筒有害扩大的其他部位），空气流量可直接在钻铤处确定。应当指出，随着岩石颗粒的上升，岩石颗粒彼此之间，以及颗粒与孔壁、钻杆之间互相碰撞，从而被磨成粉尘状大小。

可以设想，如要确定一定深度处的环状空间压力，而该压力决定于孔口的背压、含岩粉的气柱重量以及摩擦方面的压力损失。用微分形式记述的伯努利方程式如下：

$$\frac{dP}{\rho g}+\frac{vdv}{g}+dh_{fr}+dx=0 \tag{1-17}$$

式中　dh_{fr}——摩擦方面的压力损失；

dx——沿钻孔深度的轴向坐标。

积分后不难确认，该方程式的第二项（动能的变化）相对于其他各项是很小的，甚至可以忽略不计。

在开始积分之前要估计每一项的数值。我们假设空气和固体颗粒可以组成均质混合物，此时混合物的密度为

$$\rho=\frac{P}{ZRT}(1+r) \tag{1-18}$$

式中　r——固相和气相之间的质量比。

该比值可依据机械钻速 v_m 和孔底的表面积 A_t 表示为

$$r=\frac{A_t v_m \rho_r}{Q_0\rho_0} \tag{1-19}$$

式中　Q_0——气体流量；

ρ_0——标准条件下的气体密度；

ρ_r——岩屑密度。

由达西-魏斯巴哈公式得

$$dh_{fr} = \lambda \frac{v^2}{2g} \cdot \frac{dL}{D_{ec}} = \frac{\lambda}{2gD_{ec}} \left(\frac{Q_0 P_0 ZT}{AZ_0 T_0 P} \right)^2 dL \tag{1-20}$$

因为 $$v = \frac{Q}{A} = \frac{Q_0 P_0 ZT}{AZ_0 T_0 P} \tag{1-21}$$

在方程（1-20）中，D_{ec}为环状空间的等效直径[也可以利用钻孔直径与钻杆直径之间的差值$(D_s - d)$]；λ为空气动力阻力系数；下标零表示相当于标准条件下的值。

系数λ决定于雷诺数、循环通道壁的粗糙度和固相浓度。由于紊流的程度很高，雷诺数R_e不起主要作用，因此可将λ看成是常数。

如果等效的粗糙度已知，那么尼库拉泽公式（нйуридзе）适用于纯气体（没有固相）的情况，即

$$\lambda = \frac{1}{\left(2\lg \frac{D_{ec}}{k} + 1.14 \right)^2} \tag{1-22}$$

马克-克列伊和库尔在计算中采用$k / D_{ec} = 0.012$。

如果k值未知，那么该值可应用乌艾马乌特（уэймаут）公式确定：

$$\lambda = \frac{0.009\ 407}{\sqrt[3]{D_{ec}}} \tag{1-23}$$

式中，D_{ec}用m表示。

对于空气固相混合物，可用乌斯品斯基高卢林公式确定：

$$\lambda_{am} = \lambda(1 + 1.1r) \tag{1-24}$$

式中，λ根据尼库拉茨公式确定。

应当指出，由方程（1-23）和（1-24）确定的λ值非常接近，这就决定了在工业条件下进行试验的必要性。

我们用流经相对于垂线有θ倾角的倾斜通道的气流表示，即

$$dZ = \cos\theta dL \tag{1-25}$$

利用关系式（1-25），由方程（1-17）得

$$\frac{ZRT}{g(1+r)} \cdot \frac{dP}{P} + \frac{\lambda}{2gD_{ec}} \left(\frac{Q_0 P_0 ZT}{AZ_0 T_0} \right)^2 \frac{dL}{P^2} + \cos\theta dL = 0 \tag{1-26}$$

该方程可改写成下述形式：

$$aPdP + bdL + P^2 dL = 0 \tag{1-27}$$

式中 $$a = \frac{ZRT}{g\cos\theta(1+r)} \tag{1-28}$$

$$b = \frac{\lambda}{2gD_{ec}\cos\theta} \left(\frac{Q_0 P_0 ZT}{AZ_0 T_0} \right)^2 \tag{1-29}$$

根据 P 由 P_2（孔底压力）到 P_1（孔口压力）对方程（1-27）求积分，可得

$$\frac{a}{2}\ln\frac{P_2^2+b}{P_1^2+b}=L \tag{1-30}$$

式中　L——钻孔深度。

方程（1-30）可改写为

$$P_2^2=\mathrm{e}^m P_1^2+b(\mathrm{e}^m-1) \tag{1-31}$$

式中，$m=2L/a$。

在沉降运动的条件下，系数 b 具有负值，故方程（1-31）具有下述形式：

$$P_2^2=\mathrm{e}^m P_1^2-b(\mathrm{e}^m-1) \tag{1-32}$$

如果气体的排量已知，则可能按式（1-31）和式（1-32）确定钻孔内任意点的压力。

在方程式（1-16）中的质量流量 Q_m，用体积流量 Q_0（在标准条件下）表示，而压力 P 用孔底压力代替，则得到下式：

$$Q_0=1.2\frac{A}{\rho_0}\sqrt{\frac{4g}{3c}}\sqrt{\frac{P_2 d_\mathrm{p}\rho_\mathrm{r}}{Z_t RT_t}} \tag{1-33}$$

式中，下标 t 指孔底的数值。

用逐次逼近方程（1-31）和（1-33）的方法，通过联立解确定 P_2 和 Q_0。

方程（1-33）可以简化成下述形式：

$$Q_0=1.2A\sqrt{\frac{4g}{3c}\cdot\frac{d_\mathrm{p}\rho_\mathrm{r}}{\rho_0}}\sqrt{\frac{P_2}{Z_t\rho_0 RT_t}}=Av_\mathrm{ec}\sqrt{\frac{P_2}{Z_t\rho_0 RT_t}} \tag{1-34}$$

式中，v_ec 值被称为等效速度，该空气流速度在标准条件下可足以将岩粉从孔内排出（15～20）m/s。

空气排量还决定于环状空间的横断面面积、钻孔深度和机械钻速。若利用密度小于空气的气体时，则所需的气体排量会稍有增大。

必须强调指出，借助所列方程确定的排量和压力，只是在干孔条件下才可采纳。在空气中含有液体（水）时，所需的排量将加大30%～50%或更多，而压送的压力可以增加几倍。

表1.16中列出的是推荐的最小空气排量，列入此表的空气排量值基本上超过了理论值，等效速度达到45 m/s。偏高的空气量不仅需要相应功率的压风机和额外的能量耗量，而且还会导致钻孔壁的破坏。

用压风机送空气的压力，由循环系统内的摩擦和输送岩粉的总压力损失来确定。

已知在可压缩流体流动条件下，管道中的压力损失取决于出口处的压力。所以要从钻孔排出管起顺着方向到压风机来进行水力学的计算，以确定循环系统中不同点的绝对压力。

借助方程（1-31）确定环状空间中的绝对压力，其中包括孔底的绝对压力（假设孔口的压力 P_1 是已知的）。

钻杆中的压力损失可用方程（1-32）计算。

表 1.16 推荐的最小空气排量

钻头直径/mm	钻杆直径/mm	标准条件下不同深度（m）的排量/（m^3/min）						
		250	500	1 000	1 500	2 000	2 500	3 000
444.5	168	172	183	206	217	228	240	252
	140	179	190	212	222	233	244	253
311.2	168	72	76	82	90	99	108	116
	140	82	87	96	104	113	122	131
	114	90	95	103	112	121	130	140
295.3	168	64	70	75	81	88	97	108
	140	73	76	83	91	100	109	118
	114	78	83	90	97	105	113	123
244.5	140	50	53	58	64	70	75	80
	127	53	58	65	72	78	85	93
	114	55	60	68	76	82	90	100
212.7	127	32	36	42	49	56	61	66
	114	35	39	45	52	58	64	70
190.5	114	25	27	31	35	39	43	46
	89	30	33	38	42	47	52	56
165.1	89	23	25	30	34	38	43	48
146.1	89	15	17	19	21	24	28	33
	73	16	18	20	23	26	31	36
120.7	73	12	14	17	20	24	27	30

第 2 章　冲击碎岩过程

冲击回转钻进碎岩是冲击式钻进碎岩和回转式钻进碎岩的联合作用。冲击回转钻进主要是指在回转钻进的基础上，加入一个冲击器以提高钻进效率。在钻头上或岩芯管上连接一个专门的冲击器，在钻进中给钻具以一定的轴向压力和回转运动，同时冲击器给钻具以一定频率的冲击能量，在冲击和回转共同作用下，钻头破碎岩石，进行钻进。它是在地面以动力带动全套钻具进行回转（并通过钻具给钻头一定的轴向压力）的同时，孔内冲击器以每分钟几百次至几千次的频率进行冲击。此冲击力通过岩芯管或直接传至钻头：钻头上同时作用两种载荷，即回转方向的回转力和轴向方向的冲击力。由于回转式钻进碎岩内容在《岩土钻进工艺学》中讲述较多，这里不再叙述，本章及下一章主要介绍冲击式钻进碎岩的过程和其理论分析。了解冲击器钻进碎岩过程，对于合理地设计和选用冲击器、制定合理的工艺规程参数具有十分重要的意义。

2.1　动载作用下岩石力学性质

动载和静载作用下岩石所呈现的力学性质是有区别的。

2.1.1　硬　度

动载作用下的硬度称为动硬度。由于动载在岩石接触面上能造成很大的凿入力，再加之动载加载速度快，岩石中的破碎变形不能充分扩展到较大的体积，因此，动载破碎单位体积岩石所消耗的能量要增加，所以动硬度要大于静硬度。

动硬度测定方法有多种：有些是用一定高度下落的金刚石球撞击岩石后的平均回跳高度作为动硬度的指标（肖氏硬度）；有些是用摆球的回跳角度和回跳次数来表示（摆球硬度）；还有一些则是用冲击时形成破碎穴的极限凿入力作为指标。某些试验结果见表 2.1。由表 2.1 可以看出，随着加载速度的增加，岩石的动硬度升高。

表 2.1　几种岩石的动硬度

岩　石	加载速度/（m/s）	动硬度/（kg/mm^2）
大理岩	10^{-6}　（静载）	79
	10	87
	21	91
	34	101

续表 2.1

岩　石	加载速度/（m/s）	动硬度/（kg/mm²）
大理岩	40.5	184
	46	200
	53	250
石灰岩	5×10^{-6} （静载）	—
	25	34
	34	89
岩盐	10^{-6} （静载）	—
	21.8	20
	28.0	30
	37.5	51.5
石英岩	10^{-6} （静载）	544
	18.6	638
	26.0	694
	38.2	825

2.1.2　强　度

实验证明，外载作用的速度对岩石的强度也有影响，作用速度快，强度增加。这是由于岩石的强度与其内部应力增长的速度有关。例如，对花岗岩进行压缩试验，当单位压力增长速度由 19 kg/cm²·s 提高到 40 kg/cm²·s 时，则抗压强度由 1 588 kg/mm² 增加到 1 840 kg/mm²。又如在外力瞬时作用下，石灰岩、砂岩、泥质页岩等的强度，均较外力缓慢作用时增加 10%～15%。

另一方面，物体内部因外力所引起的应力状态，会随时间以某一速度逐渐减弱（松弛）。所以，当外力作用时，如果由外力引起的应力增长速度超过物体内部因松弛而引起的应力减弱速度，则外力作用速度的影响就会显示出来，此时岩石强度将与外力作用速度有关。因此，加载速度对岩石强度的影响，塑性岩石要比脆性岩石大。

2.1.3　弹性和塑性

载荷性质同样影响岩石的弹性和塑性，同一种岩石，载荷施加速度不同，低速时可能为塑性体，而在高速时又表现脆性体。如大理岩在缓慢加载时表现为弹塑性体，在高速载荷（冲击）作用下表现为脆性体。根据固体力学理论，岩石形变时的性质由下式可知：

$$\sigma = Ex + \eta \mathrm{d}x/\mathrm{d}t \tag{2-1}$$

式中　σ——应力；

E——弹性模数；

x——形变；

η——黏滞系数；

t——载荷作用时间。

当载荷速度增大，则作用时间减小，式（2-1）中第二部分增大，岩石的应力很快接近或超过强度极限，发生脆性形变；当缓慢加载时，应力增长较慢，产生塑性形变。因此，岩石随加载速度增大，塑性降低，岩石由塑性体转为脆性体。

至于弹性模数与载荷性质的关系，通过试验发现，动载时的弹性模数大于静载时的弹性模数，见表2.2。

表2.2　几种岩石的弹性模数

岩　石	弹性模数 $E\times10^5$ kg/cm²		E_v/E
	静载 E	动载 E_v	
髓玉胶结砂岩	7.30	7.78	1.07
均质白云岩	5.05	5.31	1.05
石灰化白云岩	3.49	4.72	1.35
灰　岩	1.88	2.42	1.29
细粒碎屑灰岩	4.71	5.71	1.20
花岗岩	6.60	7.50	1.06
辉绿岩	7.10	7.50	1.08
正长岩	7.40	8.10	1.10
纯橄榄岩	14.90	16.40	1.03

2.1.4　研磨性

静压回转钻进时的岩石研磨性与摩擦力所作的摩擦功成正比。在冲击回转钻进中，正压力小，回转速度低，所作的摩擦功小，从这方面来说，岩石对工具的磨损作用就降低，延长了钻头的使用寿命。但冲击载荷作用下的岩石研磨性有其特点。一般把冲击载荷下的钻头磨损称为冲击磨损。冲击磨损可分为冲击-磨蚀磨损、冲击-水力磨蚀磨损和冲击-疲劳磨损。冲击-磨蚀磨损，是当钻头冲击岩石时，岩石表面的磨蚀颗粒冲击压入钻头接触面，在接触面上形成各种不同深度和形状的麻坑。冲击-水力磨蚀磨损，除了存在上述现象外，由于水的存在，当冲击时，水就带动部分磨粒从麻坑向四周作微切削运动，使接触面上各麻坑间产生互相贯通的切削冲蚀沟。由于冲击-疲劳磨损，在钻头磨损表面上产生各种斑痕和微裂隙。

冲击磨损与以下诸因素有关：

（1）冲击时间。一般来讲，冲击时间越长，钻头磨损量越大。

（2）冲击能量。随着冲击能量的增加钻头磨损量也增加；当冲击能量增到能将岩石磨粒凿碎，岩石表面被压实，岩石表面研磨性降低，钻头磨损量又下降；假如继续增加冲击能量，压实的表面被破碎，又增加了表面研磨性，绝对磨损值又开始增大。

（3）岩石磨粒尺寸。当岩石磨粒尺寸较大时，在钻头底唇同一面积上磨粒数就减少，冲击压强则相应增大，其磨损量也增加。但冲击时间一长，大颗粒被砸碎变成小颗粒，其磨损又降低。

（4）磨粒硬度。在一定磨粒硬度范围内，随着硬度的提高，磨损量才增加。如果磨粒硬度低于工具材料的硬度，几乎不发生冲击磨损。

2.1.5 比 功

比功是凿碎单位体积岩石所消耗的功，在冲击式碎岩方面，国内外不少研究者认为比功也可作为岩石性质之一，可用于表示岩石可钻性指标。

外载有动载、静载，相应的比功也分动载比功 $a_{冲}$ 和静压比功 $a_{静}$。

由于作用功相同时，静压碎岩的能量利用率高和静压碎岩侵深较大，使得静压比功低于冲击动载比功。

原东北工学院对一些岩石进行了测试，表现动静载比功存在一定的相关性，其回归方程为

$$a_{静} = 0.55a_{冲} - 2.9 \tag{2-2}$$

2.2 冲击碎岩特点

冲击能够用极其简单的手段，在瞬间获得极大的力量，因此它长期广泛地用于破碎岩石。探矿工程中遇到的冲击碎岩有钢绳冲击钻进、液动和气动冲击器钻进等，它们都不同程度地利用冲击动载破碎岩石。

冲击力区别于静压力，其明显特征是作用力在极短时间内有着很大的变化幅度，作用力在几十微秒内由零上升至几万牛，再经几百微秒又重新下降至零，作用力随时间变化的曲线呈波形，见图 2.1。

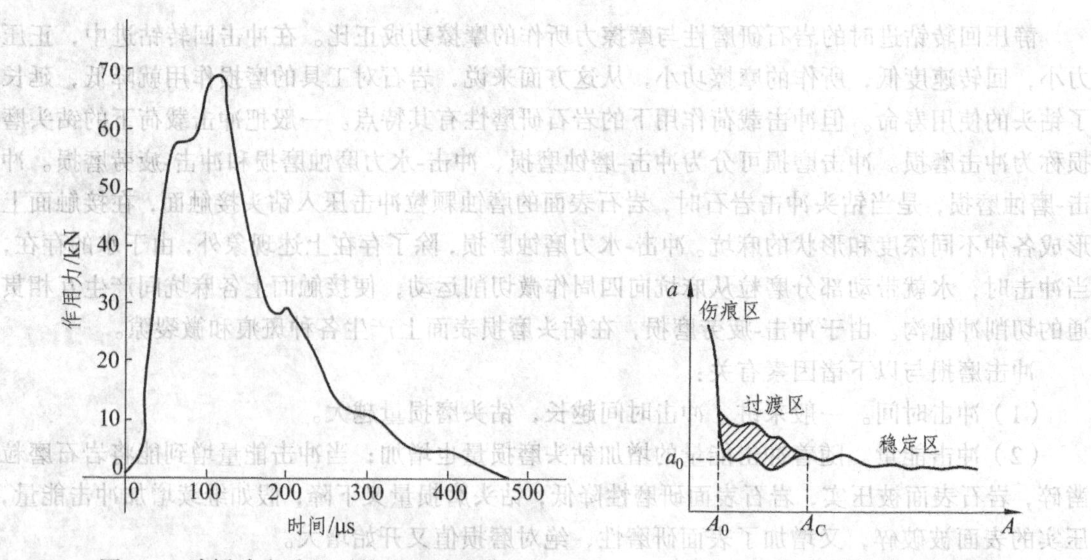

图 2.1 冲锤冲击砧子时作用力的变化

图 2.2 a-A 曲线的三个区域

动力以应力波形式在工具中传播，把能量传递到岩石中去，达到破碎岩石的目的。岩石

越难钻进，则钻头上的峰值力及平均力越大，作用时间降低，比功越大。并且还发现：冲击力约与冲击速度成正比；作用时间约与锤重的平方根成正比。

冲击碎岩时，常利用凿碎单位体积岩石所耗费的能量——凿碎比功，来反映凿碎效果。通过许多实际测定的分析，单次冲击功 A 与凿碎比功 a 的关系基本一样，可以将 a-A 曲线分成三个部分（见图 2.2）。在冲击功很小的左边是伤痕区，在这个区域里，小的冲击功不足以使岩石产生破碎坑，凿下的岩粉很细，比功很大；阴影部分是过渡区，在这个区域里测定的数据常常是变化不定的；当冲击功超过 A_c 之后，凿碎比功进入一个相对稳定的区域，在这个区域里，比功是变化不大的。可见，当冲击功超过 A_c 时，碎岩才是合理的，碎岩速度会随冲击功增加而增大。

2.3　表面动载作用下脆性半空间的破坏

岩石表面受冲击，可视为接触表面在外载荷作用下的脆性半空间应力和破坏问题。接触点处介质的压缩和剪切，从介质的一个单元体到另一个单元体是以不同的压缩波速度 V_p 和剪切波速度 V_s 传播的。某一瞬间，在集中载荷 P 作用点附近的应力场可能呈现如图 2.3 所示的图形，介质内产生球形的纵波（即压缩波）P、横波（即剪切波）S 以及锥形波的波长为 K。后者是剪切波 S_j 的包络线，S_j 是直射波 P 通过自由面时反射回来的剪切波。纵向反射波与直射波重合。此外，沿物体表面还传播圆形的表面波（瑞利波）R。当传播作用沿着表面进行时，则发生平面波前 P^* 和 S^*。

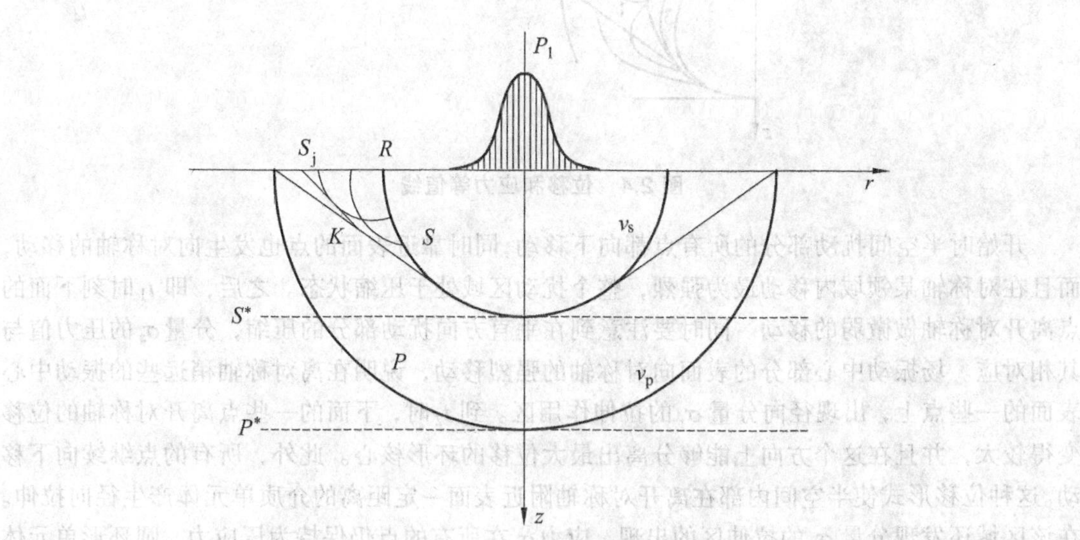

图 2.3　集中动载作用的应力传播

图 2.4 给出了介质点位移的向量场及法向应力的压缩和拉伸（阴影部分）区随时间的发展状况，位移和应力的等值线均可计算出来，共同研究位移和应力的等值线是非常有意义的。下面说明半空间加载过程的定性特征。

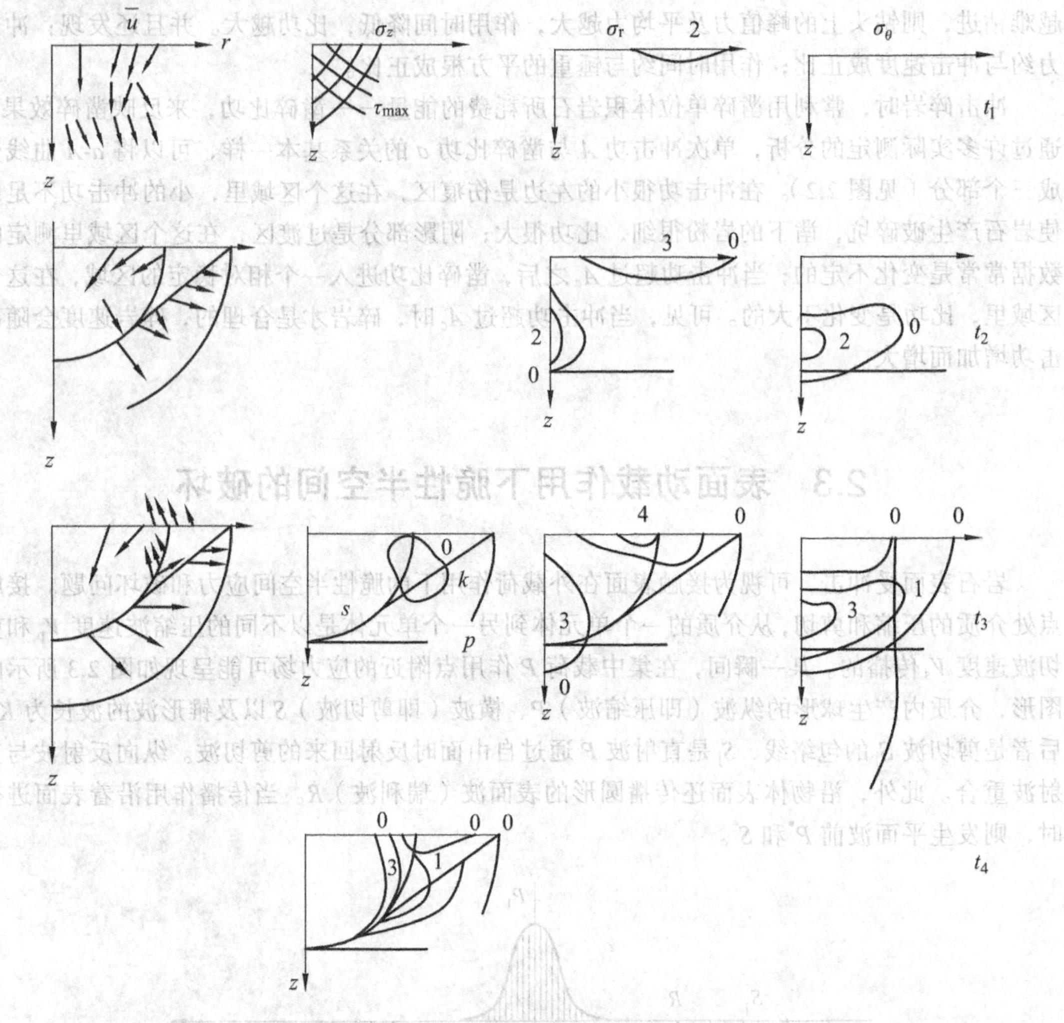

图 2.4　位移和应力等值线

开始时半空间扰动部分的所有点都向下移动，同时靠近表面的点也发生向对称轴的移动，而且在对称轴某领域内移动最为强烈，整个扰动区域处于压缩状态。之后，即 t_1 时刻下面的点离开对称轴做微弱的移动。同时要注意到在垂直方向扰动部分的压缩，分量 σ_z 的压力值与其相对应。场振动中心部分的表面向对称轴的强烈移动，说明在离对称轴稍远些的振动中心表面的一些点上，出现径向分量 σ_t 的拉伸作用区。到 t_2 时，下面的一些点离开对称轴的位移变得较大，并且在这个方向上能够分离出最大位移的环形核心。此外，所有的点继续向下移动。这种位移形式使半空间内部在离开对称轴附近表面一定距离的介质单元体产生径向拉伸。在该区域还发现分量 σ_t 的拉伸区的出现，应力 σ_z 在所有的点仍保持为压应力。圆环形单元体在半空间内部比较宽阔的范围承受拉应力。这些变形在很大程度上说明这里存在拉应力切向分量 σ_θ 的作用。

在剪切波波前附近，出现向上微小移动区域。这里介质的点主要是离开对称轴沿半径移动，仅在径向发生单元体变形，应力 σ_z 为微小的拉应力（t_3 时间）。之后便可以发现上面所指出的区域在扩大，同时向上移动的强度也增大。这与介质的点沿着离开对称轴向上传播的锥形波波前，向前移动的方向大致相对应，也与相当大的拉应力σ_z的出现相对应（t_4时刻）。

对称轴附近表面部分向对称轴的移动，而在远处的点背向对称轴移动，这都可能解释单元体相应的变形与靠近对称轴时的拉应力σ_t及压应力σ_θ相一致；反之，与远离对称轴时的压应力σ_t和拉应力σ_θ相一致。

上述分析结果可为近似地定性描述脆性破碎机理提供了依据。开始时（$t<t_1$）在较强烈的各向压缩条件下，介质将沿滑动面，即沿最大剪切应力作用面破坏。沿两簇滑动面的破碎核见图 2.5 的虚线 1。

之后将连续出现应力张量不同分量的拉伸作用区，相应地定为同名破裂面；径向分量σ_r——环形裂纹，切向分量σ_θ——径向裂纹，垂直分量σ_z——水平裂纹。

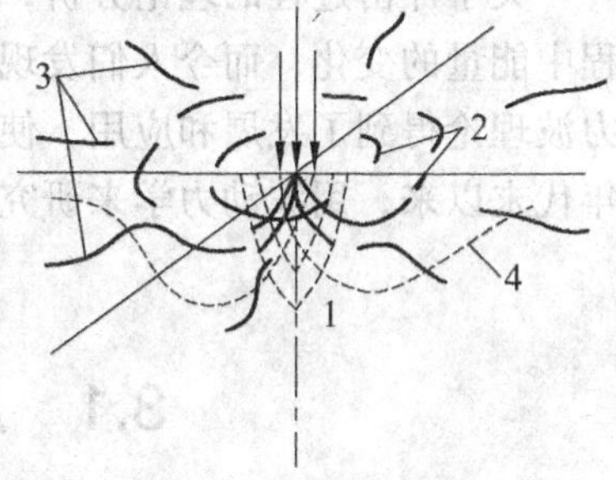

图 2.5　破碎核示意图

首先在表面出现环形裂纹 2（见图 2.4 中的t_1时刻沿应力方向）。然后（t_2）在对称轴上及其附近出现一些环形的和径向的裂纹及沿着原来压缩和"破碎"核 1 的滑动面，出现完全无规则的裂纹。因此，再晚些（t_3），在离对称轴更远的点，在表面出现径向裂纹 3。最后（t_3、t_4）在横波内形成"破裂"条件，沿剪切应力τ_{rz}为零的等值线发生介质单元体的破裂和压碎成破坏漏斗 4，漏斗近似截锥形。

第3章　冲击破碎岩石的理论分析

关于冲击过程的理论分析，长期以来，人们只限于用古典的刚体碰撞理论来分析这一过程中能量的变化，而今人们发现这一理论用来阐述冲击过程是不完备的。因此冲击过程的应力波理论得到了发展和应用，使冲击系统的力学过程得到比较科学的解释。这是20世纪50年代末以来，用波动力学来研究冲击碎岩在理论和实践上所取得的成就。

3.1　应力波沿圆柱杆传播问题

在潜孔锤钻进中，冲锤活塞对砧子和岩芯管冲击时所产生的应力波，遵循质量守恒和动量守恒原理。即在应力波施加在岩芯管的前后瞬间，岩芯管并未产生破裂，因而由岩芯管截面受力而引起的变形，必须和前后质点因运动速度不同所引起的变形相互协调。这就是质量守恒。当应力波传递到岩芯管某一部位时，这一部位受力产生运动，其本身所接触的冲量和所表现的动量必须相等。

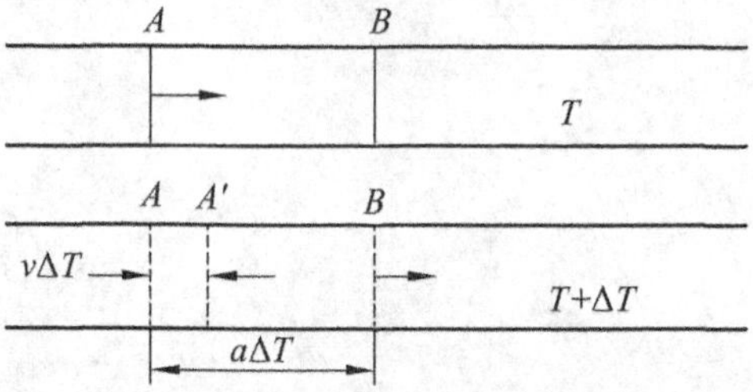

根据质量守恒定律得知：应力波未传到岩芯管以前，岩芯管是不受力而静止的，即 $v=0$（见图3.1）。设波阵在岩芯管的 A 点处的时间为 T，经过时间 ΔT 以后，波阵由 A 移至 B，其间经过的距离 AB 为 aAT（式中 a 是波的传递速度）。在波传递过程中，截面上的 A 点，所具有的速度为 v，移至 A'位置，$AA'=v\cdot\Delta T$，也就是通过波的传递原来的岩芯管中的长度 AB，缩短了 AA'，其应变量 ε 为

图3.1　应力波的传递示意图

$$\varepsilon = AA'/AB = v\cdot\Delta T/(a\cdot\Delta T) = v/a$$

即

$$v = a\varepsilon \tag{3-1}$$

式（3-1）表明了波阵面前、后质点速度的迁变量和应变迁变量之间的关系。

设岩芯管的断面面积为 F，密度为 ρ，运动部分的长度 AB 段，其质量为 $\rho\cdot Fa\Delta T$，所承受的冲量是 $P\Delta T$，根据动量守恒定律得知

$$P\Delta T = \rho Fa\Delta Tv$$

故有

$$P = \rho aFv \tag{3-2}$$

上述（3-1）、（3-2）两式是岩芯管中应力波传递的基本关系式，是在初始条件为零的情

况下推导出来的。

如果 $P_0 \neq 0$，$v_0 \neq 0$，$\varepsilon \neq 0$，则可按下式计算：

$$v - v_0 = a(\varepsilon - \varepsilon_0) \tag{3-3}$$

$$P - P_0 = \rho \cdot a \cdot F(v - v_0) \tag{3-4}$$

此两式中 v_0、P_0、ε_0 均表示在原始条件下所具有的起始值。

通常令 $\rho aF = m$，且称 m 为波阻。故式（3-2）可改写成：

$$P = mv \tag{3-5}$$

由式（3-5）可以看出：波阻是反映杆件传递动量的抵抗力。

波的叠加是指当两个振动同时抵达同一质点时，这个点的总的状态应当等于两个扰动分别作用在这个点上的叠加。在实际钻进中，杆件中的弹性波只有一个顺波和逆波才有可能相遇于一点，因此叠加也就是当顺波和逆波相遇时的叠加。

设两个沿相反方向传播的波，而且都是压力波。当两个波重合时，则其合应力及质点的合速度均可用叠加原理求得。这是由于波动方程是线性方程的缘故。图 3.2 所示为波的叠加性。

应当指出的是：当波处于合成状态时，其受力和速度都是复合的，对外表现只是个合成的受力和速度关系，两者（即 P、v）之间不再具有比例关系。

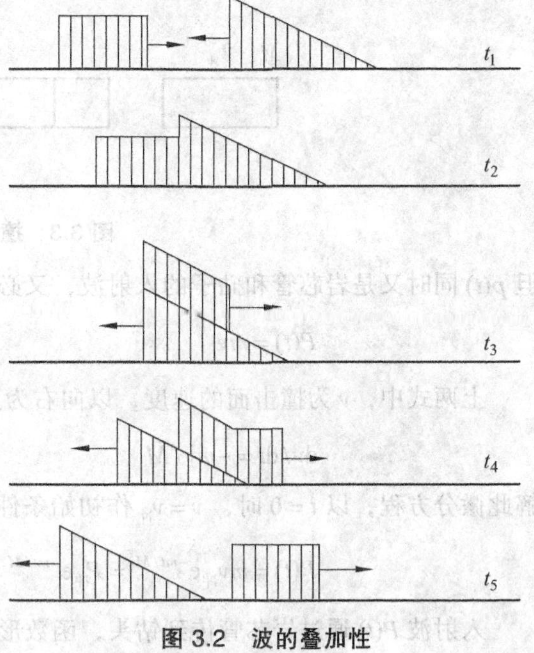

图 3.2 波的叠加性

波在端点的反射是引起波重叠的主要原因之一。

端点反射有两种基本形式：

（1）固定端反射：当应力波入射到固定端后，将产生一个反射波。这是因为波在介质的密度、弹性模量或断面面积有显著变化时，就要发生反射和透射，其情形和光波相似。由于端点被固定住，毫无位移的可能，故其反射波的值和入射波相等。在冲击回转钻进中，钻具与岩石表面接触，在冲锤作用下钻头未达到破碎岩石前的瞬间，可以认为端部并未进尺，向前推进的速度等于零。这时在固定端发生反射波，它的受力和入射波相等，符号也相同，总受力加倍，其解释是在冲锤作用下入射波扰动受力和运动应同时发生。但到了固定端，由于不可能运动，质点的运动惯性也转化为力，所以总的受力就加大，这也解释了在极坚硬岩层中钻进，由于钻头端部进尺甚微近似于端部固定，钻具的受力很大、易于损坏的原因。

（2）自由端反射。其条件是端部不受约束可以自由移动，如杆件一端悬空。在自由端的反射波，其大小和入射波相等；但符号相反（即拉伸反射成压缩，压缩反射成拉伸），速度大小和入射波相等，符号也一致。在自由端上，受力永远等于零，运动速度为入射波的两倍，这是因为端面没有阻力，是自由端的前提。但入射端能有速度必须伴随着受力，因为端面如果没有阻力，质点就向前冲击，其速度加倍。

3.2 冲击动载破碎岩石的理论分析

潜孔锤钻进，除了回转作用碎岩外，主要是利用冲洗介质推动活塞往复运动，通过岩芯管把冲击力传给钻头，对岩石进行冲击破碎。

3.2.1 潜孔锤凿入分析

潜孔锤的撞击凿入系统如图 3.3 所示。在活塞撞击时，其本身变形很小，可以把活塞看成刚体，也即看成一个整体运动的质量块，用 M 表示其质量，在撞击瞬间，撞击面受力 $P(t)$。按牛顿定律，活塞的运动必受下式支配：

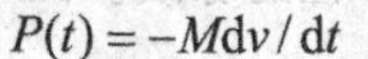

$$P(t) = -M\mathrm{d}v/\mathrm{d}t$$

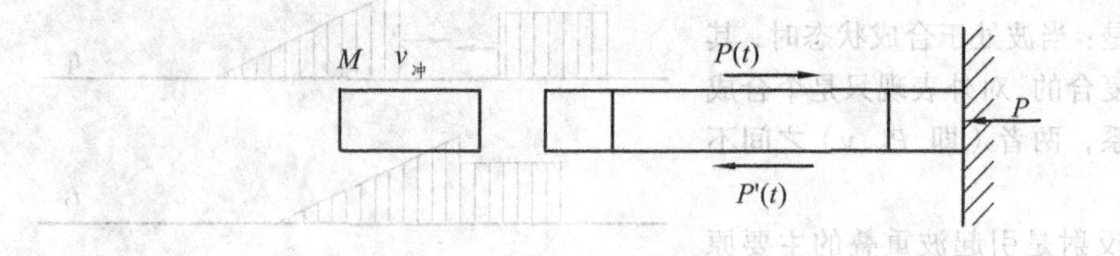

图 3.3 撞击凿入系统

但 $p(t)$ 同时又是岩芯管和砧子的入射波，又必须受式（3-5）支配，即

$$P(t) = mv$$

上两式中，v 为撞击面的速度，以向右为正，消去 $p(t)$ 得

$$\mathrm{d}v/\mathrm{d}t = -mv/M$$

解此微分方程，以 $t = 0$ 时，$v = v_{冲}$ 作初始条件，代入并整理后得

$$P(t) = mv_{冲}\mathrm{e}^{-mt/M} = P_{冲}\mathrm{e}^{-mt/M} \tag{3-6}$$

入射波 $P(t)$ 通过岩芯管传到钻头，函数形式并没有改变，只是在时间上落后了 l/a（l 为岩芯管长）。如果我们在钻头以推晚 l/a 作为时间的起点，那么在钻头的入射波表达式仍然为 $P(t)$。以 $P'(t)$ 表示钻头凿入时的反射波，以 P 表示凿入力，那么，若在钻头，力和位移的关系如下：

$$P = KU \tag{3-7}$$

式中 K——凿入系数；

U——凿入深度。

将上式微分得

$$dP/dt = Kv$$

式中，v 为钻头凿入岩石的速度，由波之合成知：

$$\begin{aligned} P &= P(t) + P(t) \\ &= P(t) - m[v - v(t)] \\ &= 2P(t) - mv \\ &= 2P(t) - m\mathrm{d}P/(K\mathrm{d}t) \end{aligned}$$

整理得

$$dP/dt + KP/m = 2KP(t)/m \tag{3-8}$$

这就是凿入微分方程的一般形式。当 $t=0$，$P=0$ 时，解之可得

$$P = 2(e^{-mt/M} - e^{-Kt/M})mv_{冲}/(1-\gamma) \tag{3-9}$$

这时有

$$\gamma = m^2/MK \tag{3-10}$$

式中，γ 是个无量纲量，它表征着整个撞击凿入系统的情况，称之为撞击凿入指数。

为了从式（3-9）求得凿入力的最大值 P_{max}，将该式微分一次，令其为零，得

$$t^* = \ln\gamma/(m/M - K/m)$$

代回式（3-9）可得

$$P_{max} = 2mv_{冲}\gamma^{\gamma(1-\gamma)} \tag{3-11}$$

以静力侵入和凿入相同深度所消耗功的比，称作凿入效率，以 η 表示。因凿入时消耗的动能是 $Mv_{冲}^2/2$，静力侵入时，达到 P_{max}/K 深度需要做功 $P_{max}^2/2K$，故效率 η 为

$$\eta = \gamma(P_{max}/P_{冲})^2 \tag{3-12}$$

将式（3-11）代入式（3-12），便可得凿入效率：

$$\eta = 4\gamma^{(1+\gamma)/(1-\gamma)} \tag{3-13}$$

在上述情况下，凿入系统之效率高低，只取决于 γ，当 $\gamma=1$ 时，有最高的凿入效率，即

$$\eta_{\gamma=1} = 0.541\,36$$

γ 过大或过小，凿入效率都降低。当 $\gamma \gg 1$ 时，凿入效率低是由于活塞质量小、岩石软而岩芯管较粗较重，能量以岩芯管动能的形式陷于岩芯管，也即以拉伸波的形式反射回来。当 $\gamma \ll 1$ 时，意味着活塞质量大、岩石强度大而岩芯管细，岩芯管变形占去了很多能量，也就是以压缩波反射回来，故效率也低。从上面的分析也可知，随着冲锤速度增加，即随冲击功增加，碎岩速度也增加。

在潜孔锤钻进中，施加有静压力 P_0，则初始条件为 $t=0$，$P=P_0$。求解式（3-8）可得凿入力 P_1 为

$$P_1 = 2\frac{e^{-\frac{m}{M}t} - e^{-\frac{k}{m}t}}{1-\gamma} mv_{冲} + P_0 e^{-\frac{k}{m}t} \tag{3-14}$$

将上式求最大值，得凿入力最大值 $P_{\max1}$ 为

$$P_{\max1} = 2mv_{冲}\gamma^{\gamma/(1-\gamma)}[1-(1-\gamma)P_0/(2mv_{冲})]^{\gamma/(\gamma-1)} \tag{3-15}$$

可见，施加有静压力 P_0 与无静压力比较，钻头的凿入力和凿入峰值力均增大了。当冲击器的冲击功不足时，可适当增大静压力，以提高凿入力峰值，从而达到岩石体积破碎，提高钻速。

静压力除了可提高凿入力峰值、利于破碎岩石外，还能使破裂后仍保持部分强度的岩石进一步破碎。在一定的侧压条件下，孔底的岩石表现为弹塑性，合理的冲击功应保证冲击力达到岩石发生大体积破碎时的极大值，并且还应有一部分多余能量，促使岩石产生大体积破碎。但是，冲击力达到岩石发生大体积破碎时的极大值后，岩石仍有一定强度，此时，施加静压力可有利于岩石破碎。另外，这时的冲击能量传递条件也有所改善，可提高能量利用率，克服钻具反弹力，保证冲击器在孔底正常工作。

3.2.2 入射波形对凿入效率的影响

岩芯管中的入射波形，主要取决于活塞形状及其撞击面接触条件。就活塞的形状而言，图 3.4 清楚地表明，在等质量的条件下，它将对入射波形产生重要影响。图中活塞长度为 l，撞击面直径为 d_1，背面直径为 d_2，砧子直径为 25 mm。

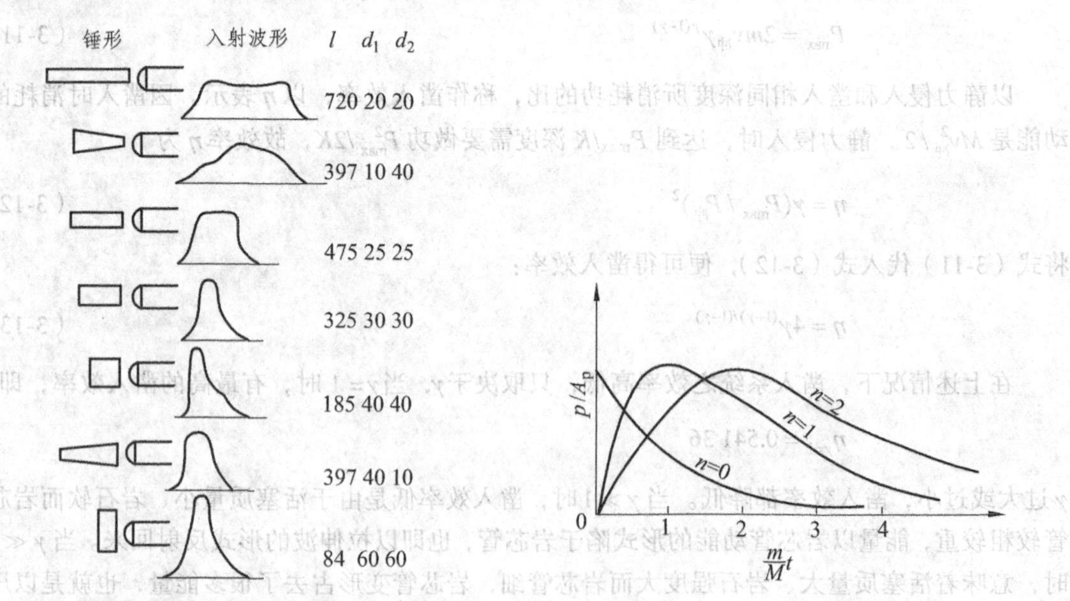

图 3.4 不同的入射波形和活塞的形状关系　　图 3.5 不同的入射波

一般而言，细长形状的活塞，入射波的幅值低而延时长；短粗活塞则与其相反。全断面一起接触，入射波上升阶段陡而急；撞击面有局部变形，则波形上升缓和，同时波形的幅值较低而且作用时间长。

不同的入射波形可用下面的通式表征：

$$P(t) = A_{\mathrm{p}}(mt/Mn)^n \mathrm{e}^{(n-mt/M)} \tag{3-16}$$

在（3-16）式中，A_{p}取决于冲击功的系数；n分别取0、1、2时，三种波形如图3.5所示。$n=0$时，$A_{\mathrm{p}}=mv_{冲}$；$n=1$时，$A_{\mathrm{p}}=\sqrt{2}\,mv_{冲}/\mathrm{e}$；$n=2$时，$A_{\mathrm{p}}=4\sqrt{6}\,mv_{冲}/(3\mathrm{e}^2)$，这样入射波的能量都恰好和活塞的动能相等。显然，当$n=0$时，式（3-16）就是式（3-6）；$n=1$时，波形比较缓和；$n=2$就更加缓和些。只要将式(3-10)代入式(3-9)求得最大值，再代入式(3-12)，也就能够求得不同入射波形的凿入效率。

缓和的入射波形比陡起的入射波形有更高的凿入效率。这是因为凿入开始的瞬间不需要有很大的力，随着凿深的增加，需要的力也增加。陡峭的波形，在凿深增加时，破岩需要更大力的时候，它已经衰竭了，势必影响凿岩效果；对比之下，较缓和的波形却有后劲，能在凿深进一步增长的时候，输出更大的力，凿岩效果显著。当然这些都指匹配得当的情况而言的。

3.2.3 应力波能量计算

应力波在管柱中传播时具有一定的能量，它包括质点的弹性应变能和质点的动能量两部分，其总和即为冲击器发出的能量。单位管柱体积内蕴有的能量以W示之：

$$W = W_1 + W_2 \tag{3-17}$$

式中　W_1——质点弹性应变能；
　　　W_2——质点动能。

$$W_1 = \sigma^2/2E \tag{3-18}$$

$$W_2 = \rho v^2/2 \tag{3-19}$$

其中　σ——应力；
　　　E——弹性模量。
　　　ρ——质点密度；
　　　v——质点运动速度。

由（3-12）式可知$\sigma=\rho av$，而$a=(E/\rho)^{0.5}$，所以$v=\sigma/(E/\rho)^{0.5}$，并代入式（3-19）得

$$W_2 = \sigma^2/2E \tag{3-20}$$

将式（3-20）和式（3-18）代入式（3-17）得

$$W = \sigma^2/2E + \sigma^2/2E = \sigma^2/E = \rho v^2 \tag{3-21}$$

由式（3-21 可以看出，应力波所具有的能量中，动能和弹性应变能各占一半。由图3.6可以看出，应力波全部能量可以将应力波沿管柱中的分布加以积分：

$$W_{总} = \int W\cdot F\mathrm{d}x = F\int W\mathrm{d}x = F\int \sigma^2\mathrm{d}x/E = \rho F\int v^2\mathrm{d}x \tag{3-22}$$

总能量用时间坐标积分，也就是在管柱某一固定截面受力为P，质点运动速度为v，在

dt时间内做功为$Pv\mathrm{d}t$，则总能量为

$$W_{总}=\int Pv\mathrm{d}t=\int(F\sigma)\cdot(a\cdot\varepsilon)\mathrm{d}t$$
$$=\int(F\sigma)\cdot(a\sigma/E)\mathrm{d}t=Fa\int\sigma^2\mathrm{d}t/E \qquad (3\text{-}23)$$

式中 F——管柱截面面积，m²；

t——波的传播持续时间，s；

a——应力波在管柱中的传播速度，m/s；

E——管柱的弹性模量，N/m²；

σ——应力，N/m²。

（3-21）式就是国际标准 ISO2787 应用应力波法求算潜孔锤冲击能量的基本公式，且 ISO2787 要求有足够的积分点（至少 10 个）积分。

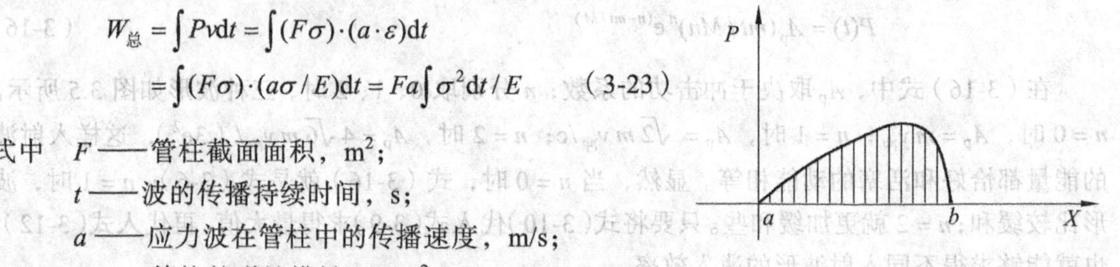

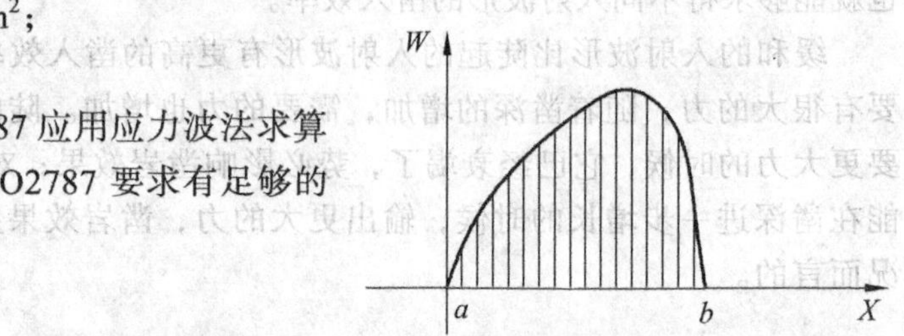

图 3.6 应力波的能量分布

P—力；W—功

第 4 章　液动冲击器（潜孔锤）

冲击器钻具是在一般回转钻进钻具的基础上，加一个冲击器，在取芯钻进中冲击器安装在岩芯管上端；在无岩芯钻进时，则直接装在钻头之上。冲击器钻进方法最主要的特点是钻进效率高、钻孔质量好和成本低等。冲击器按动力方式可分为：① 液动冲击器，用高压水或泥浆作为动力介质；② 风动冲击器，用压缩空气作为动力介质；③ 机械作用式冲击器，利用某种机械做运动，在钻具回转时产生冲锤上下的动作（这些机械可以是电机、电磁装置或特种机构等）。

4.1　阀式液动冲击器

4.1.1　阀式正作用液动冲击器

以液压推动冲击锤下行进行冲击而用弹簧恢复其原位的称之正作用液动冲击器，其工作原理如图 4.1 所示。

冲锤活塞 5 在锤簧（回动弹簧）6 的作用下处于上位，当其中心孔被活阀 4 盖住，液流瞬时被阻，液压急剧增高而产生水锤（也称水击）。则活塞和活阀在高压作用下一同下行，压缩阀簧与锤簧。这称为闭阀启动加速运行阶段。

当活阀下行到相当位置时，活阀 4 被阀座限制，活阀停止运动并与活塞脱开。此时冲洗液可以自由地流经冲击器中孔而至孔底，液压则下降。此后，活阀在阀簧作用下返回原位；冲锤活塞 5 在动能作用下继续运行。这称为自由行程阶段。

在冲程末了，冲锤冲击铁砧 7，冲击能量经铁砧、岩芯管接头、岩芯管等传至钻头，称为冲击阶段。

冲击之后，冲锤在锤簧 6 的作用下弹回，称为回返行程阶段。

当活塞与活阀再次接触时，液流又被阻止，产生液压水击，上述各工作阶段又周而复始。

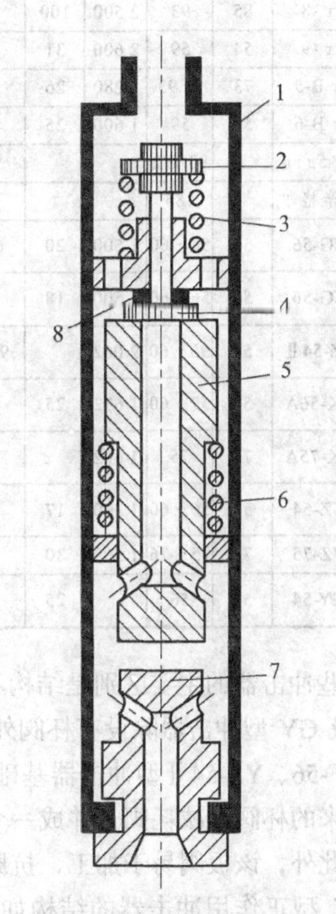

图 4.1　正作用液动冲击器工作原示意图

1—外壳；2—活阀座垫圈；3—阀簧；4—活阀；5—冲锤活塞；6—锤簧；7—铁砧；8—缓冲垫圈

从结构方面分析，正作用冲击器的主要优点是：冲锤向下做功时，可利用高压室中巨大的水锤能量。若活塞面积为 30 cm^2，水锤增压 ΔP 为 15 atm（即 101 325 N/m^2）时，下行的冲击力可达 4 410 N 左右，这是一个相当巨大的力量。而其最主要的缺点则是：回动弹簧的反作用力抵消冲击力甚大。若回动弹簧的刚度为 5 kg/mm，行程为 30 ~ 40 mm，则反作用力可达 1470 ~ 1 960 N。因为回动弹簧的反作用力当冲击锤对砧子发生冲击时为最大。这就大大抵消了冲击锤的下行冲击力。再加上回动弹簧安装时需有一定的预压力，故抵消的冲击力更大。

从优缺点权衡，有效作用力如果利用得当，还是可观的。加之其结构简单，技术较为成熟，故正作用液动冲击器仍是使用较多的一种冲击器。

我国已鉴定，并用于生产的有 ZF、YZ、TK、GY 等型，表 4.1 列举的是国内外部分正作用液动冲击器技术性能。

表 4.1　部分正作用液动冲击器性能

国别	钻具名称或型号	外径 /mm	钻孔直径 /mm	长度 /mm	质量 /kg	冲击锤质量 /kg	缸径 /mm	冲锤行程 /mm	阀行程 /mm	冲锤自由行程	介质	泵量 m^3/min	泵压力降 /MPa	冲击功 /J	冲击频率 /Hz
苏联	г-3A	90	96.115	3 765	150	50	60	20	15	5	水	0.3	1.2 ~ 1.5	69 ~ 78	18.3
苏联	г-5A		116		150					5				69 ~ 78	18.3
苏联	г-7	70	76	1 965	46			30	15	5	水	0.1 ~ 0.2	2.5 ~ 3.5	50 ~ 69	25
苏联	г-8	85	93	2 500	100						水、泥浆	0.15 ~ 0.2		69 ~ 78	20
苏联	г-9	54	59	2 600	31	11		36	30	6	水	0.14 ~ 0.18	2.0 ~ 2.5	39 ~ 50	20
苏联	гB-5	73	76.93	1 280	26						水、泥浆	0.13 ~ 0.15	1.0 ~ 1.5	10 ~ 15	47 ~ 60
苏联	гB-6	57	59	1 600	25			10 ~ 12	7 ~ 8	3 ~ 4	水、泥浆	0.03 ~ 0.10	0.5 ~ 0.8	3 ~ 5	42 ~ 53
苏联	г-5дтц		93.112									0.25	1.0 ~ 1.1	45 ~ 50	28 ~ 30
美国	巴辛格尔		185									0.10	1.50		13.3
中国	ZG-56	54	56 ~ 60	1 500	20	6.4	25	12	8	4	水、低固相泥浆	0.08 ~ 0.10	2.0	6 ~ 15	25 ~ 42
中国	ZG-56	54	56 ~ 60	1 500	18	4.2	25	9 ~ 10		2.5 ~ 3		0.04 ~ 0.08	1.2 ~ 3.0	1 ~ 15	33.3 ~ 54
中国	YZ-54Ⅱ	54	56 ~ 60	2 062		9.54	28	11 ~ 16	8 ~ 13	3	水、低固相泥浆	0.07 ~ 0.125	1.0 ~ 2.0	5 ~ 14	20 ~ 25
中国	TK-56A	56	57 ~ 60	1 672	25	6	25	12 ~ 29	9	3	水、低固相泥浆	0.055 ~ 0.12	1.1 ~ 1.7	5 ~ 20	38 ~ 50
中国	TK-75A	73	75	1 602		9		12 ~ 29	8 ~ 25	4	水、低固相泥浆	0.06 ~ 0.18	1.1 ~ 3.0	6 ~ 50	38 ~ 50
中国	YZ-54	54	56 ~ 60	1 300	17	6	25	9 ~ 12	6 ~ 9	3	水、低固相泥浆	0.04 ~ 0.08	0.6 ~ 2.7	5 ~ 16	25 ~ 52
中国	YZ-75	73	75 ~ 76	1 300	30	9	—	12 ~ 16	8 ~ 12	4		0.02 ~ 0.14	0.7 ~ 1.7	7 ~ 40	15 ~ 40
中国	GY-54	54	56		25	7	30	10 ~ 11	7	3 ~ 4	水、低固相泥浆				

这些冲击器的主要区别是结构不同：ZF、YZ-54Ⅱ型冲击器原设计为杯阀，并附设有减耗阀；TK 型及 GY 型冲击器除设有杯阀外，没设专门的减耗阀。YZ 型冲击器是 20 世纪 80 年代初研制的 ZF-56、YZ-54Ⅱ型冲击器基础上在结构上作了某些改进，使更加合理完善。其主要的改进是将原来的杯阀和减耗阀合并成一个板阀，这样不仅使结构简单，而且起到减耗阀及活阀的双重作用。此外，该板阀易于加工，抗磨性能好且可更换两面使用，因而使用寿命得到了提高。

YZ 型正作用冲击器的结构如图 4.2 所示，其工作原理是：当钻具未到孔底时，下接头 18 与六方套 16 靠钻具自重被拉开，此时阀 4 与活塞 9 呈脱开状态，冲洗液能顺利通过。可在冲击器开始工作前，冲洗孔底。当钻具到达孔底后，六方套坐落在下接头上，阀与活塞闭合，高速液流被骤然截断而产生水击增压，在压缩弹簧的同时，推动阀及活塞和重锤下行，阀行至阀壳上的限位处便停止下行。这一时期称为闭阀加速运行阶段。

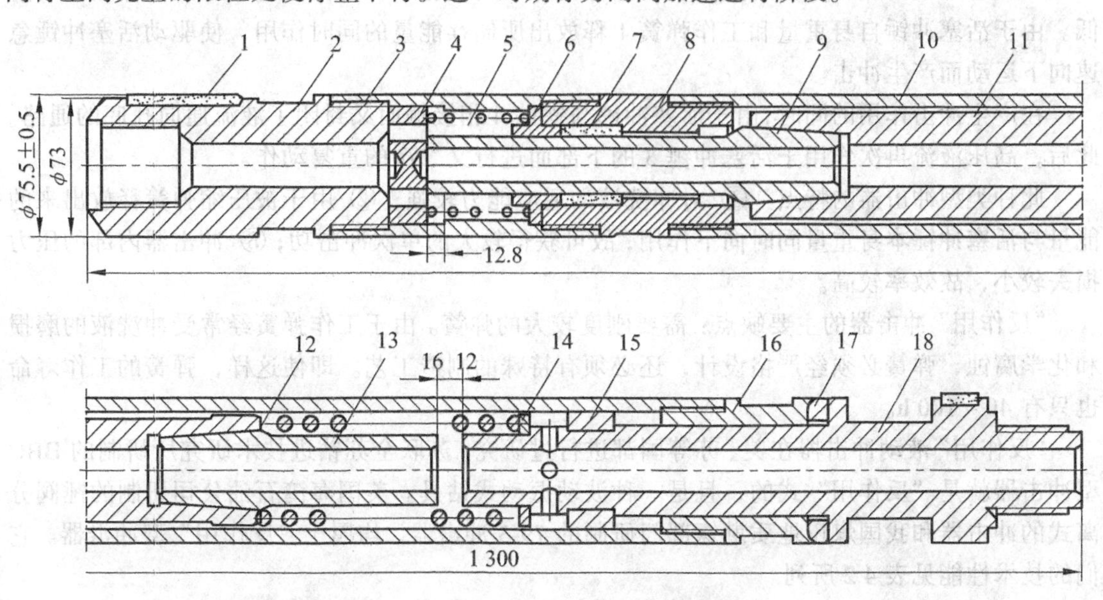

图 4.2　YZ 型正作用冲击器结构图

1—保护硬质合金；2—上接头；3—阀壳；4—阀；5—阀簧；6—压盖；7—密封填料；8—中接头；9—活塞；10—外壳；11—重锤；12—锤簧；13—锤头；14—锤簧调节垫；15—卡瓦；16—六方套（或八方套）；17—冲程调节垫；18—下接头

活塞冲锤在其惯性力的作用下，继续下行，这时阀与活塞冲锤已经脱开，阀区水压下降。这一时期称为自由行程阶段。

冲锤下行撞击铁砧，即为冲击阶段。

阀与活塞脱开后，阀区压力下降，在阀簧张力作用下，使阀上行复位，此即回程阶段。

在阀复位的过程中，逐渐缩小阀上的过水断面，这样不仅储存了能量，节省了水量，而且起到了阀上行的缓冲作用。上述各阶段周而复始，就完成了连续的冲击动作。这就是阀式正作用冲击器的工作原理和运行过程。

4.1.2　阀式“反作用”液动冲击器

“反作用”冲击器的工作原理（示意图见图 4.3）。与“正作用”冲击器的相反，它是利用高压液流的压力推动活塞冲锤 3 上行，并压缩工作弹簧 1 储存能量。经释能而做功。

当高压液流进入冲击器后，作用于活塞冲锤的下部。而当液流的作用使活塞上下端压力差超过工作弹簧 1 的压缩力和活塞冲锤本身的重量时，追使活塞冲锤上行，同时压缩工作弹簧 1 使其储存能量。与此同时，铁砧 4 的水路被逐步打开，高压液

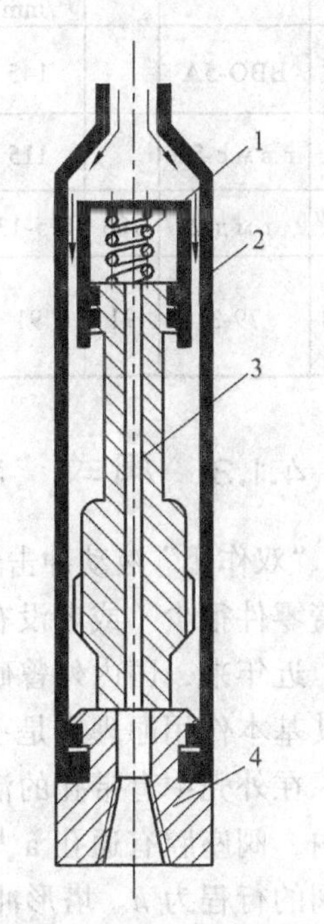

图 4.3　“反作用”液动冲击器工作原理示意图

1—工作弹簧；2—外套；3—活塞冲锤；4—铁砧

开始流向孔底。此时活塞冲锤仍以惯性作用继续上升。

当活塞冲锤 3 上行到上死点时，活塞冲锤下部的液流已畅通流向孔底，则工作室压力降低。由于活塞冲锤自身重量和工作弹簧 1 释放出所储存能量的同时作用，使驱动活塞冲锤急速向下运动而产生冲击。

在产生冲击作用的同时，由于活塞冲锤与铁砧 4 相接触而又封闭了液流通向孔底的通路。此后，高压液流再次作用于活塞冲锤 3 的下部而进行又二次的重复动作。

此种类型冲击器的特点：① 对冲洗液的适应能力较强；② 由于被压缩弹簧释放出来的能量与活塞冲锤本身重量同时向下作用，故可获得较大的单次冲击功；③ 冲击器内部的压力损失较小，故效率较高。

"反作用"冲击器的主要缺点：需要刚度较大的弹簧。由于工作弹簧经常受冲洗液的磨损和化学腐蚀，弹簧必须经严格设计，还必须有特殊的制造工艺。即使这样，弹簧的工作寿命也只有 40～100 h。

"反作用"液动冲击器在美、苏等国都进行过研究。苏联全苏钻进技术研究所研制的 BBO 型冲击器就是"反作用"式的，且是一种波动振动式钻具。美国海湾石油公司研制的锤阀分离式的冲击器和我国煤田地质勘探部门研制的 79-3 冲击器，均属于"反作用"型冲击器。它们的技术性能见表 4.2 所列。

表 4.2　国内外部分反作用液动冲击器技术性能

国别	钻具名称或型号	外径 /mm	钻孔直径 /mm	长度 /mm	质量/kg	冲锤质量 /kg	冲锤行程 /mm	介质	泵量 /(m^3/min)	泵压力降 /MPa	冲击功 /J	冲击频率 /Hz	使用寿命 /h
苏联	BBO-5A		145	6 500～7 600	500～600			水	0.86	0.7	100～120	60	
苏联	г в м с-5м		115		100			水	0.34	0.9	80～120	20～25	
苏联	г м д-2	103	115-135	1 600				水	0.2	2.3	70～80	23	300
中国	79-3	91	91	1 853		20	25	水	0.2	1.3	40～80	16～20	

4.1.3　阀式"双作用"液动冲击器

"双作用"液动冲击器的主要特点：冲锤正冲程与反冲程均由液压推动，因而整个结构中弹簧零件很少（或者没有）。而在冲击器中弹簧是一个最易受疲劳损坏的零件。

近年来，国内外曾研究设计出许多双作用的液动冲击器，它们在结构上可能有所不同，但其基本作用原理则是一致的，如图 4.4 所示。

在外壳中有带孔的活阀座 1，活阀 2 处于其中，它是个异径柱状活塞，小径那段在阀座腔内，阀座腔有通孔 a 与钻具外部相通。活阀 2 下有支撑座 4，它是限制活阀下行的装置，活阀的行程为 h。塔形冲锤活塞 6 的小径端套在支撑座 4 内，并由导向密封件 5 控制着；同时，它也是 d 腔与 e 腔的分隔装置。塔形冲锤活塞 6 的直径分别为 d_3 与 D，其中有内通道（直径为 d_1）。

冲锤活塞的大径部分沿外套 3 内的导向密封件 7 作上、下运动。在导向密封件 5、7 及冲锤活塞、外壳之间形成空间 e，该空间由通道 b 与钻具外部相通。砧子 9 的下端与粗径钻具连接。砧子能沿轴向活动，当冲锤冲击砧子时，外壳就不受冲击作用。砧子 9 内有通水孔，孔内有一节流环 8 起限流作用，用来确保在冲击器内腔与钻具外套周围建立必要的启动压力差（如果钻头通道也能够建立这个压力差，则不一定要设有节流环）。

当钻具到达孔底使冲击器启动时，则活接头 f 被压紧到外套上的 g 处，这时压力工作腔 d 处的液体，分别作用到活阀 2 及塔形冲锤活塞 6 上，它使活阀上移到最上位置（见图 4.4）。由于冲锤活塞上、下两端作用面积不相同而产生压力差，迫使其向上移动。

当冲锤活塞上行到同活阀 2 相结合时，通道 d_1 就被关闭，此运动系统上升力被截止。由于液流水击压力作用于活阀 2 下部的环形截面上，冲锤活塞 6 与活阀 2 便一起急速下行。而当活阀的下行行程为 h 时，被支撑座 4 所限制。此时冲锤活塞借助惯性作用下行（即自由行程），活阀与冲锤活塞便分离。因冲锤活塞的中心通道被打开，故又恢复了循环。当冲锤活塞继续下行到行程为 s 时，就冲击砧子 9。此时，又出现了液流压力差而使冲锤活塞又急速上行。与此同时，活阀也由于压力差作用急速上行。当冲锤活塞上行至与活阀再次接合时，通道 d_1 又被关闭，遂又产生下行，如此运动周而复始进行。

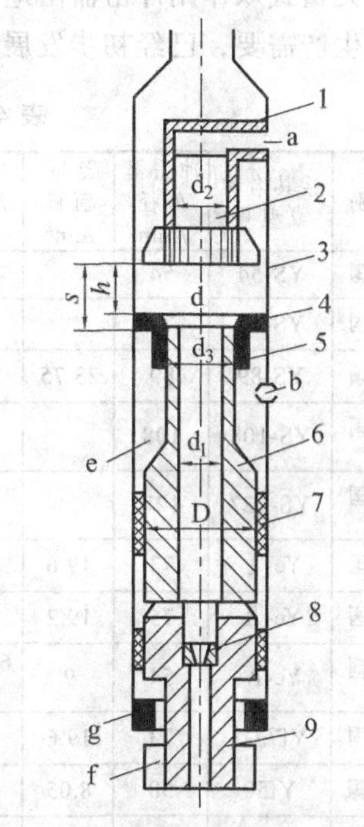

图 4.4 “双作用”液动冲击器工作原理示意图

1—带孔的活阀座；2—活阀；3—外套；4—支撑座；5、7—导向密封件；6—塔形冲锤活塞；8—节流环；9—砧子

当进入冲击器的液体流量不同时，可以得到不同的冲击频率（一般可达 42 ~ 50 Hz）。

苏联专用于坚硬研磨性岩层钻进的冲击器，其外径为 85 mm，是一种无弹簧、双作用式的。在花岗岩中进行试验，其转速为 100 r/min，钻压为 20.4 kN，冲洗液量为 0.3 ~ 0.36 m^3/min，冲锤最大冲程为 28 mm，冲锤质量为 10 kg（冲击器总质量为 60 kg）。在此泵量下，单次冲击功为 70 ~ 80 J。此时，冲击器钻速较纯回转钻进高 1 ~ 5 倍。当泵量增至 0.36 m^3/min 以上时，冲击功可达到 100 ~ 120 J。借助于改变泵量或改变冲锤冲程可调节其冲击频率。

阀式“双作用”液动冲击器种类也很多。

苏联中ф.ф.沃斯克列辛斯基研制的冲击器及我国研制的 YS 型、SH-54 型、Ye 型以及 Yf73 等型冲击器均属于这种类型。

部分“双作用”液动冲击器技术性能见表 4.3 所列。

阀式双作用液动冲击器结构特点：① 该类液动冲击器的冲锤活塞，其正冲程及反冲程都是由高压液流驱动的；② 该类冲击器活塞下部承压面积一般都大于上部，故是一种差动运动方式，因此，必须要有既滑动又隔压的密封件；③ 为了使冲击器内部能形成一个压力差，一般在砧子部位都设有“节流环”、“下阀”或“弹性冲尾体”等；④ 冲锤活塞中间部位一般设有“呼吸道”；⑤ 从理论上说，该冲击器的液流功率恢复较高，工作性能比较稳定可靠。

1. YS 型无簧式双作用冲击器

无簧式双作用冲击器由地矿部勘探技术研究所研制。经野外实践证明，效果较好。为了适应生产需要，已经初步发展成系列产品，其结构如图 4.5 所示。

表 4.3 部分双作用液动冲击器技术性能表

国别	钻具名称或型号	冲击器外径/mm	活塞面积/cm^2	冲锤质量/kg	行程/mm	泵量/（m^3/min）	泵压/MPa	冲击频率/Hz	冲击功/J	总质量/kg	长度/mm	有无弹簧
中国	YS-54	54				0.05 ~ 0.10	0.6 ~ 3.9	50 ~ 70			1 200	无
中国	YS-74	74		8	5 ~ 11	0.05 ~ 0.12	0.6 ~ 4.0	50 ~ 70	5 ~ 40	32	1 200	无
中国	YS-89	89	23.75		10 ~ 18	0.07 ~ 0.20	0.6 ~ 4.0	25 ~ 40	18 ~ 125	44	1 200	无
中国	YS-108	108				0.07 ~ 0.20	0.8 ~ 4.0	15 ~ 30			1 200 ~ 1 800	无
中国	YS-127	127				0.07 ~ 0.20	0.8 ~ 4.0	15 ~ 30			1 200 ~ 1 800	无
中国	Ye-Ⅰ	73	19.6	30	19 ~ 21	0.12 ~ 0.08	1.5 ~ 2.5	17	70 ~ 80	55	2 580	4
中国	Ye-Ⅱ	75	19.2	26	19 ~ 21	0.09 ~ 0.11	1.6 ~ 2.0	17	70 ~ 80	62	2 350	4
中国	Ye-Ⅳ	54	9	6.8 ~ 13.6	10 ~ 13.6	0.07	2.0 ~ 2.5	40	10 ~ 15	17 ~ 27	1 340 ~ 2 140	2
中国	Yf73-1	73	19.6	22	20	0.15 ~ 0.2	1.5 ~ 2.5	12 ~ 20	40 ~ 60	51	2 255	3
中国	Yf50	50	8.05	6.5	20	0.07 ~ 0.11	1.0 ~ 2.0	25	10 ~ 15	21	2 000	1
中国	SH-54	54		4.5	7 ~ 10	0.05 ~ 0.09	1.0 ~ 4.0	17 ~ 16	5 ~ 17.6	15	1 265	1
苏联	гв-2（高频）	89		7.5	1.8 ~ 1.2	0.16 ~ 0.18	1.2 ~ 1.5	60 ~ 68	1.0	30	762	无

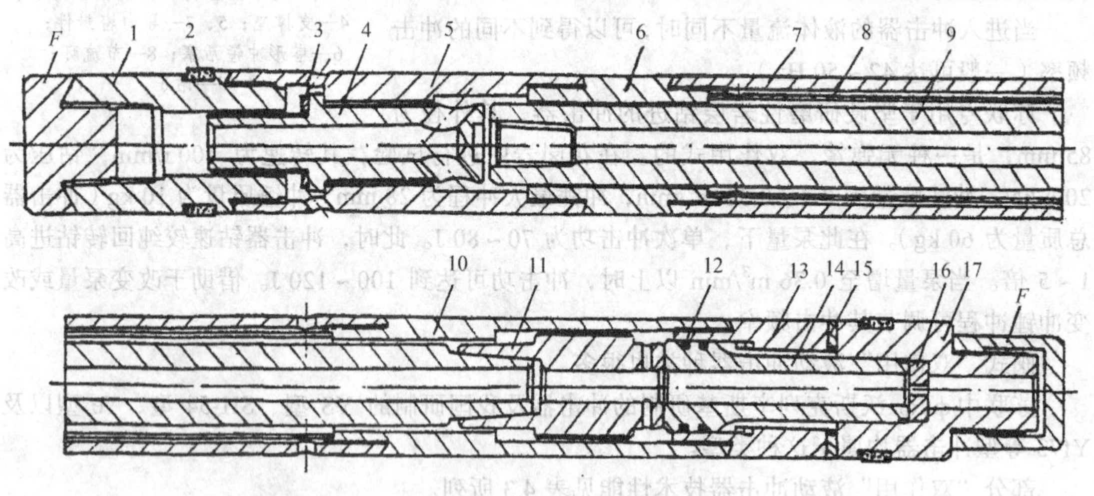

图 4.5 YS 型冲击器

1—上接头；2—硬质合金；3—调节垫；4—阀；5—阀壳；6—中接头；7—外壳；8—内壳；9—冲锤活塞；10—缸套；11—锤头；12—O 形密封圈；13—花键套；14—联动接头；15—调节垫；16—节流环；17—下接头；*F*—护丝（套）

由图 4.5 可见，冲击器阀 4 与冲锤活塞 9 具有类似的形状，其特点与前述的双作用冲击器相同，阀与冲锤活塞的上端比下端的直径小，从而保证两者在运动过程中，下端有效承受液压的面积大于上端，这就导致了活阀和冲锤活塞可以在没有复位弹簧作用下，由液压推动，实现两者的往复运动。该类冲击器其性能技术如表 4.3 所列。

2. SH-54 型双作用液动中击器

该冲击器是××省地矿局研制成的，其结构如图 4.6 所示。

该冲击器的工作原理：冲击器未工作时，由上活塞 9、冲锤 11 和下活塞 13 组成的冲锤停在砧子 16 上。冲洗液流通过浮阀 2 和冲锤内的中心通孔及节流环 20 流向孔底。液流经过节流环孔时，由于节流阻力作用，液体压力升高，液体压力作用到下活塞上。由于下活塞面积大于上活塞面积，故液体压力差，把冲锤抬起，并以一定速度向上运动。冲锤向上运行到与浮阀接触时，即闭阀。这时液流被突然切断而在阀区产生高压水锤。在水锤压力作用下，上活塞向下冲击砧子 16，从而完成一次冲击。然后，又回复到初始状态，冲锤按上述阶段随即产生第二次抬锤和冲击。如此周而复始地工作。

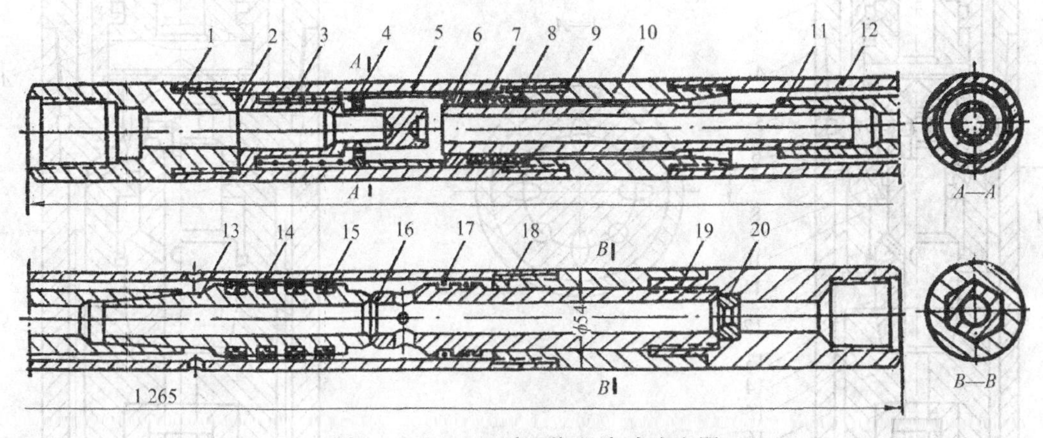

图 4.6　SH-54 型双作用液动冲击器

1—接头；2—浮阀；3—阀弹簧；4—限位套；5—外管；6—压盖；7—密封填料；8—密封垫；9—上活塞；10—中接头；11—冲锤；12—缸套；13—下活塞；14—活塞环；15—O 形圈；16—砧子；17—O 形圈；18—六方接头；19—变丝接头；20—节流环

冲击器的上活塞密封，采用具有抗拉强度高、摩擦系数小（0.04 ~ 0.087）、润滑性好的新型固体密封材料——聚四氟乙烯编织线，其密封性能和使用寿命都较好。冲击器经野外使用，也取得较好的效果。

3. 大直径的液动冲击器

石油部门研制了一种 9 英寸液动冲击器，用于钻进直径 311.2 mm 油气井，以配水阀型双作用液动冲击器的结构为基础，设计出满足钻井用的结构。设计的冲击器主要由冲击机构、配水机构、传递机构和防回水机构 4 部分组成，如图 4.7 所示。泥浆从上接头流进冲击器，经上阀套内孔，流进上配水阀内，再经冲锤最上端的调液螺母处分流作用，经中接头的环空间隙、通孔，流进冲锤锤身与外壳之间的环空间隙，最后到达冲锤锤头中水槽里。此时由于下配水阀紧靠在铁砧上，封死了流道，具有较高速度的泥浆在此受堵发生水击，液压迅速升高，高压泥浆抬起冲锤并使冲锤向上快速运动起来。冲锤运行到一定高度后，带动下阀离开铁砧，于是冲击器下部原先关闭的流道打开，泥浆从铁砧、下接头中的流道里流出了冲击器。

而冲锤则靠原有的惯性继续向上运动，直到抵住上配水阀，堵住由上接头进入上配水阀中泥浆的通道。于是，受堵的泥浆又发生水击，巨大的水击作用促使上配水阀和冲锤一起快速下行。运行一定行程后，上配阀受中接头阻挡而与冲锤分开，在液压的作用下自动上返至与上阀套相抵触。而冲锤则在惯性、重力、液压的作用继续下行，直到与铁砧发生碰撞，实现冲击过程。当然，由于在冲锤下行的过程中下配水阀也在独自下行，并在冲锤冲击铁砧瞬间堵死流道，整个泥浆通路又重现开始时的情形。这样，冲锤将重复上面所述的过程，周而复始，对铁砧进行周期性的冲击作用。

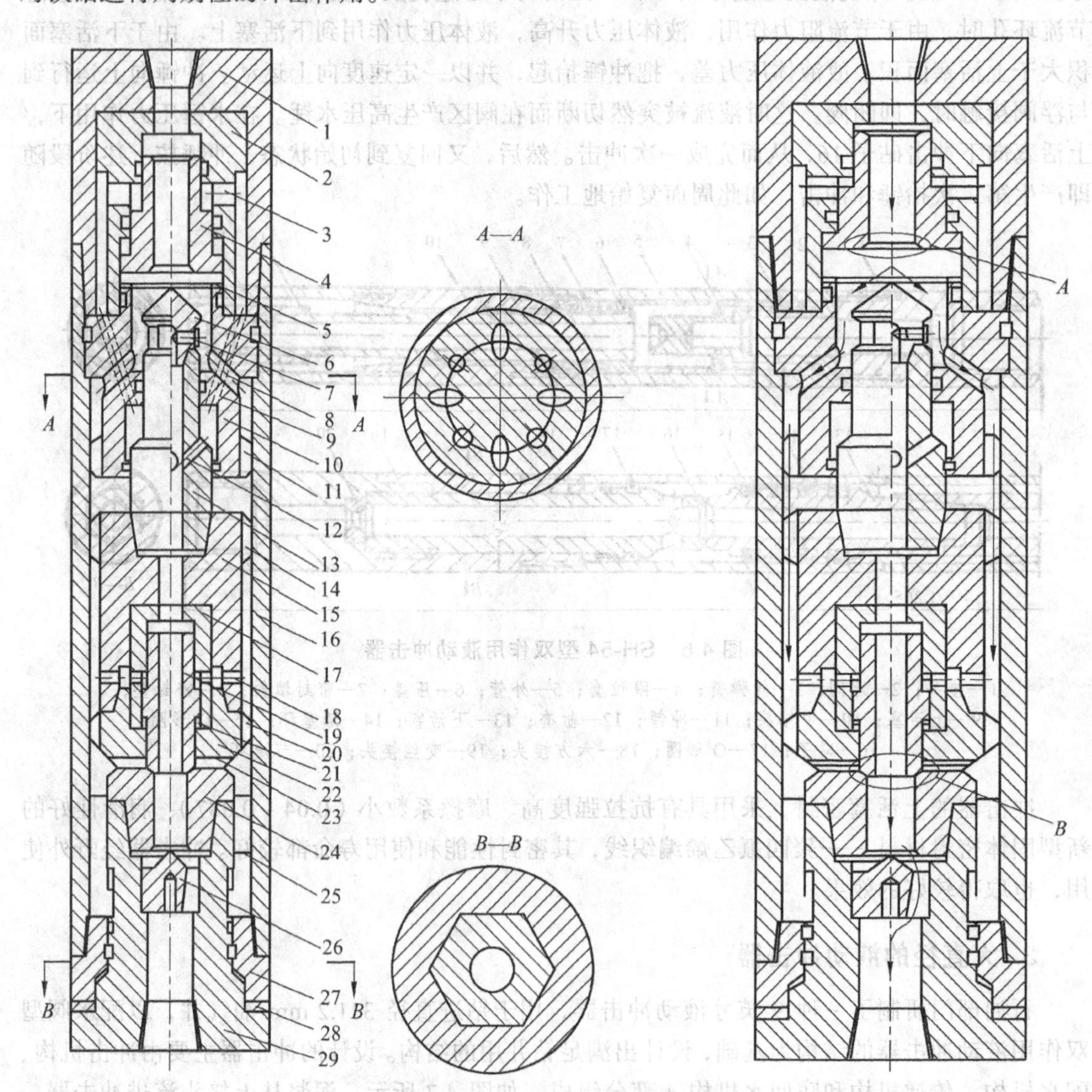

图 4.7　液动冲击器结构图

1—上接头；2—上阀套；3—呼吸孔；4—上配水阀；5—上配水阀阀程垫；6—液量调整螺帽；7—调整螺帽封孔塞；8—过水流道；9、12、18—呼吸孔；10—中接头；11、14、20—扶正块；13—冲锤锤尾；15—冲锤锤身；16—外壳；17—下阀套；19—下配水阀；21—下配水阀垫；22—冲锤锤头；23—过流通道；24—铁砧；25—卡环；26—逆止阀；27—传动接头；28—冲程垫；29—下接头

4.1.4　几种新型液动冲击器

1. 孔底反循环液动冲击器

图 4.8 所示为苏联地质部专业设计局研制的一种“正作用”液动冲击器。它的组成是：阀 3、活塞 5、可以排出由上腔 1 及下腔 13 来的工作液体水槽 6 和 7，装有压力阀 8 的冲锤 10，带有球阀 15 和过滤器 16 的砧子 14，以及回动弹簧 4、12 和冲锤 10 与壳体 11 之间有环形槽 9 等。

当液体流经腔室 1 时，在液压作用下弹簧 4 和 12 被压缩，这时阀 3 和冲锤 10 一起向下移动。当阀不能再移动时，液体继续压向活塞 5 的环状台阶上，使得活塞脱离阀。冲锤 10 由于惯性继续向下运动，而阀 3 则恢复其原来位置（这样冲击器就能在钻孔的任何部位进行启动）。向下运动的冲锤把腔室 13 里液体沿槽 9 和 6 通过单向阀 8 压出管外。在冲锤 10 向上运动时，孔底的液体则经过阀 15，砧子 14 进入腔室 13，然后从腔室 13 压出管外，从而实现孔底局部反循环。

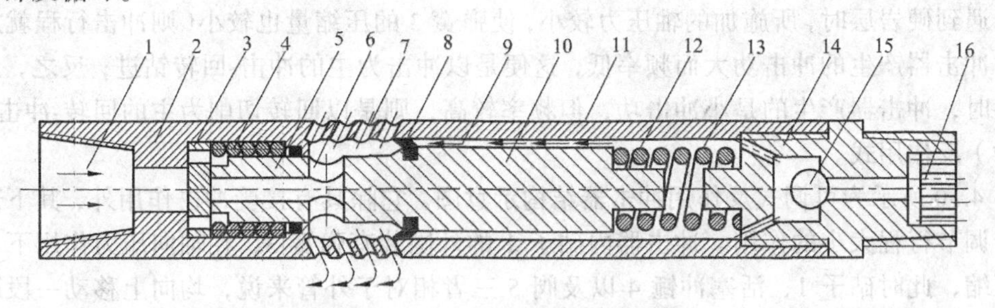

图 4.8　孔底反循环液动冲击器

1—上腔；2—接头；3—阀；4—弹簧；5—活塞；6—水槽；7—水眼；8—单向阀；9—环槽；10—冲锤；11—壳体；12—锤簧；13—下腔；14—砧子；15—球阀；16—过滤器

2. 孔底可调式的液动冲击器

对某一种岩石来说，它都有一个最优的破碎冲击功值和冲击频率值。当冲击器功率不变时，冲击功与冲击频率成反比的关系。

孔底可调式的液动冲击器是一种根据钻进某种岩石，能自动调整其冲击功与冲击频率大小的冲击器。这种可调式的液动冲击器，使其在钻进不同岩石时，都处于最优的工作状态。

（1）正作用式。

传递轴压力的接头 1 上接有钻杆，其下接六方轴杆 4，如图 4.9 所示。接头 1 压缩短管 2 内部弹簧 3 的同时，也促使六方轴杆 4、阀 6 及冲锤活塞 7 向下移动。但它们的移动距离是有一定范围的，即当轴向压力被弹簧所平衡时，便不能继续向下移动；或者接头 1 下移到与短管 2 相接触时，不能再向下移动。

当六方轴杆 4、阀 6 及冲锤活塞 7 向下移动时，因同时压缩着阀弹簧 5 及冲锤弹簧 8，便缩短了阀程和冲击行程。所以，虽然输入冲击器的液流不变，但可按大小不同的轴压使冲击器性能发生变化。

当遇到硬岩层时，所施加的轴压力较小，使弹簧 3 的压缩量也较小（则冲击行程就加大），而这时冲击器产生的冲击功大而频率低，这便是以冲击为主的冲击-回转钻进，当六方轴杆 4，阀 6 及冲锤活塞 7 向下移动时，因同时压缩着阀弹簧 5 及冲锤弹簧 8，便缩短了阀程和冲击行程。所以，虽然输入冲击器的液流不变，但可按大小不同的轴压使冲击器性能发生变化。

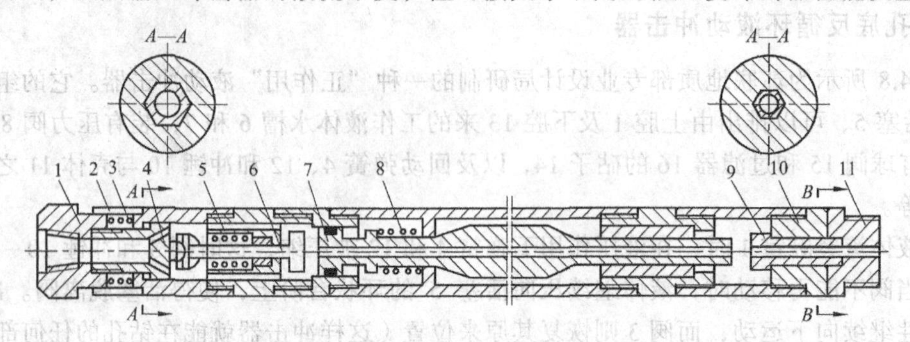

图 4.9 孔底可调式正作用冲击器

1—接头；2—短管；3—弹簧；4—六方轴杆；5—阀弹簧；6—阀；7—活塞冲锤；8—冲锤弹簧；9—砧子；10—六方套；11—岩芯管接头

当遇到硬岩层时，所施加的轴压力较小，使弹簧 3 的压缩量也较小（则冲击行程就加大），而这时冲击器产生的冲击功大而频率低，这便是以冲击为主的冲击-回转钻进；反之，当遇到软岩层时，冲击器产生的是小冲击功，但频率较高，则是以回转切削为主的回转-冲击钻进。

（2）反作用式。

图 4.10 所示为可调式反作用冲击器结构示意图。它除具有接受冲击作用外，其下部接头还起着调节行程大小的作用。冲击器内砧子 1 的外围装有弹簧 3，在轴向压力作用下，弹簧便被压缩，此时砧子 1、活塞冲锤 4 以及阀 5 三者相对于外管来说，均向上移动一段距离并同时压缩弹簧 6 及弹簧 7。

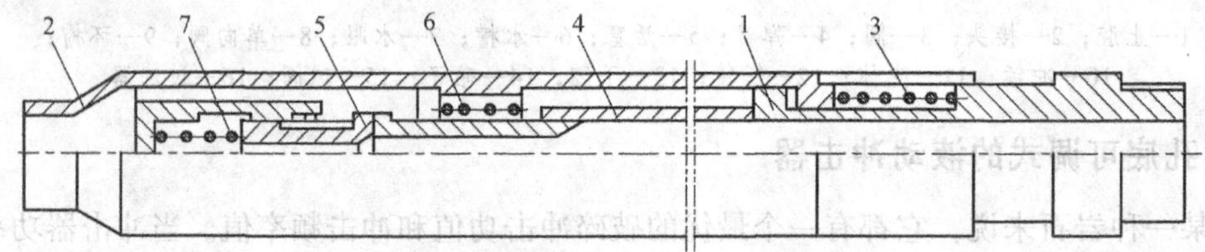

图 4.10 孔底可调式反作用冲击器

1—砧子；2—外管；3—调节弹簧；4—冲锤活塞；5—阀；6、7—锤簧与阀簧

所以，当钻进时施加钻头的轴向压力越大，砧子 1、冲锤活塞 4 和阀 5 向上移动的距离也就越大（即冲击行程缩小），也即冲击器所产生的冲击功降低，冲击频率则增加；反之，冲击器所产生的冲击功便增大，而冲击频率则降低。

4.2 射流式液动冲击器

4.2.1 射流式液动冲击器的特点及技术性能

地质勘探部门所使用的射流式液动冲击器，是采用双稳射流元件作为控制机构的。它是我国独创的一种新型钻具。

从泥浆泵输出高压冲洗液，输入射流元件后产生射流附壁与切换作用，使冲击器形成高频冲击，冲击功传到孔底钻头便达到破碎岩石的目的。

与其他类型冲击器相比，射流式液动冲击器具有下列特点：

（1）钻具结构简单，零件少（能量相同的冲击器，零件少 1/3 以上）。

此类冲击器加工方便、安装拆卸简单，易于维修和操作，且性能参数可调。经在西德深井采油研究所试验，冲击器在围压小于 40 MPa 时，仍能正常工作，故该冲击器利于深孔钻进。

（2）钻具工作可靠，使用寿命长（由于取消了弹簧、配水活阀等易损零件）。

因钻具主件——射流元件的劈尖、工作区上下盖板上都镶焊了硬质合金板块，其使用寿命可达 500 h 以上。××省地矿局××队曾使用一个射流元件进尺达 1 075 m。

（3）冲击器性能良好，能量利用率高。

由测试的冲击器动力图可看出：射流式冲击器比阀式冲击器具有压差力大、末速度高以及利用高压水锤能碎岩，其传递效率高等良好的工作性能。

（4）冲击器工作时不会堵水蹩死。

当用金刚石钻头钻进时，不会导致产生烧钻头以及蹩坏水泵零件等。

（5）钻进中产生的高压水锤波比阀式冲击器较小。

因此，该冲击器的高压管路系统振动小，钻具工作平稳，冲击能量损失均较少，这对减少水泵、冲击器，高压管路的零件损坏十分有利。

4.2.2 射流式液动冲击器的工作原理

射流式冲击器的结构，如图 4.11 所示，其工作原理可由图 4.12 说明。

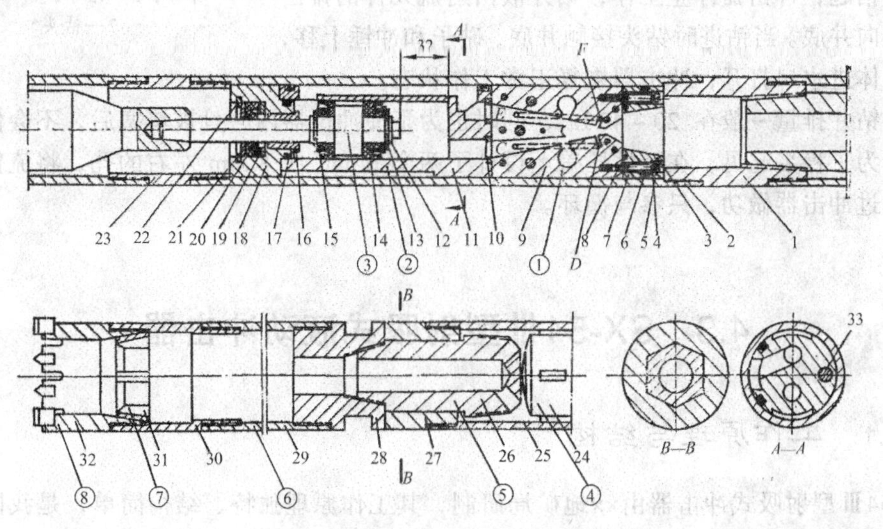

图 4.11　射流式液动冲击器

①—射流元件；②—缸体；⑧—活塞；④—冲锤；⑤—砧子；⑥—岩芯管；⑦—卡簧；⑧—钻头

1—上接头；2—缸套外壳；3—打捞垫；4、13、22—弹簧挡圈；5—螺栓；6、8、10、17—“O”形密封圈；7—打捞螺纹；9—射流元件；11—缸体；12—活塞杆；14、20—密封圈；15—支撑环；16—导向铜套；18—压盖；19—支撑环；21—铜垫；23、28—接头；24—冲锤；25—外壳；26—砧子；27—六方套；29—岩芯管；30—卡簧座；31—卡簧；32—钻头；33—销钉由水泵输出的高压水，经钻杆柱输入射流元件 1，射流从元件喷嘴喷出，产生附壁作用，假如先附壁于右侧，高压水由 C 输出进入缸体 2 的上部，推动活塞 3 下行，此时，与活塞连接的冲锤 4 便冲击砧子 5，因砧子以丝扣同岩芯管连接，冲击能量便传至岩芯管 6 及钻头 7 上，这就完成了一次冲击作用。在 E 输出的同时，反馈信号回到 D 控制孔，在活塞行程末了，促使射流由 C 切换到 E 输出，流体经 E 及与之连接的水道进入下缸，然后推动活塞向上，作返回动作；同样在输出的同时，反馈信号又回到 F，而将射流切换到开始位置，继而又从 C 输出，如此往返，实现冲击动作。上、下缸的回水，则通过 C、E 输出道而返到放空孔。再经与放空孔连接的水道、过水接头及砧子内的孔道，流入岩芯管直到孔底，冲洗孔底后返回到地表。

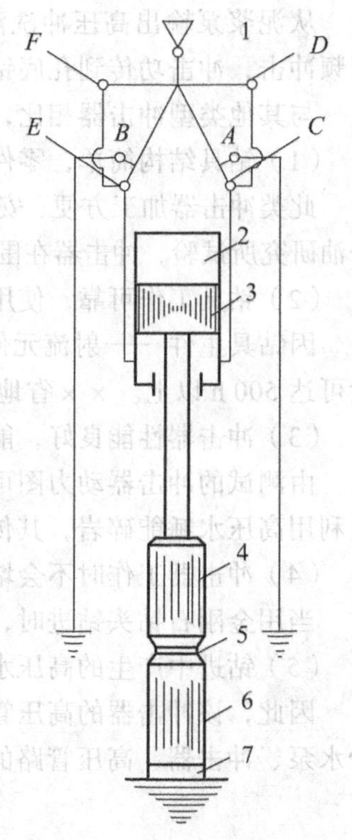

图 4.12 钻具线路示意图

1—射流元件；2—缸体；3—活塞；4—冲锤；5—砧子；6—岩芯管；7—钻头

在石油钻井中，研制了 YSC-178 型射流式冲击器，冲击器的外径为 ϕ178 mm，用于钻进 $8^1/_2''$井眼。该冲击器除了优化射流元件外，设计了防空打机构和分流机构。

防空打机构是通过砧子与下接头之间采用八方套滑动配合实现的。当钻具提离井底时，钻头及砧子下滑，砧子坐在下接头的台阶上，同时活塞冲锤也随之下移。使活塞下圆柱面关闭下腔体进水口，这样流体就无法进入活塞下腔，冲锤活塞无法抬起，冲击器停止工作，钻井液由射流元件的排出孔直接流向井底。当钻进时钻头接触井底，砧子和冲锤上移，缸体下腔体进水口打开，冲击器恢复正常工作状态。

石油钻井排量一般在 20 ~ 40 L/s，同时也为了使冲击器内一旦被堵塞后，不会使循环流体断路，为了稳妥起见，在元件压盖上设计了两个 6 mm 或 8 mm 左右的孔，将流体分出一部分不通过冲击器做功，只参与循环。

4.3 SX-54Ⅲ型射吸式液动冲击器

4.3.1 工作原理与结构

SX-54Ⅲ型射吸式冲击器由××地矿局研制，其工作原理独特、结构简单，是我国首创的一种新型液动冲击器。该冲击器由喷嘴、阀、活塞（包括冲锤）、外壳和砧子等组件构成，其结构如图 4.13 所示。

工作原理见图 4.14。该冲击器系利用高压液流喷射时的卷吸作用，使阀 4 与活塞冲锤 3、5 的上下腔产生交变压力差，从而推动冲锤活塞往复运动。

阀与活塞的回程与冲程，均由液压推动。

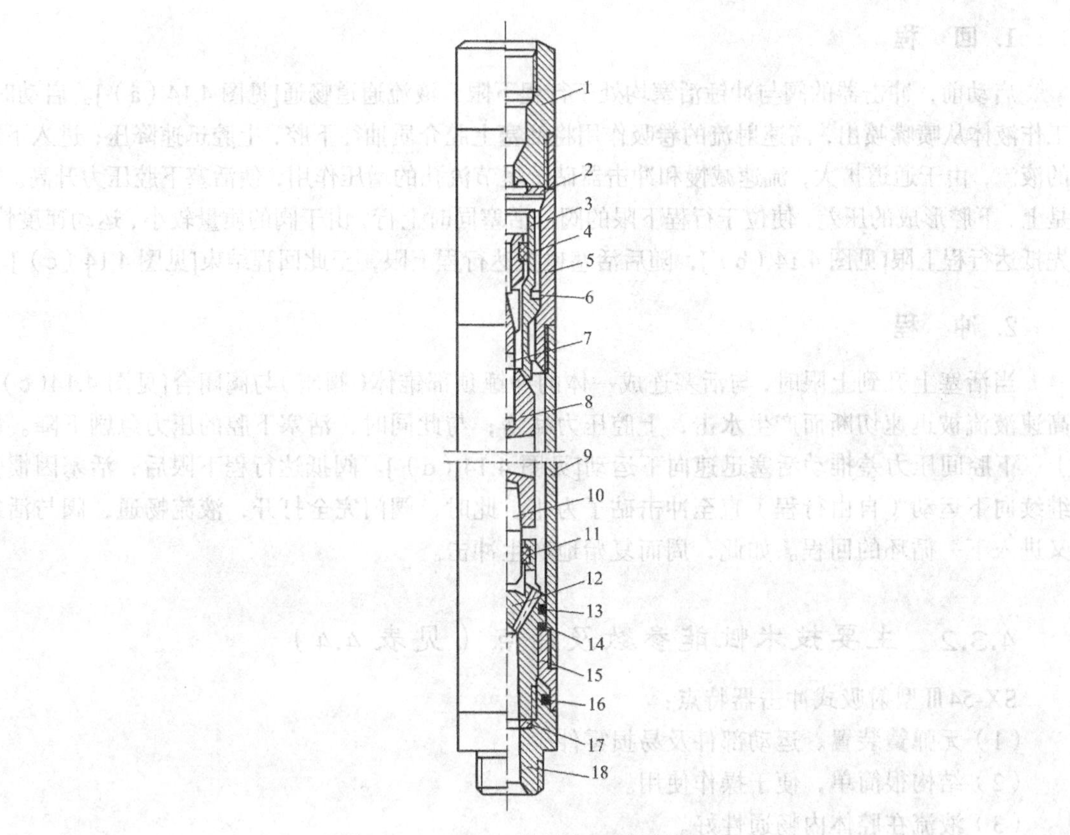

图 4.13　SX-54Ⅲ型冲击器结构图

1—水接头；2—阀程调节垫圈；3—阀；4、6、13、16—密封圈；5—阀室；7—活塞；8—冲锤；9—外管；10—锤头；11—尼龙圈；12—传动轴；14—垫圈；15—八方轴套；17—砧高调节垫；18—下接头

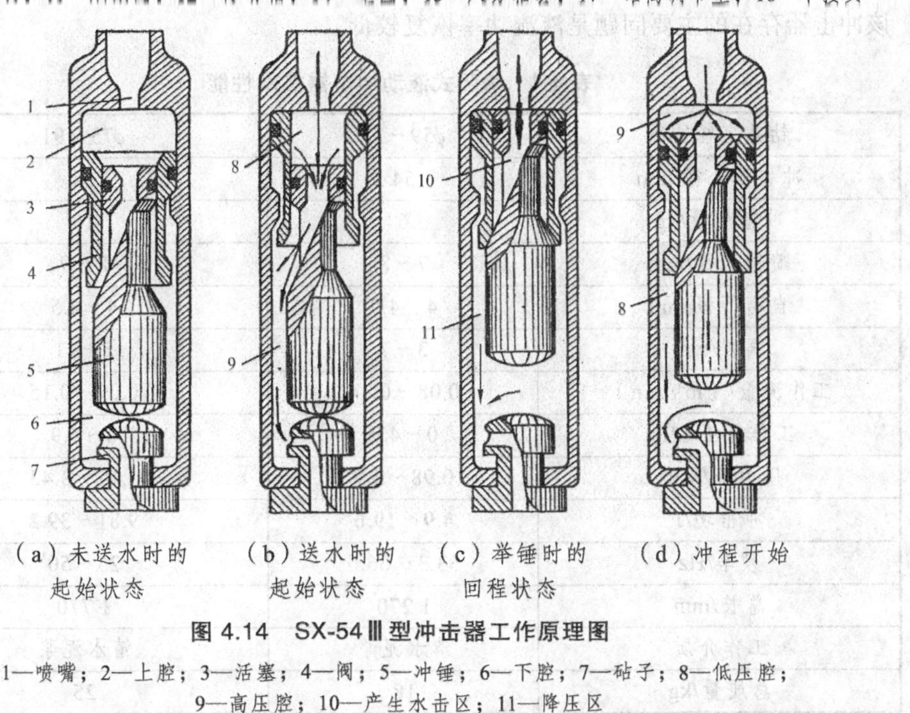

（a）未送水时的起始状态　（b）送水时的起始状态　（c）举锤时的回程状态　（d）冲程开始

图 4.14　SX-54Ⅲ型冲击器工作原理图

1—喷嘴；2—上腔；3—活塞；4—阀；5—冲锤；6—下腔；7—砧子；8—低压腔；9—高压腔；10—产生水击区；11—降压区

1. 回　程

启动前，冲击器的阀与冲锤活塞均处于行程下限，液流通道畅通[见图 4.14（a）]。启动时，工作液体从喷嘴喷出，高速射流的卷吸作用将活塞上腔介质抽往下腔，上腔迅速降压；进入下腔的液流，由于通道扩大，流速减慢和冲击器砧子里节流孔的增压作用，使活塞下腔压力升高。于是上、下腔形成的压差，使位于行程下限的阀与活塞同时上行，由于阀的质量较小、运动速度快，先抵达行程上限[见图 4.14（b）]，随后活塞也抵达行程上限，至此回程结束[见图 4.14（c）]。

2. 冲　程

当活塞上升到上限时，与活塞连成一体的冲锤顶部锥体（阀座）与阀闭合[见图 4.14（c）]。高速液流被迅速切断而产生水击，上腔压力猛增；与此同时，活塞下腔的压力急剧下降。故上、下腔间压力差推动活塞迅速向下运动[见图 4.14（d）]。阀抵达行程下限后，活塞因惯性继续向下运动（自由行程）直至冲击砧子为止。此时，阀门完全打开，液流畅通，阀与活塞又进入下一循环的回程。如此，周而复始地产生冲击。

4.3.2　主要技术性能参数及特点（见表 4.4）

SX-54Ⅲ型射吸式冲击器特点：

（1）无弹簧装置、运动部件及易损零件少。

（2）结构很简单，便于操作使用。

（3）液流在腔体内畅通性好。

（4）对密封性能要求较低。

（5）易于缩小口径。

该冲击器存在的主要问题是液流功率恢复较低。

表 4.4　射吸式液动冲击器技术性能

钻孔直径/mm	ϕ59～75	ϕ75～91
冲击器外径/mm	54	54
冲锤质量/kg	6	10
喷嘴口径/mm	7～8	8～9
自由行程/mm	4～4.5	4～4.5
阀程/mm	3～7	5～11
工作流量/（m^3/min）	0.08～0.14	0.09～0.15
工作背压/MPa	0～4.9	0～4.9
压力降/MPa	0.98～2.9	1.47～3.43
冲击功/J	4.9～19.6	9.81～39.2
频率/Hz	33.3～66.6	25～50
总长/mm	1 270	1 770
工作介质	清水泥浆	清水泥浆
总质量/kg	18	25

4.4　绳索取芯式液动冲击器

绳索取芯钻进技术是一种使用广泛、技术先进的岩芯钻探方法。它在提高钻进效率；减少辅助时间，改善操作人员的体力劳动强度；降低成本等方面都具有突出的优点。但是由于其钻头唇部壁厚，在一定的钻压下单位面积上的钻压较小，在硬岩（特别是坚硬致密的）“打滑”地层中的钻速较低。为了提高其钻探效率将绳索取芯钻具同液动冲击器钻进结合起来，即在原有绳索取芯钻具上增加一个冲击动载，增大轴向压力，就可改变其碎岩机理，从而增强了碎岩效果。

苏联研制的绳索取芯式冲击器有：CCI'-76 型；国内研制的有：TK-60S、TK-75S、S75C、S59C、SYZX96/75、SZG-59 型。它们的技术性能见表 4.5 所列。

表 4.5　绳索取芯冲击回转钻具技术性能

技术性能		冲击器名称及型号				
		TK-60 S	TK-75 S	S 75 C	S59C	SZG-59
绳索取芯部分	钻头外径/mm	60	75	75	59.5	60
	钻头内径/mm	36	49	49	36	36
	扩孔器外径/mm	60.5	75.5	75.5	60	60.5
	外岩芯管外径/mm	58	75	73	58	58
	外岩芯管内径/mm	49	63	63	49	49
	内岩芯管外径/mm	43	56	56	43	43
	内岩芯管内径/mm	38	51	51	38	38
	内岩芯管长度/mm	3 292	3 387	3 000	3 000	3 000
冲击器部分	外径/mm	32	56	54	54	43
	冲锤行程/mm	12	12	11	12 ~ 14	9 ~ 11
	活阀行程/mm	8	8	8	8.5 ~ 10.5	6.5 ~ 7.5
	冲锤质量/kg	6	9	10	4.5	6
	地面工作泵压/MPa	1.1 ~ 1.7	1.0 ~ 1.9	1.0 ~ 2.0	0.8 ~ 1.8	1.5 ~ 2.5
	地面工作泵量/（m^3/min）	0.06 ~ 0.09	0.06 ~ 0.12	0.072 ~ 0.125	0.047 ~ 0.09	0.06 ~ 0.08
	冲击功/J	4.0 ~ 11	6.0 ~ 18	5.0 ~ 10	5.3 ~ 10.8	5.0 ~ 12
	冲击频率/Hz	40 ~ 50	40 ~ 50	20 ~ 33.3	33.3 ~ 41.7	38 ~ 50
	工作介质	清水或低固相泥浆				

现以 TK-60S、SYZX96/75 为例介绍如下：

TK-60S 钻具为回转绳索取芯钻进与绳索取芯冲击回转钻进的两用钻具。冲击器随内管总成一道从钻杆中投入和捞出，并可根据实际需要装上或卸下，即：当取芯内管总成接入冲击器，则成为绳索取芯冲击回转钻具；卸下冲击器，就成为回转绳索取芯钻具。

该钻具所配备的冲击器为 TK 型阀式正作用液动冲击器。

4.4.1　TK-60S 钻具结构及工作原理

绳索取芯冲击回转钻具由悬挂启动机构、冲击器、内外岩芯管总成、打捞器等部分组成，具体结构如图 4.15 所示。

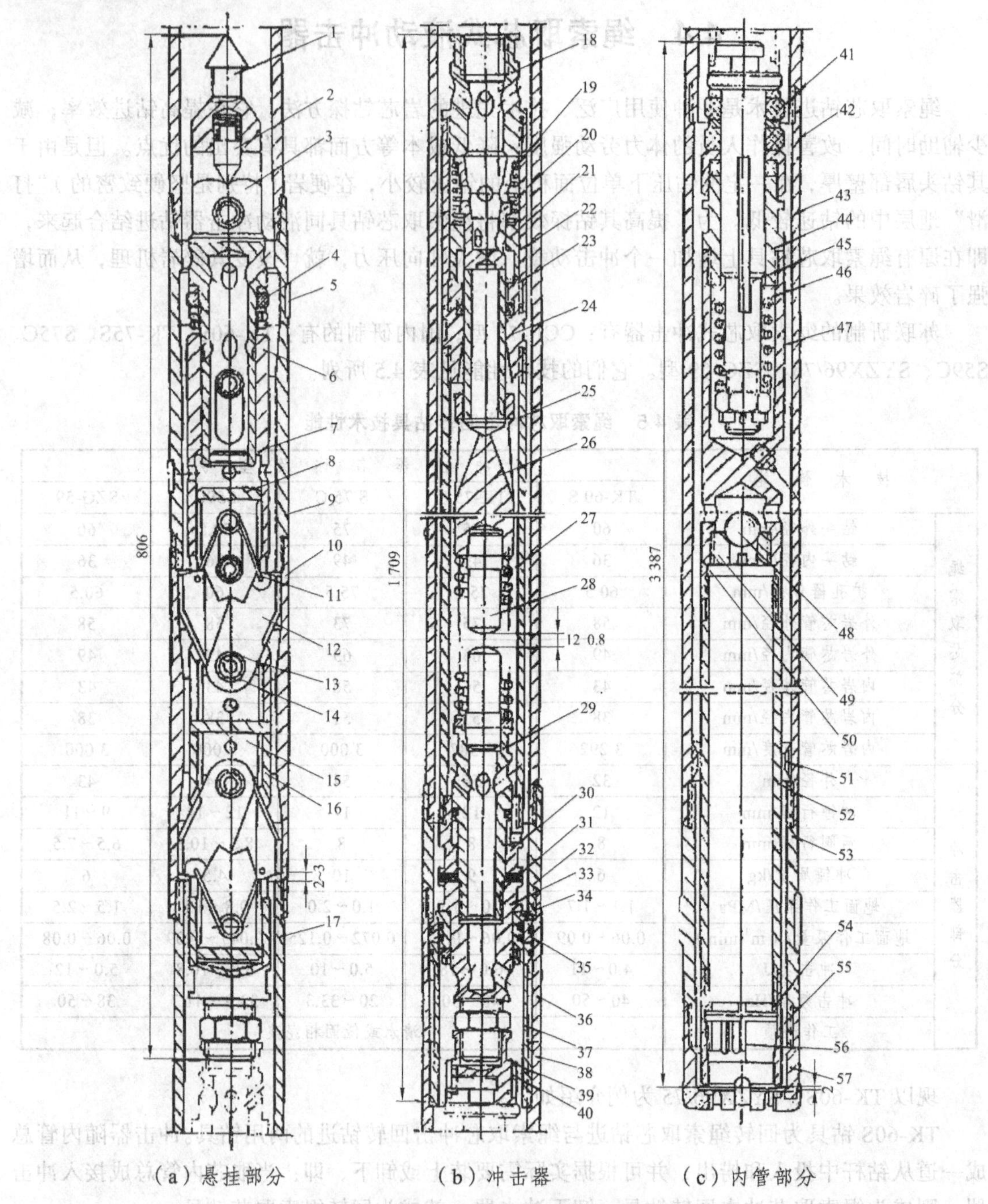

（a）悬挂部分　　（b）冲击器　　（c）内管部分

图 4.15　TK 型绳索取芯冲击回转钻具冲击器总成

1—上锥轴；2—锥轴定位销；3—下锥轴；4—到位报巩圈；5—硬质金（F230）；6—提引套筒；7—端盖；8—主轴；9—异径接头；10—短管；11—卡板弹簧；12—卡板；13—大销套；14—小销套；15—卡板座；16—悬挂套筒；17—连接管；18—进水接头；20—阀；21—阀座；22—缸体；23—锤套上接头；24—活塞杆；25—锤套管；26—冲锤；27—锤簧；28—砧子；29—砧座轴；30—锤套下接头；31—锤自由行程调整垫；32—特制接头；33—排水接头；34—传振环；35—受振环；36—花键套；37—花键轴；38—扭力接头；39—活接头；40—活接头套；41—报警圈；42—轴承挡盖；43—外管；44—内管轴套；45—芯轴；46—轴承（8105）；47—压力弹簧；48—钢球（ϕ25）；49—球阀座；50—内管接头；51—导正歪；52—内管；53—扩孔器；54—卡簧挡环；55—卡簧座；56—卡簧；57—钻头

1. 悬挂启动机构

它与一般回转绳索取芯钻具相似，即有铰链式捞矛头机构、弹卡定位机构等，主要区别是设置了上下两副弹卡。弹卡的作用：上弹卡使内管总成不致因为岩芯向上顶以及冲击器工作时的反弹力作用而上升。下弹卡的作用有二：一是作启动冲击器时的悬挂机构（内管总成上装有冲击器）；二是当钻具作回转绳索取芯钻进时，作为内管总成的悬挂机构（内管总成不带冲击器）。

2. 冲击器

该钻具采用了 TK 型阀式正作用冲击器。要实现液动冲击回转与绳索取芯钻进技术相结合，必须具有下列条件：

（1）液动冲击器要能够随岩芯容纳管一起，顺利地通过绳索取芯钻杆。

（2）打捞器要能实现成功的打捞作业。

（3）冲击器的冲击能必须可靠地传递到带有钻头的外管上，因此钻具外管上要设有花键轴，以便既可传递扭矩又可上下滑动传递冲击力。

（4）液动冲击器投入钻孔到位后，要保证供给的冲洗液最大限度地引入冲击器。因此要求冲击器部位的内管与外管间的密封要可靠。

（5）液动冲击器与岩芯容纳管组合成钻具总成，长达 5 m 多，因此要求冲击器与内管总成之间设置便于装拆的接头。

仍以图 4.15 来说明该钻具的工作原理：

当钻头未接触孔底时，钻具处于悬吊状态。外管总成上的花键轴 37 向下滑动，花键套 36 与扭力接头 38 间脱开一定距离；冲击器的锤套下接头 30 与排水接头 33 间也脱开一定距离；活塞杆 24 与阀 20 脱开，冲洗液畅通；冲洗液通过进水接头 18，阀 20 及活塞杆 24 的内孔及排水接头 33，经过内、外岩芯管之间隙及钻头，再经钻具与孔壁之间环状间隙返回到地表。这时冲击器并不工作，可以在钻进前冲孔。

当钻具降低到孔底时，扭力接头 38 与花键套 36 被压紧而贴在一起，与此同时排水接头 33 与锤套下接头 30 也紧贴在一起，从而使冲锤系统上升，活塞杆 24 与阀 20 也在此时接触而关闭过水通路，于是阀区内压力剧增，产生水锤作用；在水锤压力作用下，使阀与冲锤活塞系统一起加速向下运行，并压缩阀弹簧及锤弹簧，其台肩被阀座 21 阻止后，阀停止运行而冲锤系统靠惯性继续向下运行；此时，活塞杆与阀已脱开，水路被打开使阀区压力下降，从而导致阀在阀簧作用下恢复原位，随即液流畅流到孔底。此时，冲锤系统继续下行压缩弹簧，冲击砧子 28 而完成一次冲击。

冲击载荷自砧座轴 29、排水接头 33，并通过传振环 34、受振环 35、花键轴 37、扭力接头 38、外岩芯管 43、扩孔器 53 而传给钻头 57。

冲锤冲击一次后，由于锤簧的张力及砧子的反弹力，使冲锤迅速返回。活塞杆与阀便重新接触而关闭水路产生第二次冲击。于是，冲击作用按此周而复始地进行。

3. 内岩芯管总成

内岩芯管总成 52 是容纳和提取岩芯用的。为了避免因冲击器内管总成过长而弯曲损坏，内岩芯管总成采用卡槽提引环式连接方式，悬挂在冲击器的下部。打捞岩芯时，内岩芯管总成可以从活接头39的卡槽中摘下，十分方便。为了防止钻进时内管及卡簧座松扣、伸长，内管及卡簧座均为反丝（扣），内管可以调头使用；通过活接头39和螺母，可以调节卡簧座55和钻头57的间隙；止推轴承保证了钻具的单动性。

4. 外管总成

外管总成由异径接头9、短管10、连接管17、特制接头32、受振环35、花键套36、花键轴37、扭力接头38、外管43、导正环51、扩孔器53、钻头57等部件组成。

4.4.2 SYZX96/75绳冲钻具结构及主要参数

SYZX系列绳索取心液动锤钻具是由双喷嘴复合式液动锤与绳索取心钻具结合而成的。液动锤采用了容积式冲击工作原理，大幅度减小冲程阻力，从而使冲击功较传统的液动锤有了大幅度的提高；同时，该液动锤结构简单、性能稳定，现场维修较为方便。结构见图4.16示意，其内外总成如下：

（1）外总成：与绳取钻杆相连接的弹卡挡头＋弹卡室＋上扩孔器（内装上扶正环）＋上外管＋承冲环接头＋下外管＋下扩孔器（内装下扶正环）＋钻头。

（2）内总成：打捞定位机构＋YZX系列液动锤＋传功环＋单动机构＋上下分离机构＋调整机构＋内岩芯管＋卡簧座（内装挡圈和卡簧）。

工作过程：地面泵送入的冲洗液通过绳取钻具部分到达液动锤，驱动液动锤产生一定冲击能量的高频振动，并将此能量通过传功环和承冲环、下外管到钻头，加速碎岩。

该钻具的主要参数：冲锤行程15～25 mm，自由行程5～8 mm，工作泵压0.5～2.0 MPa，冲击频率25～40 Hz，冲击功10～50 J。

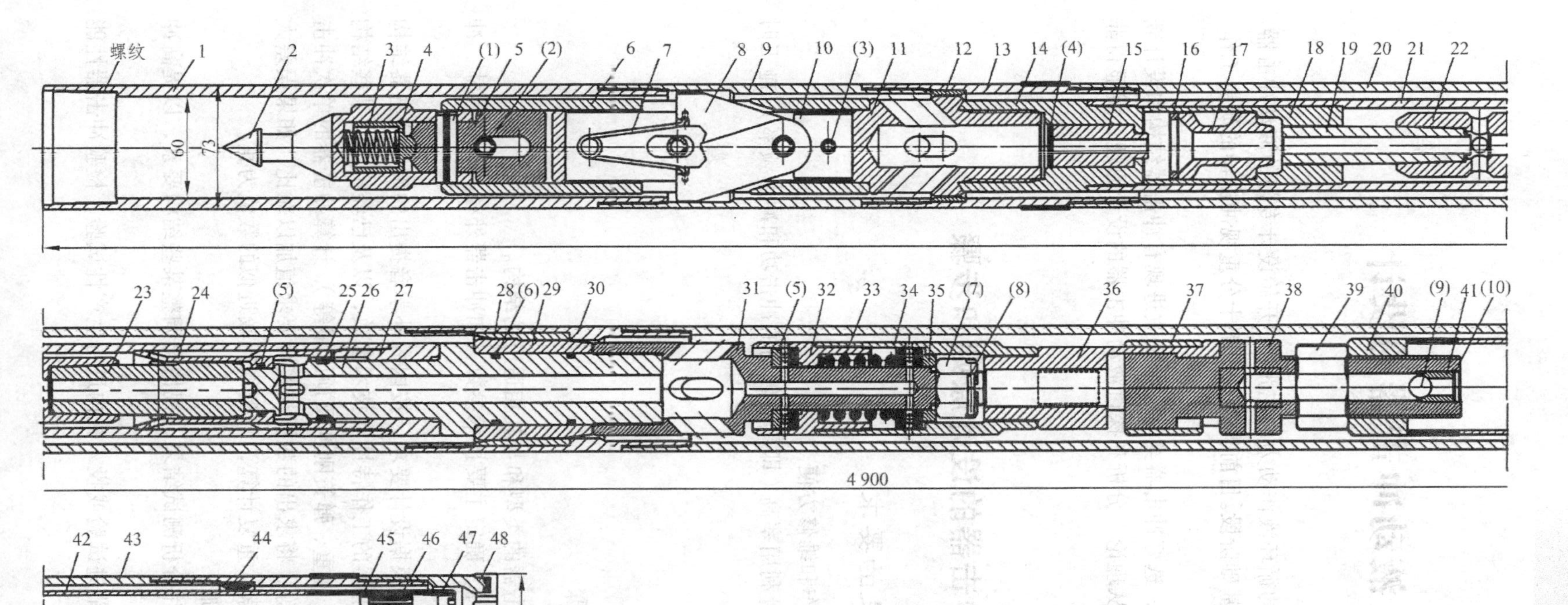

图4.16　SYZX绳索取芯液动锤钻具结构图

1—弹卡挡头；2—捞矛头；3—压紧簧；4—定位卡块；5—劳矛座；6—回收管；7—涨簧；8—弹卡钳；9—弹卡室；10—弹卡座；11—弹卡架；12—上扶正环；13—扩孔器；14—上接头；15—上喷嘴；16—阀程调节垫；17—上阀；18—上缸套；19—上活塞；20—上外管；21—液动锤外管；22—冲锤体；23—下活塞；24—下缸套；25—卡瓦；26—锤轴；27—锤套；28—承冲环；29—传功环；30—承冲环接头；31—锤轴接头；32—单动接头；33—减振弹簧；34—接头；35—垫圈；36—上分离接头；37—挡环；38—下分离接头；39—锁紧螺母；40—调节接头；41—单向阀座；42—内管；43—下外管；44—下扶正环；45—卡簧挡圈；46—卡簧；47—卡簧座；48—钻头；（1）、（2）、（3）—弹性圆柱销；（4）—孔用弹性挡圈；（5）、（6）—O形密封圈；（7）—轴承；（8）—螺母；（9）—开口销；（10）—钢球；（11）—孔用弹性挡圈

第5章 液动冲击器的设计

20世纪初，就提出了利用钻杆中的循环液作动力的主张，并开始设计专门的液动冲击器。这就是苏联及其他国家研制冲击器的基础阶段。目前世界各国都十分重视冲击器的研制工作，出现了许多形式的冲击器。

为了扩大液动冲击器的使用范围，选好冲击器类型，继续改进现有冲击器结构和设计新型的冲击器，以提高技术经济效果，从理论上分析和探讨液动冲击器的设计原理，就显得非常必要。

5.1 液动冲击器的设计原则和步骤

5.1.1 液动冲击器应满足的要求

（1）结构简单，加工、装拆、操作和维修方便。

（2）工作性能稳定可靠，液流能量利用率高（即具有较高的冲击功和冲击频率），施工时能取得较好的技术经济指标。

（3）适用各种不同的冲洗液。

（4）使用寿命长。

5.1.2 设计冲击器的步骤

（1）根据钻进工作要求，确定冲击器的类型和与其相适应的结构。

（2）根据钻进工作要求和设备条件，确定主要技术参数，如冲击器外径、活塞尺寸、冲锤质量、行程、冲击功和冲击频率等。

（3）理论计算，进行必要的校正。根据设计要求，按国内外学者提出的确定冲击器结构参数的基本原则，并参考现有一些冲击器的工作特性和技术参数，以及已经给定的某些结构要素（泵量、泵压、活塞直径、行程、锤重、弹簧刚度及预压量等），计算冲击器的单次冲击功、冲击频率、压力降、功率和效率等，将求出的数据与实际要求值加以对比，如果误差太大，再适当调整冲击器的某些结构要素，重复计算，直到取得较近似的数值为止。

（4）根据结构参数绘图，按图纸加工。

（5）对样机进行室内性能测试，并分析测试结果，视情况调整某些结构要素，以提高冲击器性能。

（6）将样机放在试验台进行室内钻进试验或投入孔内进行生产性试验，检验冲击器性能是否达到设计要求。

经过上述所列步骤，就构成冲击器的一轮设计。

由于液动冲击器力学特性较为复杂，影响其工作性能的因素也很多，所以设计一个性能良好的冲击器，除理论计算外，还要在大量试验基础上取得数据进行对比，再改进、完善，最后才可鉴定并定型生产。

5.2 液动冲击器参数的设计

冲击器的基本参数是指冲击功、冲击频率等而言，它们与钻进时破碎岩石的效果有密切关系。但是随着电测技术和波动理论的发展和应用，使冲击器的研究与测试又向前推进了一步，因而在设计冲击器参数时只考虑冲击功和冲击频率就显得不够，实际上良好的冲击器应达到两个指标，即有较高的破碎岩石效率和较长的钻具使用寿命。通过国内外许多单位试验与研究表明，影响这两项指标的不仅仅是冲击功、冲击频率，而且与冲击器冲锤的形状、质量、冲击速度以及行程大小等都有关。同时，在一个冲击器上，这些性能参数之间是互相联系和制约的，因此在具体确定这些参数的时候也必须把它们相互联系起来考虑，选择恰当的配合关系。

5.2.1 确定冲击功的依据

对于一个冲击回转钻具来讲，其冲击功大小是决定破碎岩石效果的根本条件。

（1）过小的冲击功所产生的破碎岩石效果很差，随着冲击功的增大，破碎岩石效果也增强，表现为破碎岩石的体积和深度均相应地增大。

（2）破碎岩石的效果在一定范围内随着冲击功的增大，基本上是按比例增强的。

图 5.1 表示了破碎穴深度与冲击功的关系曲线。随着冲击功的增大，破碎穴深度也随之增加。

很显然，单从破碎岩石效果出发，冲击功越大越好；对于冲击破碎岩石效果的合理性，还必须考虑到单位体积破碎功。

另有许多资料表明，在钻头直径一定的情况下，不同的冲击功破碎单位体积岩石所消耗的冲击功是不同的，而且差别较大，以单位刃长平均冲击功计算，对于坚硬岩石，最优冲击功一般为 1.6 ~ 2.7 kg · m/cm。

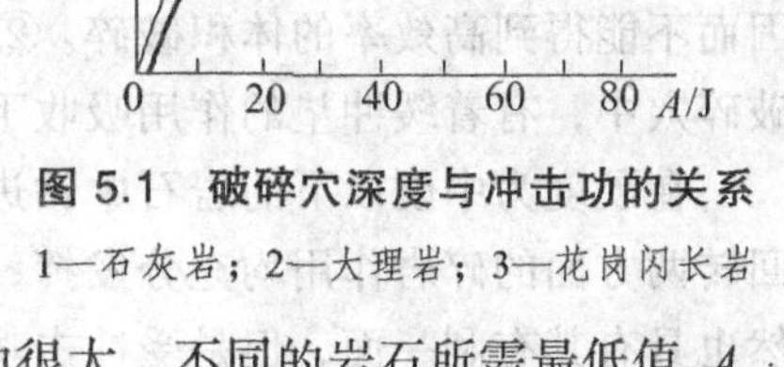

图 5.1 破碎穴深度与冲击功的关系

1—石灰岩；2—大理岩；3—花岗闪长岩

据上所述，具体确定冲击功的原则如下：

① 设计冲击器时，其冲击功应不低于某一最低值 A_{min}，否则破碎岩石效果很差，而破碎单位体积岩石的功很大，不同的岩石所需最低值 A_{min} 也不一样。比如像花岗闪长岩一类硬岩石 A_{min} = 0.4 kg · m/cm，而灰岩一类中硬岩石的 A_{min} = 0.2 kg · m/cm。

② 对于冲击功的上限值，主要决定于钻头、岩芯管及有关零件的机械强度。因为从实验资料来看，对花岗闪长岩，单位冲击功达 3.7 kg · m/cm，仍有优越的破碎岩石效果。按这个

数字计算其值一般超过液动冲击器的性能。

③ 设计液动冲击器的额定冲击功的参考值，可以根据当前冲击器性能参数可能实现的指标，保证有较好的碎岩效果的数值为依据。则建议额定的单位冲击功 $A>A_{min}$ 并且是破碎单位体积岩石功为最低的数值为标准，确定 $A_{硬}=0.64$ kg · m/cm，$A_{中硬}=0.46$ kg · m/cm。这组数值是符合当前国内外现有冲击器实际水平的。

到现在为止，世界各国用于地质勘探液动冲击回转钻具的冲击功均在 1 ~ 12 kg · m，多数为 3 ~ 5 kg · m，用于石油钻井的钻具也有个别高达 12 kg · m 的例子。

岩芯钻进时，当钻头直径为 91 ~ 110 mm 时，若每个钻头上合金数目为 8 ~ 12 颗，每个合金片刃长为 1.0 ~ 1.2 cm。则破碎硬岩时，每个钻头所需的冲击功为

$$8\times1.0\times0.64=5.1\quad(\text{kg}\cdot\text{m})$$
$$12\times1.2\times0.64=9.2\quad(\text{kg}\cdot\text{m})$$

通过计算及实践都证明，对于岩芯钻探，当钻头直径为 91 ~ 110 mm 时，硬质合金冲击回转钻进冲击功若能保持在 5 ~ 9.2 kg · m，即可满足要求。

从国内外比较成功的冲击器来看，单次冲击功按合金钻头直径计算为 0.8 ~ 1 kg · m；若用于镶金刚石钻头，则为 0.1 ~ 0.2 kg · m。气动冲击器或液动冲击器全面钻进时（球齿及牙轮钻头）则直径的冲击功为 1.2 ~ 2.0 kg · m。

苏联研究回转冲击钻进时，用机械钻速、钻头进尺、每米成本三个指标作为衡量钻进过程中冲击功的合理值。

对于液动冲击回转钻具来说，提高冲击功的办法也较多。例如，增大冲锤质量、冲击行程、冲击末速度以及提高射流元件质量增大功率恢复等都可实现；除此之外，最重要的影响因素，是提高水泵的能量。

5.2.2 冲击频率的确定

冲击回转钻进在其他技术参数相同的条件下，冲击频率增大，钻进效率将成正比的增加，但当冲击频率增大到一定值后，这种比例关系不再存在反而有所下降。这是由于当冲击器的单次冲击功在保证岩石破碎时，增大冲击频率，这一方面是由于单位时间里破碎岩石次数增多；另一方面是为允许采用较高的钻具转数提供了条件，加快了碎岩过程。但是当冲击频率太高时，即会出现两种不利因素：① 是作用载荷时间太短，不能使破碎过程得到充分的发展，因而不能得到高效率的体积破碎。② 当冲击频率太高时被冲击碎的岩屑来不及溢出，沉积在破碎穴中，有着缓冲垫的作用吸收下一次的冲击能量，因而钻进效率的提高就受到影响。

在硬度为中硬以下的岩石中钻进时，提高冲击频率，钻具转数也可相应增加，使冲击与回转两方面的碎岩作用均充分发挥，钻速便因此提高很大。在坚硬岩石中，提高冲击频率虽然也具有其有利一面，但是受冲击功数值制约，即是说对坚硬岩石提高冲击频率首先看其冲击功是否够。

冲击频率究竟多大为好，国内外研究者看法不一，苏联倾向于设计高频率低冲击功的冲击器，最高频率达 2 500 ~ 3 600 次/min，冲击功小至 0.1 ~ 1.5 kg · m，而且作为今后推广重点。而美国倾向于低频率大冲击功，最低频率达 600 ~ 800 次/min。特别是将冲击器运用于金

刚石冲击回转钻进，采用高频率低冲击功是十分必要的。但是液体本身的内阻力比空气的内阻力大得多。因此，液动冲击器提高冲击频率要比提高冲击功困难一些。提高射流式冲击器的频率主要是从提高射流元件的流量恢复、供水水量、缩短冲击行程、减轻冲锤重量等方面着手。

5.2.3　冲击速度的选择

冲锤末速度的大小与其冲击功的大小是紧密相关的，而且冲锤的末速度又决定着载荷对岩石的作用方式，所以冲击速度也是液动冲击器设计的重要参数之一。

冲击器撞击砧子上的作用力与冲击速度之间关系为

$$P = mv_{冲}e^{-mt/M} \tag{5-1}$$

式中　P——作用于撞击面的力；

$v_{冲}$——冲击速度；

M——冲锤质量；

t——冲击时间；

m——被击管材的波阻。

实际测定的结果与上式计算基本相符合。一般而言，每秒一米的冲击速度，可以得到几吨力（几十千牛）的波峰，而且作用力的幅度总是和冲击速度成正比例的。

试验表明，随着冲击速度增加，岩石硬度和比功都略有提高。

A.H.卡尔舒诺夫认为，冲击速度增加到某一界限时，破碎过程的功比耗逐渐下降，但进一步提高冲击速度时，功比耗显著增加。为了查明冲击速度对岩石破碎的影响，长沙矿山研究院曾采用2、4、6、8 m/s冲击速度进行了冲击试验。当冲击速度增加时，功比耗逐渐下降。但是当冲击速度继续增加时，功比耗反而增加。当冲击速度达到6 m/s时，功比耗为最低。

当冲击速度小于最优速度时，传给岩石的能量不能有效破碎岩石，即功比耗就大；而当冲击速度大于最优速度时，冲击能量超过岩石破碎所需能量多余的能量并没有增加岩石破碎量，而是消耗在岩石的重复破碎中。另外，冲击速度大，不仅标志着冲击功大，而且也标志着冲击频率高，而冲击频率过高即会出现前面所述的缺点，所以就存在最优冲击速度。

确定冲击速度时，还必须考虑冲击器零件（主要是活塞、缸体及外套丝扣）的疲劳强度。

因冲击速度与最大应力（应力波的振幅）成正比，即

$$\sigma = Ev/(c + cr) \tag{5-2}$$

式中　v——冲击速度；

E——材料弹性模量；

c——钢中音速；

r——岩芯管与冲击锤断面比值。

这一关系在实验室也得到证明，在单次冲击功相同情况下，冲击速度由3 m/s增加到4 m/s，最大应力由1 130 kg/cm² 增加到1 320 kg/cm²。

5.2.4 冲击体设计

冲击器的冲击体一般由活塞和冲锤两个部分组成。冲锤与活塞的质量及冲锤本身的形状都影响岩石的破碎效果。关于冲击体质量对岩石破碎的影响，目前有如下几种不同的观点：

（1）在冲击功不变的情况下，减小质量，增大冲击速度，其破碎岩石的效果较好。因为高速度冲击会减少消耗在岩石塑性变形方面的能量。

（2）在塑性较大的岩石中宜采用重冲击体、低冲击速度，而在硬脆的岩石中，其冲击体太重或太轻都不适宜，在最优冲击速度范围内，随着冲击质量的增加，功比耗则降低。

（3）在其他条件不变的情况下，采取减轻冲击体质量的措施，虽然可以取得提高冲击频率和相应得到增加冲击功的效果，但最好不要经常采取这种方法。因为在这种情况下所增加的冲击功，是靠增加冲锤速度来实现的，它会出现如下两种弊病：① 由于活塞负担过重而易遭受损坏。② 不能较好地传递冲击能量，影响破碎岩石的效果。

试验还证明，当冲击速度不变时，冲击载荷作用的时间与冲击体质量呈如下关系：

$$t \approx CG^{0.5} \tag{5-3}$$

式中 t——载荷作用时间，μs；

G——冲击体质量，kg；

C——和被冲击物体性质有关的常数（对于片麻岩约等于400，对于铅块等于78）。

由（5-3）式可知，锤越重，冲击力作用时间越长。

冲击体重量的确定要根据所需要的冲击功及冲击频率来选择。多次试验表明（见图5.2），在一定范围内，冲击体重量与冲击功成正比，与冲击频率成反比。

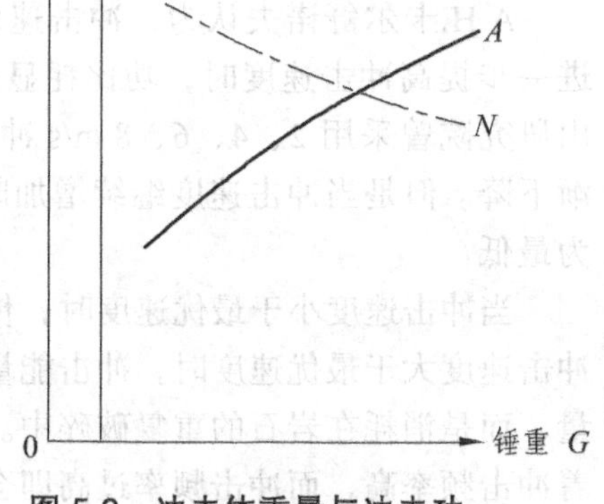

图5.2 冲击体重量与冲击功、冲击频率关系曲线

根据理论力学非完全弹性碰撞理论的推导，在冲击过程中冲击锤对砧子的总冲量为

$$S = (1+K)m_1 m_2 v_1 / (m_1 + m_2) \tag{5-4}$$

式中 K——材料的恢复系数；

m_1，m_2——冲击体及被冲击部分的质量；

v_1——冲击锤冲击砧子时的末速度。

在冲击过程中，有益的冲击能量传递效率为

$$\eta = (G_1 + G_2 K^2)/(G_1 + G_2) \tag{5-5}$$

式中 G_1，G_2——冲击体及被冲击部分的重量。

一般钢对钢碰撞 $K = 5/9$，则传递效率为

$$\eta = (G_1 + 0.3G_2)/(G_1 + G_2) \tag{5-6}$$

式（5.6）中求出的 η 可作为选择冲击体重量的一个重要依据，$1>\eta>0$，能量传递效率值趋于1为最好。例如，采用长2 mϕ89岩芯管，即被冲击部分重量 $G_2 = 17.8$ kg，那么，当锤

重为 15 kg 时，则$\eta = 0.62$；当冲锤重为 20 kg 时，则$\eta = 0.67$；当锤重为 30 kg 时，则$\eta = 0.73$。从这一点出发，在可能条件下冲锤越重越好，岩芯管不宜太长。

冲击体形状和几何尺寸对应力波有影响。不同的应力波对钻具的疲功破坏和岩石的破碎效果都有影响。研究表明：在冲击功相同条件下，即冲击速度、冲击体质量相同的条件下，仅改变其冲击体形状和长细比就可以改变应力波振幅及波的延续时间，从而产生了不同的应力脉冲波波形。例如，短粗形冲锤产生尖峰波，持续时间短，岩石破碎比功大；而细长形冲锤，则产生矩形波持续时间长，比功小。从这一点出发设计小口径冲击器，其功能传递效率要比大口径为好。

5.2.5 活塞的断面与行程大小的确定

活塞的断面与行程大小是冲击器的重要结构参数，直接关系到冲击功、冲击频率等一系列性能指标。增大活塞断面值可使冲击功及冲击频率相应提高，因此在结构尺寸允许的条件下，应使冲击器活塞断面尽可能地加大。

试验证明，活塞行程对冲击功、冲击频率的影响是：增大活塞行程，可使冲击功加大，但在流体一定时冲击频率就降低。为了使钻进不同岩石得到不同的冲击功及冲击频率，冲击器行程长度可通过冲锤外套来调节，其范围为 12 ~ 30 mm，这时相应的频率为 800 ~ 1 800 次/min，其关系曲线见图 5.3。试验条件为：射流式冲击器，BW300/60 水泵，采用电磁感应法测频和测功。

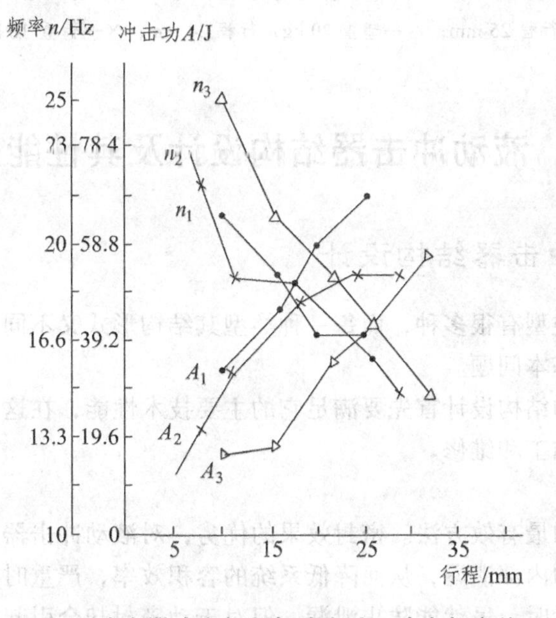

图 5.3 冲击器冲击行程与冲击功、冲击频率关系

1—锤重 30 kg，泵压 3.0 MPa，水量 0.28 m³/min；2—锤重 20 kg；3—锤重 16 kg

通过对冲击器主要参数的研究分析可知，可根据不同钻进方法（即合金、钢粒或金刚石冲击回转钻）及岩石性质对射流式液动冲击器冲击功与冲击频率进行调节。例如，要增大单次冲击功，就可增大冲击行程、加大冲锤重量或提高瞬间末速度；反之就可达到增大冲击频率。如冲击功与冲击频率都要提高时，除从冲击器结构设计上提高——达到高的功率恢复外，其次从提高水泵能力上着手（即提高泵压和泵量）。通过测定也表明了这一点（见图 5.4）。为此，如增大现有水泵能力，其冲击功与冲击频率还可增大。

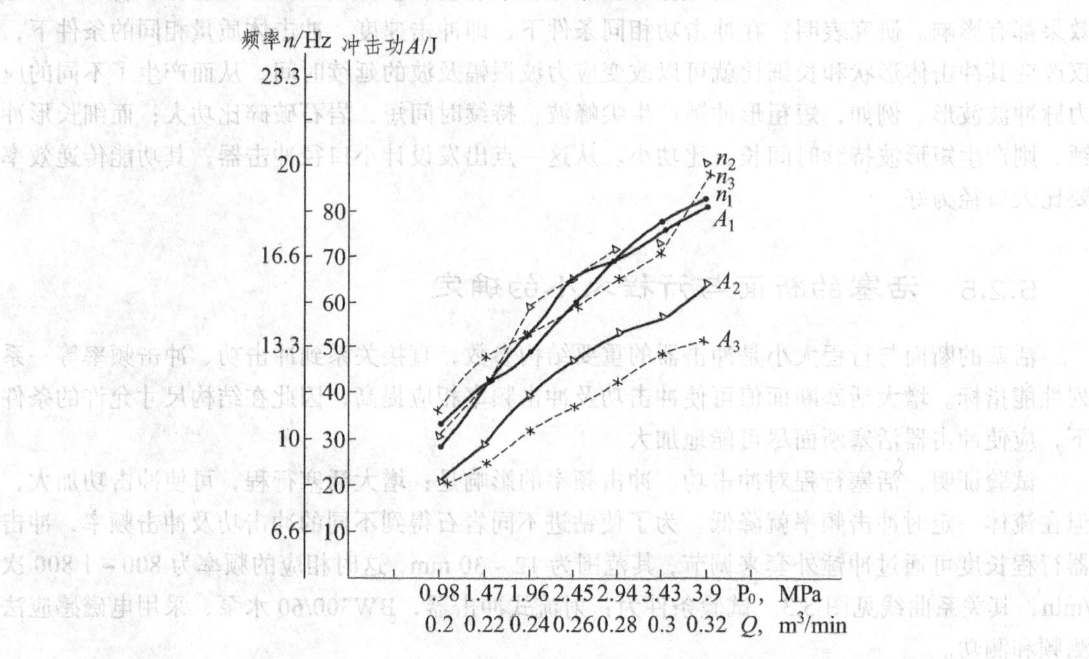

图 5.4　泵压、水量与冲击功、冲击频率的关系

·—锤重 30kg，行程 25 mm；△—锤重 20 kg，行程 24 mm；×—锤重 16 kg，行程 25.7 mm

5.3　液动冲击器结构设计及其性能分析

5.3.1　液动冲击器结构设计

目前液动冲击器类型有很多种，而每一种类型其结构形式又不同。因此本节只阐述一些结构原理和设计中的基本问题。

（1）液动冲击器的结构设计首先要满足它的主要技术性能，在这个前提下，力求结构简单、坚固耐用、便于加工和维修。

（2）密封问题。

密封是防止泄漏的最有效方法。密封效果的优劣，对液动冲击器工作好坏有直接影响。密封不好会使冲击器的内部泄漏，从而降低系统的容积效率，严重时将使系统建立不起压力而无法工作。密封过紧时，虽然能防止泄漏，但对于动密封却会引起很大摩擦损失，降低机械效率，同时因摩擦生热而使温度升高，导致密封件的寿命缩短。

为使液动冲击器理想地工作，密封装置除必须具有可靠的密封性外，还应有较长的使用寿命和小的摩擦损失。密封方法和形式很多，根据密封原理可分为接触密封和非接触密封两大类；根据被密封部分的运动特性可分为固定式密封和滑动式密封。由于冲击器所使用的介质是含有岩粉杂质的冲洗液，故一般都采用接触密封。即靠密封件在装配时的预压缩力和工作时密封件在液压力作用下，发生弹性变形实现接触密封。其密封能力一般随压力的升高而提高，并在磨损后具有一定的自动补偿能力。

目前，常用的密封件形式有 O 形、唇形及组合密封三种。

O 形密封件，一般用于冲击器的固定部件，如射流式冲击器在缸头与射流元件之间的接合面及通往下缸的高压水道四周，都用 O 形密封圈密封。

冲击器的活塞运动件，一般采用唇形密封和组合密封，见图 5.5。

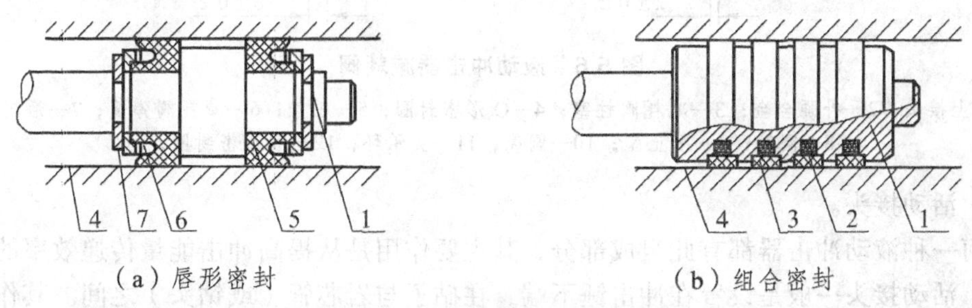

图 5.5　活塞密封结构图

1—活塞杆；2—"（ ）"形圈；3—尼龙环；4—缸体；5—唇形圈；6—支承环；7—弹簧挡圈

（3）液动冲击器内部液流损失问题。

高压液流通过冲击器时，其中只有一部分用来推动活塞做功，而有相当一部分是由于冲击器结构不佳而引起的内部损失。液动冲击器内部液流损失由压力损失和流量损失两部分组成。

液流的压力损失根据液动冲击器的工作特性，又分为如下两种：

① 沿程压力损失：液流在直径不变的直管中流过一段长度时，克服由于液体黏性而产生的摩擦阻力所消耗的能量称为沿程压力损失。实践证明，沿程损失和管道长度、速度平方成正比，和管直径成反比。

② 局部压力损失：由于通道截面突然变化或液流方向突然改变引起的压力损失，称为局部压力损失。产生局部压力损失的主要原因是由于液体流动急剧变化时，速度分布规律也随之突变，形成旋涡区，引起附加摩擦阻力及液体质点间的相互碰撞而消耗掉一部分能量。

对于水击压力，任何一种液动冲击器工作时，由于阀门的急速启闭，都会引起水击压力波，该压力波对冲击器工作如匹配得当就有利。但在高压管路系统中这种高压水击波来回传递也必然要损失能量。

苏联为了减少这种水击压力能量的损失，一般在冲击器上部设置专用的反射器；除此之外，设计冲击器结构时，在活阀的上部应设置上腔室，以增大液体的压缩性，起到变形缓冲作用，消除冲击器里的液压振动。

液动冲击器工作时液能损失的另一方面是流量损失。它既有闭阀阶段由于密封不良的泄漏，也有冲击器工作过程中的开阀的损失，例如，阀式冲击器的自由行程阶段、回程阶段，射流式冲击器等都有不同程度的这项损失。为了减少这项损失，在有些冲击器结构上设置减耗阀，目的就是为了节省冲击器在自由行程和返回行程阶段的流量，其结构见图 5.6。减少冲击器的液流损失提高能量利用率，是设计冲击器结构的重要问题之一。

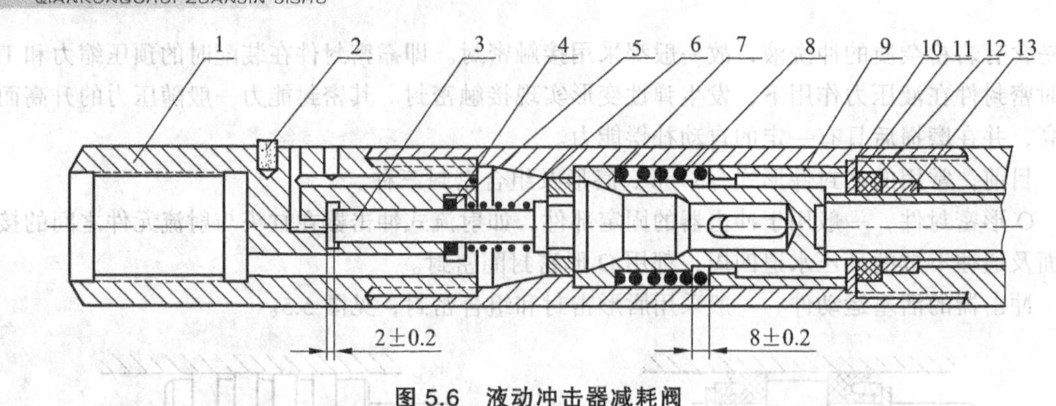

图 5.6 液动冲击器减耗阀

1—上接头；2—补强合金；3—减耗阀柱塞；4—O 形密封圈；5—压盖；6—减耗阀弹簧；7—活阀；8—阀簧；9—限止座；10—阀壳；11—支承环；12—唇形密封圈；

（4）活动接头。

任何一种液动冲击器都有此组成部分，其主要作用是从提高冲击能量传递效率的角度来考虑的。活动接头一般是设置在冲击锤下端，在砧子与岩芯管（或钻头）之间。其作用是使冲击锤的能量尽可能地直接传递到岩芯管和钻头上去，以减小冲击功在钻具中的损失。此外，当钻杆通过立轴（或转盘）带动钻具回转，而且在起钻时能将钻具带出钻孔。设计活动接头时主要考虑强度可靠、加工方便、结合面具有一定间隙和导正长度，以防止钻孔弯曲，射流式冲击器结合面间隙为 0.18 ~ 0.1 mm，导正长度为 100 mm。在容易产生孔斜的地层中应加长达 150 ~ 200 mm。此外，尽可能地减少流体摩阻（以免泵压无谓的升高），其结构形式有花键、四方套、六方套等。

5.3.2 液动冲击器的性能分析

设计液动冲击器时，当结构参数确定之后，进行理论验算，核对其设计的合理性仅是一方面。按图纸作出样机通过测试得到的动力图，进行性能分析，修改设计结构及其参数也十分重要。

下面以测试 SC-S9 型射流式冲击器；Z-56Ⅱ型正作用冲击器及 Yf-73-1 型双作用冲击器为例，说明如何进行性能分析，其运动过程记录见动力图 5.7、5.8、5.9。

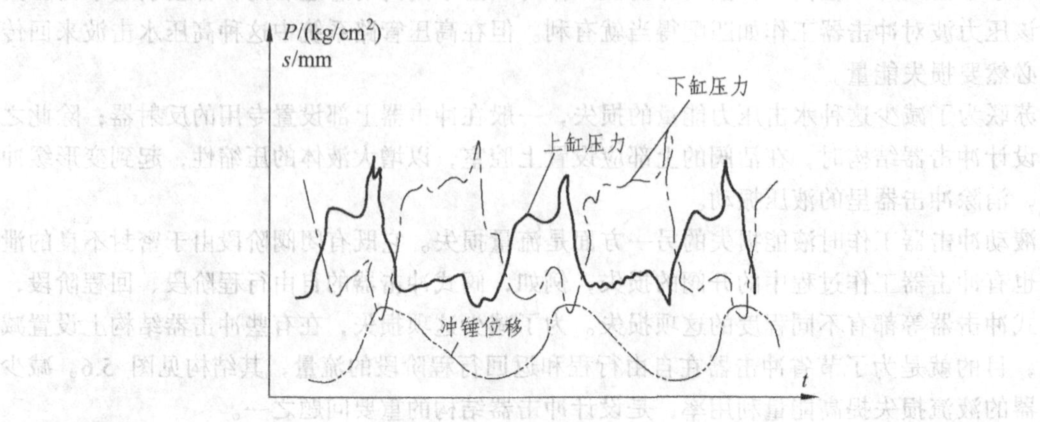

图 5.7 Sc-89 型射流式冲击器

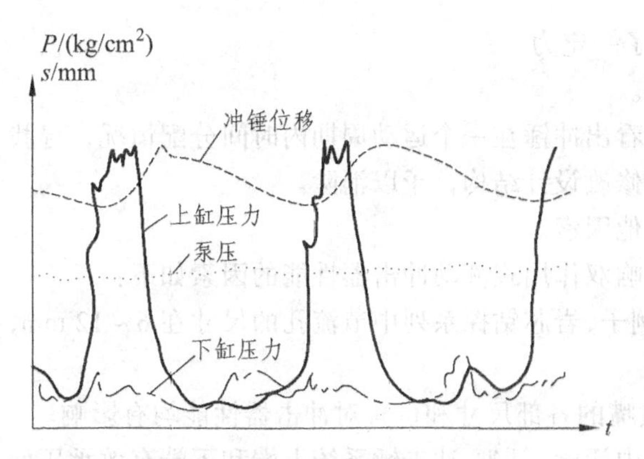

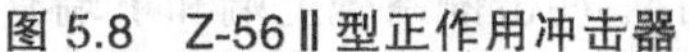
图 5.8 Z-56Ⅱ型正作用冲击器

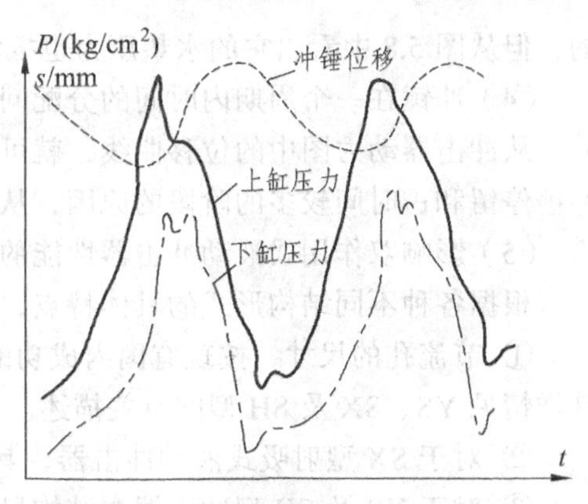

图 5.9 Yf-73-1 型双作用冲击器

通过冲击器测试的动力图，可对冲击器性能作如下分析。

（1）关于提高压力差问题。

活塞冲锤做功，主要与冲击体本身的重量以及运动速度有关，而冲锤质量是冲击器结构设计固有的，它的运动速度又与上下缸压力差有关。为此，冲击器冲锤运动时应尽量设法获得较大的压差力，即从图中来看冲锤下行时应具有一个大的做功面积。SC-89 型和 Z-56Ⅱ型正作用冲击器都符合这一要求，尽量避免活塞上下缸作用力的相互抵消。正作用冲击器的冲锤回动弹簧在活塞下行时逐步压缩，抵消了不少冲击力，并当冲锤冲击砧子时达最大。双作用冲击器由于上下活阀的存在，往往很难匹配恰当，再加阀簧的作用；同样，压差力减少较多，从 Yf-73-I 型冲击器动力图来看，当上缸压力增加时，下缸压力也随着增加，由于下缸压力的抵消，则冲锤做功的力必然大为减少。其次是下缸水垫作用，同样会使压差力减少。例如，SC-89 型冲击器从动力图来看，也存在水垫作用，同样，冲击力也被减少，为此在设计制造冲击器时，应尽量增大回水系统的断面，减少流阻。此外，对于阀式冲击器来说，还要选择阀簧、锤簧以及阀门启闭时间。

（2）关于水击压力利用问题。

液动冲击回转钻具的液流系统也是个有压管路系统，在此系统中，由于冲击器阀门启闭使液体流速急剧变化，必然会出现比正常压力高很多的水击压力。系统中的这种水击压力往返传递，对水泵、高压胶管、冲击器以及整个管路都要产生剧烈冲击和振动，这种现象就会导致液能损失和零件的变形与损坏。但是在设计冲击器结构时，如果充分利用它来推动活塞冲锤运动，形成有用功，这是设计者研究的问题，能否利用的关键是冲击器阀门启闭时间要与活塞冲锤匹配恰当。实践证明，好的匹配是可能实现的，所以设计冲击器时理论计算是十分必要的而且需进一步完善，通过动力图分析，找出毛病，修改设计结构是提高冲击性能的一个重要方面。

（3）关于提高冲锤末速度问题。

从冲击器产生动能来看，冲锤运动应该有一个加速过程，即冲锤撞击砧子的末速度应为最大值。从所测试的图 5.8 和图 5.9 来看，所测试的这两个冲击器均未能充分利用加速的作用。例如，阀式正作用冲击器有一段是自由行程，此时活塞上缸压力下降很快，而活塞下行主要靠储存的动能惯性作用，但同时又压缩冲锤的回动弹簧消耗了部分能量，所以冲锤速度就没有刚开始自由行程时大，但此阶段不太长。而射流式冲击器冲锤一般总是在加速中运行的，但从图 5.8 中看出它的水垫压力也抵消了一定力。

（4）冲锤在一个周期内时间的分配问题。

从冲击器动力图中的位移曲线，就可以看出冲锤在一个运动周期内时间分配情况，寻找冲锤停留和占时间较多的阶段的原因，从而修改设计结构，予以消除。

（5）影响双作用式液动冲击器性能的其他因素。

根据各种不同结构形式的具体特点，影响双作用式液动冲击器性能的因素如下：

① 节流孔的尺寸，按现有国内成功的例子，岩芯钻探系列中节流孔的尺寸在 6 ~ 12 mm，其详情见 YS、SX 及 SH 型的有关描述。

② 对于 SX 型射吸式液动冲击器，其喷嘴的各部尺寸和位置对冲击器性能均有影响。

③ 对于 YS 及 SH 型冲击器在结构尺寸中活阀、活塞-冲击锤系统上端和下端有效承压面积的比值及其相应的质量之间存在着密切的关系，它们之间的比值形成了结构优化的重要内容。

第 6 章　液动冲击器钻进的钻头和规程

6.1　液动冲击器钻进用的钻头

6.1.1　液动冲击器钻进的钻头种类和工作条件

地质勘探液动冲击钻，根据地质要求和采用的钻进技术措施，使用的钻头分为六类：

（1）回转——冲击钻进用硬质合金钻头，当采用高频率和低冲击功的液动冲击器时使用。

（2）冲击——回转钻进用硬质合金钻头，当采用低频率和高冲击功的液动冲击器时使用。

（3）冲击——回转钻进用硬质合金无岩芯钻进用钻头，当采用低频率和高冲击功的液动冲击器时使用（包括一字形、三翼、十字形和有超前刃的钻头等）。

（4）回转——冲击钻进用金刚石钻头，当采用高频率和低冲击功的液动冲击器使用。

（5）回转——冲击钻进用绳索取心式金刚石钻头，一般配用高频率和低冲击功的液动冲击器。

（6）冲击 ——回转钻进用牙轮钻头（取芯或不取芯），一般配用低频率和高冲击功的液动冲击器。

从以上六种类型的钻头可知，实际上地质钻探中几乎所有的钻头均可用于液动冲击钻探。

在液动冲击器钻进中，钻头的工作条件总的来说，处于比普通回转钻进时更加繁重的工况。除了承受与回转钻进相同的载荷外，纵向振击的载荷比回转钻更大。但钻进规程选用合理时，钻头所承受的各种载荷反而比回转钻进要低。例如，当液动冲击器钻进的钻压和转数均比回转钻进低时，钻头上硬合金片的磨损较轻；供给的流体流量较大；孔内比较清洁，钻头冷却也较充分；破碎岩石时也比较好地利用了岩石的脆性；冲击载荷对岩石表面造成的裂纹，减轻了回转钻进时硬质合金刃的负担等。所以，大量的试验资料得知：液动冲击器钻进的钻头无论是硬质合金钻头或金刚石取芯钻头的寿命，均比回转钻进时有不同程度的提高。

在液动冲击器钻进中，硬质合金钻头采用的合金刃形状主要有三种：

（1）单楔面刃。

多用于可钻性较低的岩石和高频低功的冲击器。

（2）不对称双面刃。

多用于可钻性较高和低频率大冲击功的冲击器。

（3）对称双面刃。

用途与不对称双面刃相同。

上述三种形状的硬质合金刃，在纵向和横向作用下的应力分布状况分别如图 6.1 ~ 6.3 所示。这三种形状硬质合金的应力分布图没有考虑硬质合金刃的镶焊条件。事实上硬质合金刃是处于钻头体及焊接剂的包围固定条件下，当然也未考虑由于焊接对硬质合金的危害因素。

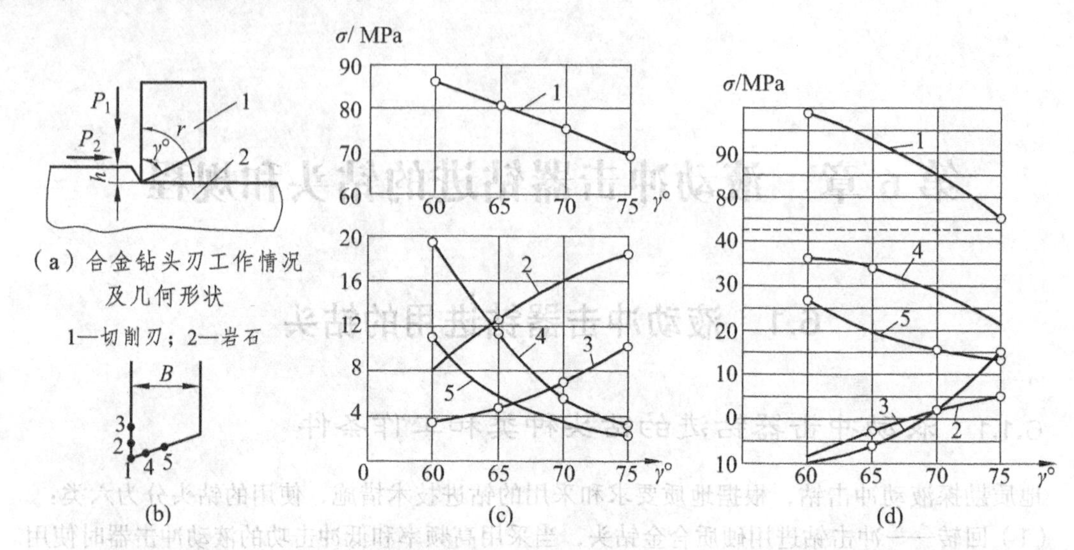

（b）硬质合金应力分布点图示　（c）当硬质合金刃角γ= 60°、65°、70°和 75°时，各点应力分布（$P_2 = 0.6P_1$，P_1 = 20 kg）　（d）当硬质合金刃角γ= 60°、65°、70°和 75°时，各点应力分布（$P_2 = 1.2P_1$，P_1 = 20 kg）

图 6.1　单楔面刃、刃端部分应力分布图

注：图中纵标示值较原资料大 1.97%，但示值关系未变。

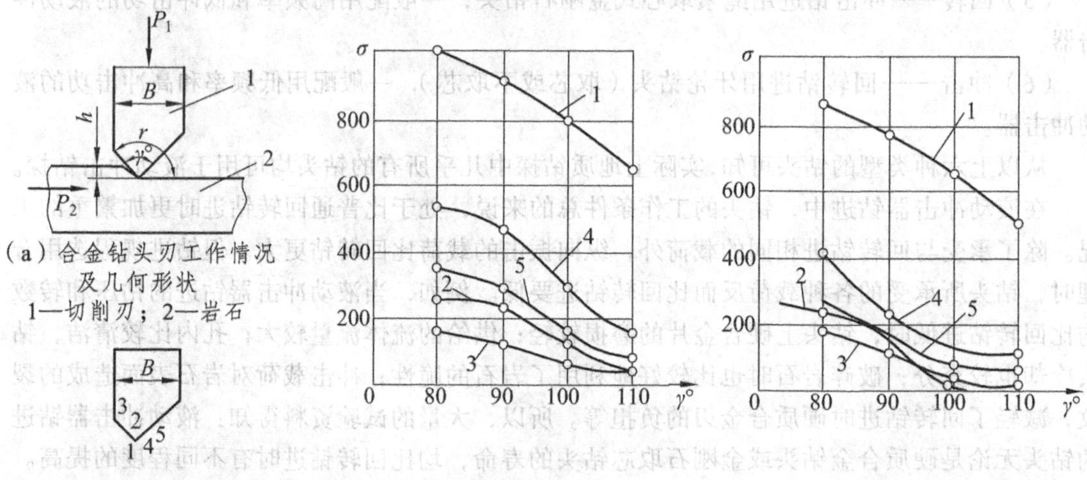

（b）硬质合金应力分布点图示　（c）当 $P_2 = 1.2P_1$，P_1 = 20 kg 时，各点应力分布　（d）当 $P_2 = 0.6P_1$，P_1 = 20 kg 时，各点应力分布

图 6.2　不对称双面刃、刃端部分应力分布（图中γ= 80°、90°、100°和 110°时）

从图 6.1 ~ 图 6.3 中可以看出应力与刃角的关系：刃尖部位的应力都是最大，而且总的趋势都是刃角越大应力越小。因此，在设计钻头时，应当随着岩石级别的提高和冲击载荷（纵向载荷）的提高，适当加大刃角，以改善硬质合金刃的耐久性从而避免早期磨损或断刃。

在分析三种硬质合金切削刃应力分布情况的基础上，也可以在一定程度上表明对其他形式刃具的基本要求。

在冲击回转钻进中，不对称双面刃的硬质合金钻头运用较多。其刃角的设计如图 6.4 所示。刃角应根据岩石性质、冲击器性能和钻进规程来选择，一般认为：$\gamma=10°\sim15°$、$\alpha=70°\sim105°$为宜。

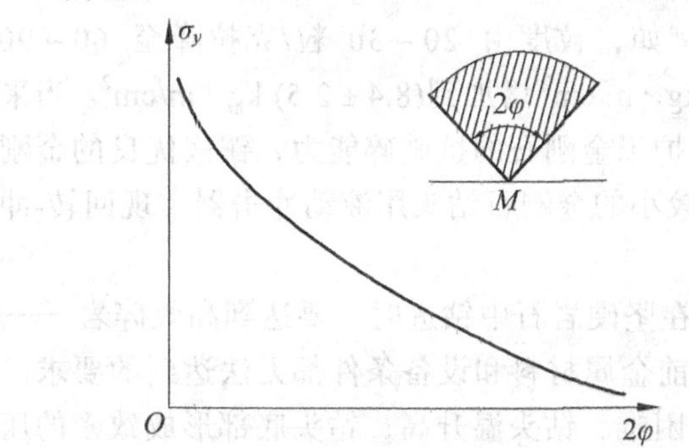

图 6.3　对称双面刃 M 点应力与刃角 2φ 的关系

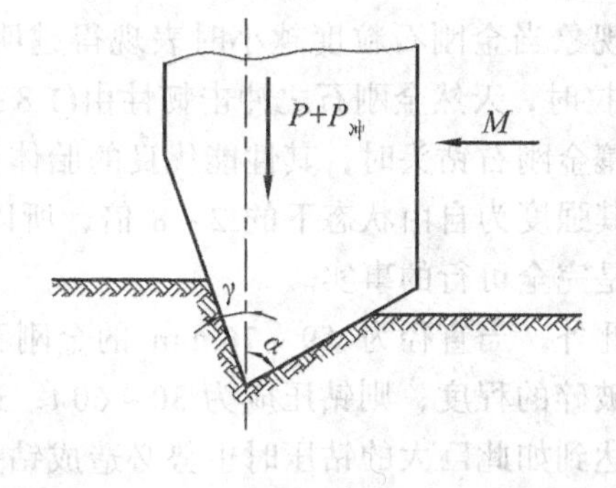

图 6.4　冲击回转钻的硬合金刃

γ—负前角；α—磨锐角

硬质合金刃角的设计还和硬质合金的牌号和钻头结构等因素有关，还有待进一步进行室内试验和生产试验来深入认识。

钻头在孔底工作时，由于与岩石摩擦产生大量的热，使钻头温度升高（个别情况可达700 °C），这个温度可通过直接安装在钻头切削刃附近的热电偶来测定。钻头的温升与很多因素有关，例如，随着单位轴压力的增大钻头温升也增加，曲线 $t=f(P_{轴压})$ 是一个比较平缓的抛物线形状，而温升与转数的关系是一个二次曲线。当然，合金片在冲洗液中的移动也改善了冷却条件。

切削刃的温度还与钻头的结构有关，如对于有些钻头结构，在转数 $n=4.2$ Hz 和轴压 $P=2.03$ MPa 时，温度能达到 467 °C，特别是与合金刃的前角（γ）有影响，$t=f(\gamma)$ 的函数是一个两次曲线关系，其最低点是当前角$\gamma=0$时；当γ角为正角或负角时，曲线增长。

试验表明，随着硬质合金片硬度的增加，合金片受热温度下降，原因是摩擦阻力减小。另外，由于钻头刃磨钝，底刃面积加宽，合金片加热温度增加（见表 6.1）。这是由于底刃面积的增宽，其中心部分的冷却条件恶化。

硬质合金刃部温度过高，对其强度和镶嵌的牢固性都是不利的。改善的办法主要是设计合理的钻头结构，使钻头刃部在钻进过程中得到冲洗液充分的冷却，钻头的内外出刃选择合理，钻进规程选配适当。

金刚石一般认为是硬度最高，强度很大，然而脆性大的贵重磨料，受冲击后易产生裂纹，抗冲击载荷比静载荷小 4/5 之多。传统的概念是，金刚石钻头要尽可能地避免承受冲击负荷，

表 6.1　硬质合金磨钝与温度变化关系

磨钝刃宽/mm	t/°C	t/t_0（100%）
0	132	100
0.30	135	102.7
0.76	160	121.1
1.88	238	180.3

注：$n=148$ r/min，$P=13.7$ kg/cm^2；刃锋利时，$t_0=132$ °C。

有的甚至要在钻具组合中使用缓冲器或减振器。近年来试验室和生产实际均证明，金刚石可以承受一定程度的冲击载荷，对各种品级的钻探用金刚石，每粒的抗动载荷为 0.009 ~ 0.08 J。这种现象当金刚石粒度越小时表现得越明显，例如，粒度由 20 ~ 30 粒/克拉降至 60 ~ 90 粒/克拉时，天然金刚石之冲击韧性由(1.8 ± 0.6) kg · m/cm^2 增加到(8.4 ± 2.5) kg · m/cm^2。当采用孕镶金刚石钻头时，其性能优良的胎体更加保护了金刚石的抗破碎能力，镶嵌优良的金刚石，其强度为自由状态下的 2 ~ 8 倍，所以粒度较小的金刚石钻头用液动冲击器实现回转-冲击钻是完全可行的事实。

此外，当直径为 59 ~ 76 mm 的金刚石钻头在坚硬岩石中钻进时，要达到高效碎岩 —— 体积破碎的程度，则钻压应为 30 ~ 60 t，这是目前金属材料和设备条件都无法达到的要求。即便达到如此巨大的钻压时也势必造成钻头冲洗困难、钻头温升高，钻头底部形成致密的压实块，这些都是阻碍钻速提高的重要原因。因此，若在金刚石钻头上增加高频脉冲和低的冲击功时，必将改善金刚石钻头的钻进速度。此时金刚石颗粒承受的载荷和回转钻相比，主要是增加了纵向的冲击载荷。由于金刚石液动回转冲击钻进时回转是主要的因素，所以金刚石钻头的工作条件和回转钻近似。

当采用牙轮钻头进行液动冲击钻时，其主要特点就是牙轮齿部对岩石的冲击作用更加激烈，加强了冲击碎岩的效果。其工作条件和对称双面刃类似。

6.1.2 液动冲击回转钻进中常用的硬质合金钻头

根据钻孔要求冲击回转钻进所用的钻头，可分为取芯式和不取芯式两种。

1. 取芯式硬质合金钻头

液动冲击回转钻用硬质合金钻头主要特点：为了安装岩芯卡簧的需要，钻头体一般较长，同时由于冲击器要求的冲洗液量大，钻头具有较大的液流通道；硬质合金的镶焊的牢固性（硬质合金块不脱落和早期损坏）要比纯回转钻用的钻头为高。

我国常用的取芯式硬质合金钻头如下：

HCT 硬质合金钻头：系由 × × 省地矿局勘探技术研究所研制。该型钻头的主要参数见表 6.2 所列，结构见图 6.5。

表 6.2 HCT 硬质合金回转-冲击钻头主要参数

钻头型号	合金数量/粒	水口数量/个	硬质合金特征				外径/mm	内径/mm	底出刃/mm	钻头钢体料
			型号	牌号	冲击刃角/(°)	负前角/(°)				
HCT-56-1	6	6	TC108 或 TC110	YG6x 或 YG6T	90	30	56	39	4	45
HCT-56-2	8	8	TC107	YG6x	95	30	56	39	4	45
HCT-56-6	6	6	TC208	YG6x	95	30	56	39	4	45

注：负前角用 T110 及 T107 时，为自修磨而成。

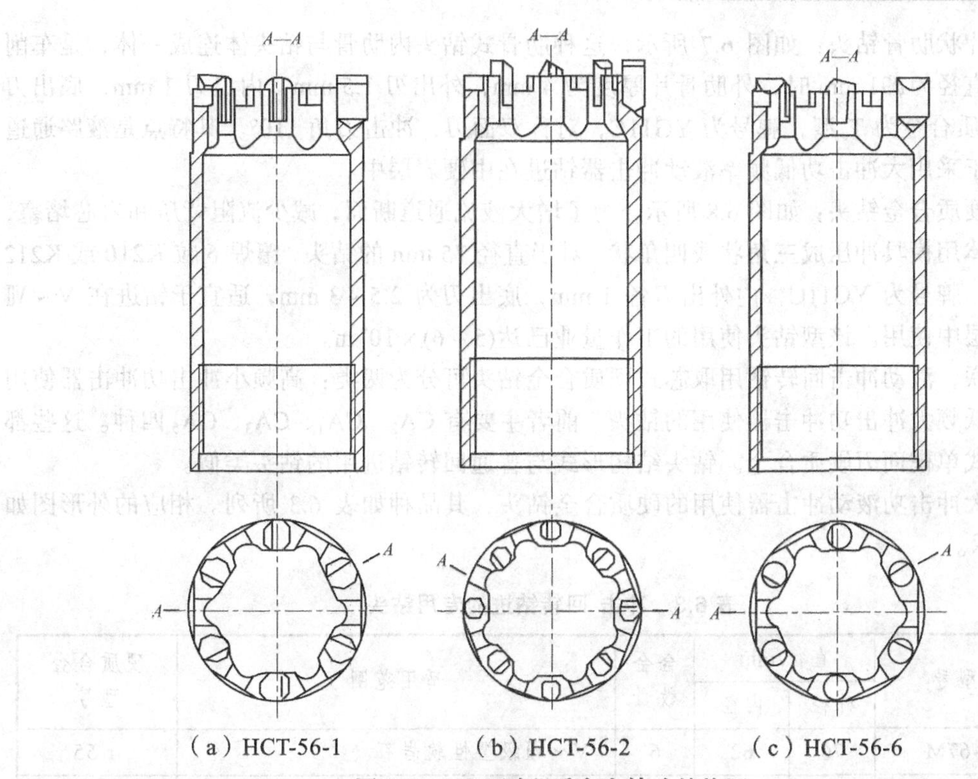

（a）HCT-56-1　　（b）HCT-56-2　　（c）HCT-56-6

图 6.5　HCT 型硬质合金钻头结构图

HCT 型三种钻头的共同特点：硬质合金均为柱状，牌号为 YG6X 或 YG6T，垂直镶焊于钻头体上，不对称双面刃，刃角α为 95°，负前角γ为 30°。液路通道断面较大，有利于钻头冷却和减少背压。该型钻头用于高频低冲击功的液动冲击器，可钻进在可钻性为 V ~ Ⅶ的岩石中。

大八角肋骨钻头：如图 6.6 所示，其特点是钻头体上焊有肋骨片，目的在于加大液流通道和增强硬质合金固定的条件。当钻头外径为 110 mm 时，镶焊 8 粒 T107 或 T110 型硬质合金，对称双面刃，刃角为 90 ~ 100°。底出刃为 5 mm，内外出刃分别为 2、3 mm，肋骨厚 3 mm。

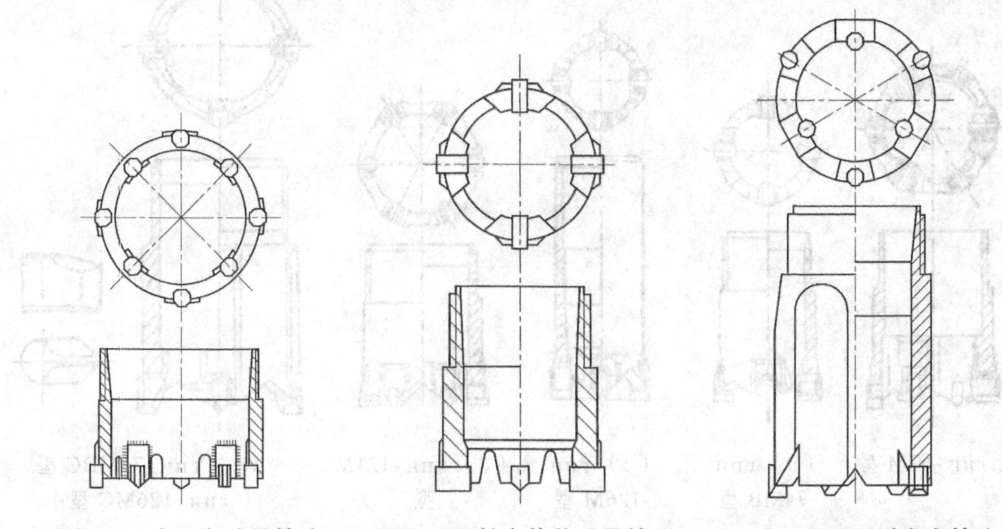

图 6.6　大八角肋骨钻头　　图 6.7　长方片状肋骨钻头　　图 6.8　异形硬质合金钻头

长方片状肋骨钻头：如图 6.7 所示，这种肋骨式钻头内肋骨与钻头体连成一体，是车削而成，当直径为ϕ91 mm 时，外肋骨片厚度为 4 mm，外出刃 1.5 mm，内出刃 1 mm，底出刃 5 mm，硬质合金为 T_s型，牌号为 YG11C，对称双面刃，冲击刃角 110°。其特点是液路通道大，适宜于采用大冲击功低频率液动冲击器钻进在中硬岩层中。

异形硬质合金钻头：如图 6.8 所示，为了增大液流通道断面，减少流阻背压和岩芯堵塞，将钻头钢体用模具冲压成三角状或四角状。对于直径 75 mm 的钻头，镶焊 6 粒 K210 或 K212 硬质合金，牌号为 YG11C，内外出刃各 1 mm，底出刃为 2.5 ~ 3 mm，适宜于钻进在 Ⅴ ~ Ⅶ 级中硬岩层中使用。该型钻头使用的工作量业已达$(5 \sim 6) \times 10^4$ m。

在苏联，液动冲击回转钻用取芯式硬质合金钻头可分为两类：高频小冲击功冲击器使用的钻头及低频大冲击功冲击器使用的钻头。前者主要有 CA_2、CA_1、CA_3、CA_5 四种。这些都采用自磨式单楔面刃硬质合金。钻头结构形式与普通回转钻进用的钻头类似。

低频大冲击功液动冲击器使用的硬质合金钻头，其品种如表 6.3 所列。相应的外形图如图 6.9 所示。

表 6.3　冲击-回转钻进的专用钻头

钻头型号	直径/mm		合金数量	适用范围	硬质合金型号
	外径	内径			
гпи -67M	76	62	6	Ⅴ ~ Ⅶ级塑性软岩石	г 55
гпи -74MB	76	52	4	Ⅶ ~ Ⅹ级岩石	г 5702
гпи -74MBC	76 59	52 39	4 4	同上，脆性岩石（为提高岩芯采取率）	г 5702
гпи -126M	59	39	4	Ⅶ ~ Ⅸ级岩石	г 5701
гпи -121MC	59	39	6	同上，脆性岩石（为提高岩芯采取率）	г 5701
гпи -121M				裂隙性和研磨性Ⅶ ~ Ⅹ级岩石	г 5701

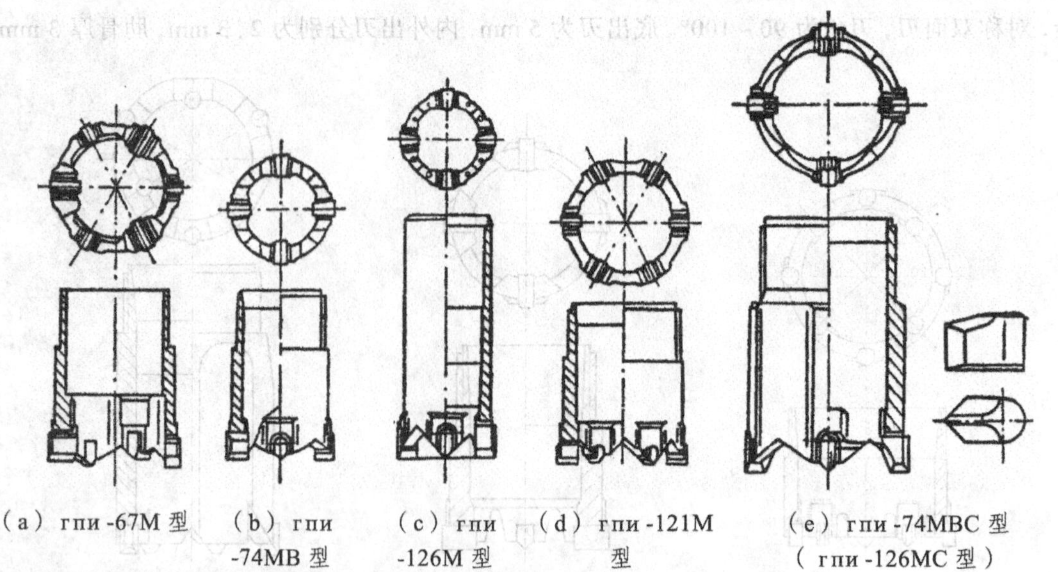

（a）гпи -67M 型　（b）гпи -74MB 型　（c）гпи -126M 型　（d）гпи -121M 型　（e）гпи -74MBC 型（гпи -126MC 型）

图 6.9　苏联用于液动冲击回转钻的各种硬质合金钻头

这些钻头的主要特点：为了加大液流通道和提高硬质合金的固定条件，钻头体均经过专门的加工，形成内外“肋骨”的形状。所有这些钻头其硬质合金牌号都是 BK15。采用的硬质合金型号尺寸都属于标准化的。

2. 不取芯全面钻进硬质合金钻头

为了和低频大冲击功液动冲击器配套使用，苏联研制成的不取芯全面钻进用的硬质合金钻头有硬质合金牙轮钻头和具有超前刃的十字形钻头。其使用范围见表 6.4 所列，其结构分别如图 6.10 ~ 6.12 所示。

表 6.4　苏联用于液动冲击器的全面钻进用钻头

钻头型号	钻孔直径/mm	使用范围
гпи -151M-76（合金球齿）	76	Ⅷ ~ Ⅸ级坚硬地层（砂岩、灰岩、燧石）
гпи -149M-76 或 гпи -149M-59（翼状）	75.59	Ⅴ ~ Ⅶ级岩石（页岩、黏土、石灰岩）
гпи -139M-76（合金球齿）	76	Ⅴ ~ Ⅵ（黏土页岩、黏土等）

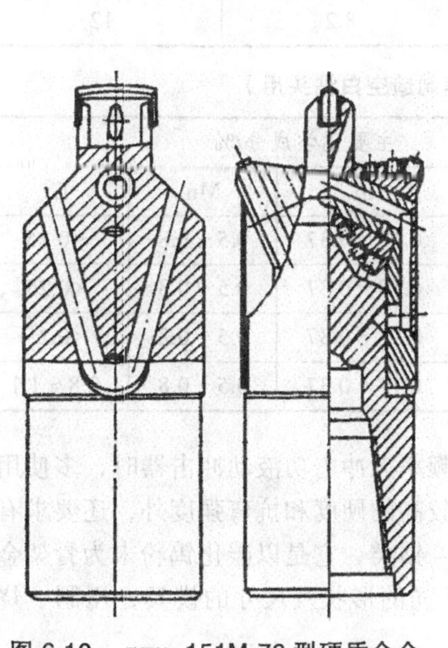
图 6.10　гпи -151M-76 型硬质合金球齿牙轮钻头

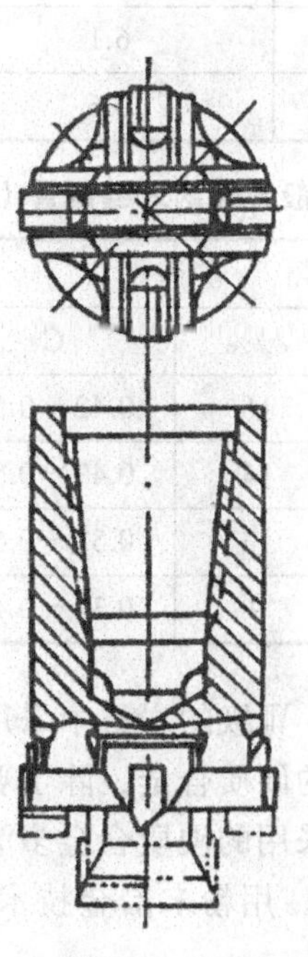
图 6.11　гпи -149M-76 型硬质合金超前刃翼状钻头

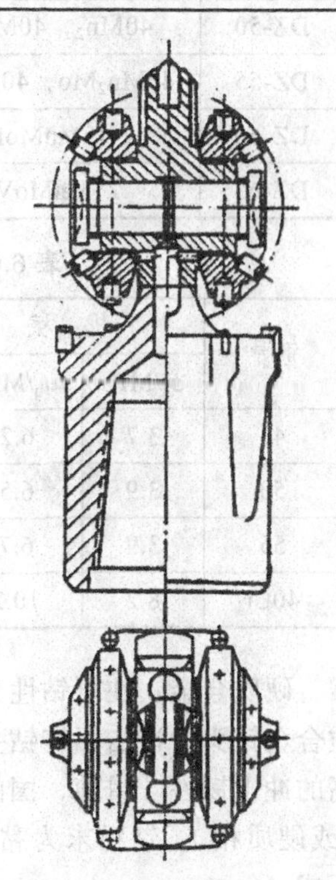
图 6.12　гпи -139M-76 型硬质合金球齿牙轮钻头

гпи -151M-76 型钻头外径为 76 mm，超前刃部直径为 30 mm，超前高度 16 mm，牙轮数为 2 个，硬质合金刃角 110°，钻头长度 200 mm。

гпи -149M-76 或 гпи -149 型钻头外径为 76 mm 及 59 mm，超前刃部直径为 40 mm，高

25 mm，钻头长 145 mm。

гпи -139M-76 型钻头外径为 76 mm，超前刃部直径为 28 mm，高 16 mm，牙轮数为 2 个，硬质合金刃角 75° ~ 110°（需视岩石物理力学性质而定），钻头长度 160 mm。

3. 硬质合金钻头材质和镶焊工艺

冲击回转钻进时，钻头承受有冲击载荷、轴压载荷和回转扭矩，因而处于很复杂的应力状态。故此，对钻头的材质和加工工艺的要求较高。

钻头钢体：冲击回转钻进用钻头的钢体，最好选用合金钢材。制造钻头体的材料应符合我国国家标准 GB3423—82 的规定。根据使用条件和镶焊技术，可选用 DZ-40 ~ DZ-65 钢级的无缝钢管（见表 6.5）及一般合金钢无缝钢管（见表 6.6）。

表 6.5　GB3423—82 无缝钢管

钢　级	牌　号	机械性能（不小于）		
		屈服点 σ/MPa	抗拉强度 σ_b/MPa	伸长率 δ_s/%
DZ-40	45MnB，50Mn	4.1	6.6	14
DZ-50	$40Mn_2$，$40Mn_2Si$	5.1	7.14	12
DZ-55	$40Mn_2Mo$，40MnVB	5.6	7.7	12
DZ-60	45MnMoB	6.1	7.9	12
DZ-65	27MnMoVB	6.6	8.2	12

表 6.6　一般合金钢无缝钢管（推荐制造空白钻头用）

钢号	机　械　性　能			主要化学成分/%			
	σ_s/MPa	σ_b/MPa	δ_s/%	C	Si	Mn	Cr
45	3.7	6.2	16	0.42 ~ 0.50	0.17 ~ 0.37	0.5 ~ 0.8	<0.25
50	3.9	6.5	14	0.47 ~ 0.55	0.17 ~ 0.37	0.5 ~ 0.8	<0.25
55	3.9	6.7	13	0.52 ~ 0.60	0.17 ~ 0.37	0.5 ~ 0.8	<0.25
40Cr	8.2	10.2	9	0.37 ~ 0.45	0.17 ~ 0.37	0.5 ~ 0.8	0.8 ~ 1.1

硬质合金：在可钻性为Ⅵ ~ Ⅷ级的岩石中采用低频率大冲击功液动冲击器时，多使用硬质合金钻头。冲击回转钻头用的硬质合金，除了要求较高的硬度和抗弯强度外，还要求有较高的冲击韧性。目前，国内外采用的硬质合金多为钨 ~ 钴类，它是以碳化钨粉末为骨架金属（或硬质相），钴粉末为黏结相，用粉末冶金技术以不同的形状及尺寸的模具，压制、烧结而成。

钨 ~ 钴类硬质合金的代号为 YG，主要化学成分为 WC-CO。根据 WC 晶粒的粗细又可分为粗晶（>2 μm）及细晶（1.0 μm），其代号分为 C 及 X。钨 ~ 钴类硬质合金的硬度随含钴量的减少和碳化钨晶粒的减小而增加。其抗弯强度（冲击韧性）随含钴量的增加和碳化钨晶粒的增大而提高。实践表明，其抗弯强度还与其表面状况有关：因磨削而产生网状裂纹者，抗弯强度可降低 50%；表面经金刚砂研磨者，则可提高 2.5%。钨 ~ 钴硬质合金的性能见表 6.7。

表 6.7　我国液动冲击回转钻常用硬质合金的物理机械性能及含钴量

合金牌号	比重 /（g/cm³）	抗弯强度 σ_b/MPa	硬度 HRA	冲击韧性 a_k /（kg·m/cm）	导热率 λ/(cal/cm·c·s)（0～300 °C）	线胀系数 $\alpha\times10^{-6}$（mm/mm·C）	抗压强度 σ_b/MPa	含钴量 /%
YG3X	15.0～15.3	980.4	92					3
YG3	14.9～15.3	1 176	91					3
YG4C	14.9～15.2	1 372	90					4
YG6	14.6～15.0	1 372	89.5	0.26	0.19	4.5	4 509	6
YG6X	14.6～15.0	1 323.5	91		0.19	4.4		6
YG8	14.4～14.8	1 470.5	89	0.25	0.18	4.5	4 382	8
YG8C	14.35	1 715.7	88	0.30	0.18	4.8	3 823	8
YG11C	14.0～14.4	1 960.8	87	0.38				11
YG15	13.9～14.2	1 960.8	87	0.40	0.14	5.3	3 588	15
YG20	13.4～13.7	2 549	85.5	0.48		5.7	3 431	20

这些物理机械性质和特点是合理选择硬合金和制造钻头的依据。硬质合金牌号一般是根据岩石特性、钻头结构和冲击器单次冲击功的大小来选择的。岩石强度低、冲击器单次冲击功小，可选用 YG4C、YG6X、YG8 等；而当钻进的岩石强度较高、冲击器单次冲击功大时，则可选用 YG11C 或 YG15C 等牌号。

目前，我国可供选择作为液动冲击钻头的硬质合金品种如下：

① K2 型（××钻探工具厂，××硬质合金厂）见表 6.8。
② K1 型（××钻探工具厂）见表 6.9。
③ TI 型（××钻探工具厂）见表 6.10。
④ T5 型（××钻探工具厂）见表 6.11。
⑤ TC108 型（××钻探工具厂）见表 6.12。
⑥ TC208 型（××钻探工具厂）见图 6.13。
⑦ Q 型（××钻探工具厂、××硬质合金厂）见表 6.13。

表 6.8　K2 型硬质合金

型号	原型号	尺寸/mm			单重/g			
		D	H	T	YG15	YG11c	YG8c	110° 1×45° H T D
K208	K141	8	16	7.6	10.4	11.0	11.8	
K210	K142	10	16	9.3	15.3	16.7	16.8	
K212	K143	12	16	11	20.5	22.0	23.0	

表 6.9　K1 型硬质合金

型号	尺寸/mm				合金牌号
	L	H	C	r	
K113	13	12	8	20	YG15
K115	15	12	8	20	YG11c
K117	17	14	8	20	YG8c
K119	19	14	8	20	
K120	20	16	10	23	

表 6.10　T1 型硬质合金

型号	原型号	尺寸/mm		单重/g	
		D	H	YG4c	YG8
T105	K531	5	10	2.3	2.25
T107	K533	7	15	6.9	7.2
T110	K534	10	16	15.0	14.8

硬质合金钻头的镶焊：在冲击回转钻头的制造中，镶焊硬质合金是一个非常重要的工序。为了适应硬质合金繁重的工作载荷，焊缝必须有足够的强度。改善和提高钻头的焊接质量，无疑对提高钻头质量具有重要意义。

表 6.11　T5 型硬质合金

型号	尺寸/mm			单重/g	
	A	B	H	YG4c	YG8
T510	10	8	16	15.1	14.6
T512	12	8	16	18.2	17.6
T514	14	8	16	21.2	20.5

为保证焊接质量，焊料对被焊物的润湿性是个重要问题。而它取决于焊料的化学成分、被焊物的材质及表面状况、两者间间隙大小等因素。如能使焊料液体在被焊物的界面产生，扩散作用或互溶互渗，则可提高焊接强度。

影响焊接质量的另一个重要因素是硬质合金片和钻头钢体两者间的热膨胀系数相差是否很大而致使焊缝产生较大的内应力。如 YGllC 硬质合金的线胀系数为 6.8×10^{-6}，而 40Cr 钢的线膨胀系数为 13.4×10^{-6}，两者相差 1 倍，因而经高温焊接后冷却时，则会产生较大内应力。此外，在焊料收缩中，也会产生内应力。

表 6.12　TC108 型硬质合金

型号	尺寸/mm		单重/g	
	H	D	YG6X	
TC108	14	10		

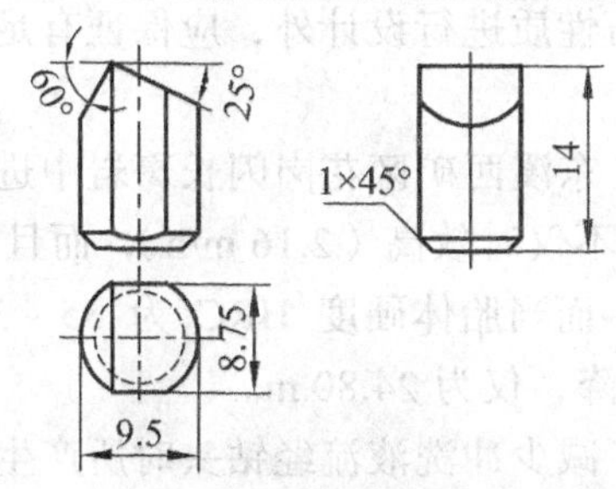

图 6.13　TC208 型合金

表 6.13　Q 型硬质合金

型号	尺寸/mm				单重/g		备注	
	d	a	a_1	R	YG8C	YG11C		
Q6	6	8			8.2		用于镶制无岩芯牙轮钻头	
Q8	8	10			9.6			
Q10	10	14	8	4	14.5	10.8		
Q12	12	15	9	5	20.3	20.0		

消除或降低焊缝内应力的办法较多，当前应用的有：采用低熔点焊料；在黄铜焊料中加入少量（1%）的 Ag、（4% ~ 6%）Ni、（2% ~ 4%）Mn、（0.5% ~ 1.0%）Si 以增强焊料的塑性和强度；适当增加焊缝宽度并加补偿垫片；焊完后即进行回火处理，（回火温度一般为 200 ~ 250 °C）并保温 6 ~ 8 h。这些办法都可以达到降低内应力和提高强度的目的。

焊接钻头的方法，目前主要是采用氧-乙炔焰加热。操作时，要尽量使合金块受热均匀，不得过烧；焊好的钻头要保温，使其缓慢冷却。除了氧-乙炔焰加热焊接外，也可用浸铜焊、盐浴炉及高频感应加热以及真空焊接等焊接方法。这些方法的生产率高、操作方便、温度容易控制、工作条件也较好，能保证焊接质量，故适宜于大批量生产作业。但使用这些方法都需要专用设备。

6.1.3　液动冲击回转钻进中常用的金刚石钻头及其特点

与金刚石钻头配套使用的液动冲击器，一般都是高频小冲击功型。采用这种冲击器并选择适当的金刚石钻头，将会在坚硬岩层和“打滑”地层中有效地提高钻进速度和钻头寿命，从而获得较好的经济效益。

目前，我国金刚石冲击回转钻进中仍是用普通的回转钻进用的金刚石钻头。但由于冲击回转钻进工艺不同于纯回转钻进工艺，故在钻头结构上应有其特点。下列各点可供设计钻头时参考：

（1）现在金刚石冲击回转钻进方法仍以回转作用为主，冲击为辅，所以选择钻头类型时，表镶或孕镶式钻头都可以用，也可采用聚晶体表镶钻头。

（2）由于在钻进中金刚石要承受较大的冲击动载，所以最好选用强度较大的金刚石。金刚石镶嵌之前最好先进行圆化和金属镀层处理(即在金刚石外面包镶一层镍或铬、铝等金属)，以提高金刚石的抗冲击和包镶能力。

（3）胎体硬度除应根据岩石性质进行设计外，应保证有足够的强度和硬度，避免受冲击作用而破裂。

××地矿局探矿工艺队在广东溪西矿区花岗闪长斑岩中进行金刚石冲击回转钻进，当胎体硬度为 HRC（41～44）时，不仅时效高（2.16 m/h），而且钻头寿命也长——钻头平均寿命为 63.3 m，最高为 83.75 m；而当胎体硬度 HRC 为 35～38 时，虽然时效略高一些（为 2.7 m/h），但钻头寿命却明显下降，仅为 24.80 m。

（4）由于冲洗液量大，为了减少冲洗液流经钻头时所产生的阻力以提高冲击器的使用效果，钻头的通水面积应增大。具体办法是：增加水口水槽数量。例如，××省地矿局勘探研究所研制的 JCT-56 金刚石钻头，直径 56 mm 除设 6 个主水口外，还增设 6 个副水（参见结构图 6.14）。此外，钻头钢体内、外壁上的水槽还应长些、深些；适当增加胎体外径与钢体外径之差值，以增大钻头通水截面。

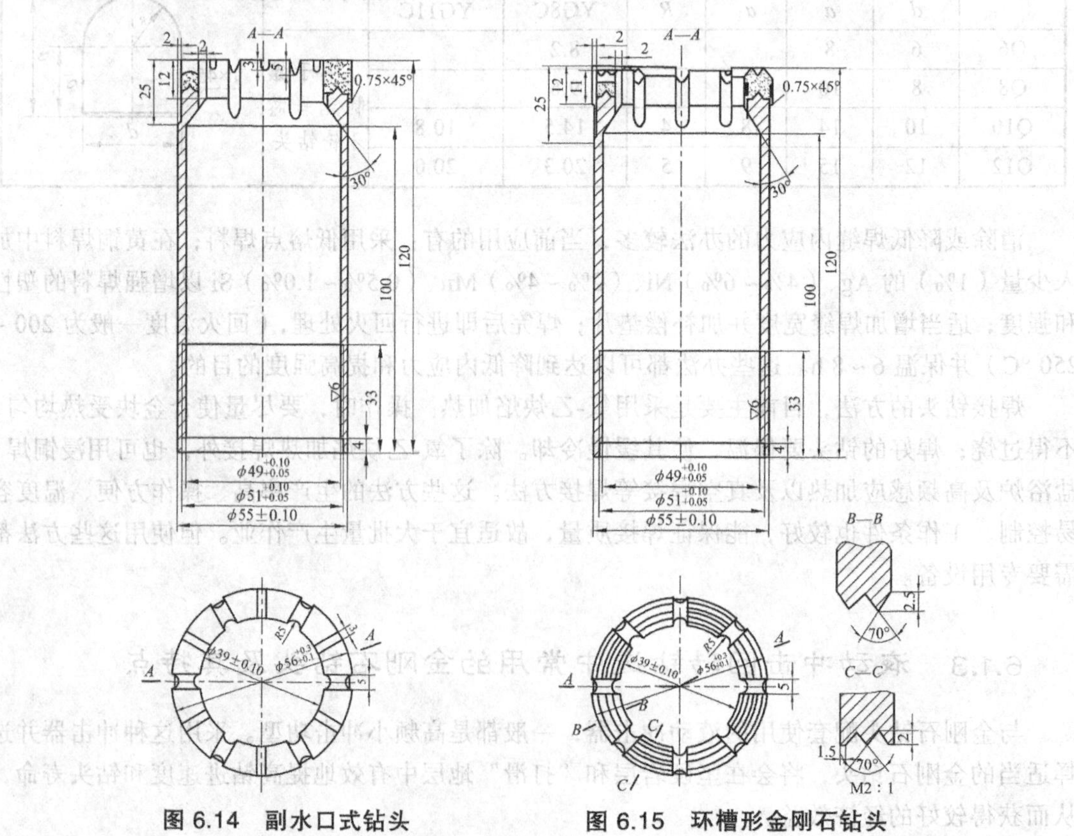

图 6.14　副水口式钻头　　　图 6.15　环槽形金刚石钻头

（5）为了适应冲击回转钻进的工况，钻头底唇形状可采用环槽形或交叉形。环槽形金刚石钻头的结构如图 6.15 所示。槽的顶端做成弧形，这种形式的底唇不仅碎岩效率高（即充分发挥了体积破碎作用），而且具有较好的防斜作用。

把钻头唇面做成交叉形（见图 6.16），则金刚石的镶嵌量可相应减少，单位面积上作用力会成倍的提高，这对钻进致密坚硬的弱研磨性岩石，克服钻头"打滑"现象十分有效。××地矿局工艺研究队使用 GY-54 型正作用冲击器时，曾采用此钻头钻进于致密坚硬的石英脉和硅化较强的石英斑岩中，获得钻进时效达 1.57 m。这相较普通金刚石回转钻进提高了 45%。

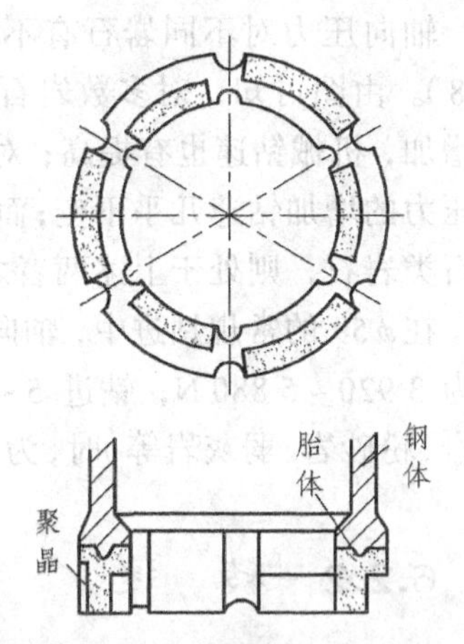

图 6.16　交叉形唇面金刚石钻头

6.2　液动冲击器钻进的规程

6.2.1　轴向压力（钻压）

在冲击-回转钻进时，切削刃是在轴向压力作用下，并经受周期性冲击作用而破碎岩石的。也就是说，在切刃上既作用着轴向压力（静载），又作用着冲击力（动载）。

在花岗闪长岩、石灰岩和大理岩上进行试验表明：当静、动载同时作用时，破碎岩石的深度和体积都比单纯冲击时要好。并且当冲击能量不变时，在一定范围内随着静载的增加，破碎穴的深度和体积相应地增加。这是因为静载使岩石内部形成预加应力，同时又改善冲击能量的传递条件。

但是，随着轴向压力的增加，切削刃的单位进尺磨损量也有所增加。所以选择轴向压力时，既要考虑提高瞬时钻速和提高平均机械钻速，还需考虑降低钻头的单位磨耗。为了减少切削刃的磨损，轴向压力不能过大，但又必须克服冲击器的反弹力，并保证在岩石中形成一定的预加应力。对硬度不大和研磨性弱的岩石，要充分发挥回转切削碎岩的作用，即应采用较大的轴向压力；而对于坚硬和研磨性较大的岩石，则应充分发挥冲击碎岩的作用。

当用硬合金冲击-回转钻进时，轴压力对回次长度的影响，如图 6.17 所示。由图可知，各类岩石有类似的变化趋势。轴向压力在 250 ~ 350 kg 时，回次长度稍有所增加，若轴压继续增加，则呈下降而渐趋平缓。

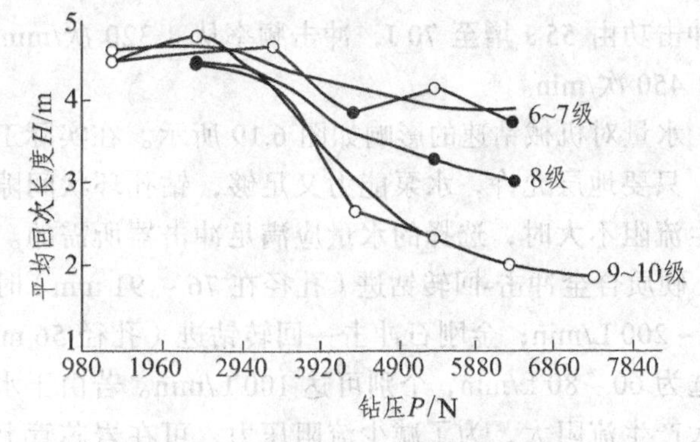

图 6.17　轴压力与回次长度关系

轴向压力对不同岩石有不同的影响（见图6.18）。由图可知，对多数岩石，随着轴向压力的增加，机械钻速也有提高；对砂岩来说，随轴向压力的增加钻速几乎不变；而对于钠长石～绿泥石类岩石，则处于上述两者之间。

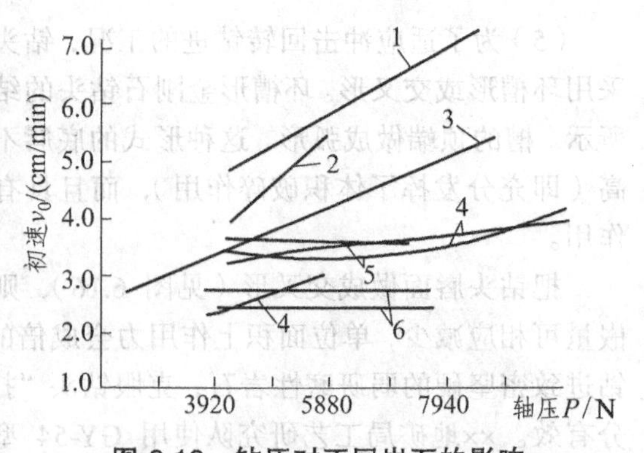

图 6.18　钻压对不同岩石的影响

1—正长石；2—钠长石岩；3—片麻岩；4—页岩；5—钠长石～绿泥石类岩石；6—砂岩

在ϕ59 的常规钻进中，轴向压力常选用：硬岩为 3 920～5 880 N；钻进 5～6 级软岩（如泥页岩、粉砂岩、弱灰岩等）时，为 7 840～9 800 N。

6.2.2　转　速

在硬质合金冲击-回转钻进时，常选用较低的转速，这是为了降低切削刃的磨损和增加回次长度。若增加转速，在冲击频率不变的情况下，就增加二次冲击的间距，增大切刃的切削行程。因此，一般采用低转速（40～60 r/min）。

实际上，影响转速选择的主要因素是岩石性质。对硬岩或强研磨性岩石、破碎岩石主要靠冲击作用，转速一般为 30～45 r/min，转速过高会使切削刃早期磨损；对于裂隙发育的岩层和软塑性岩层，转速可高达 120～170 r/min，以充分发挥切削碎岩的作用。

金刚石冲击-回转钻进时，为了充分发挥金刚石多刃刻取岩石的作用，苏联某局（用 г в-5 型冲击器进行金刚石冲击-回转钻进时）对 8 级岩石采用 630～940 r/min；9～10 级岩石，采用 450～630 r/min；11～12 级岩石采用 230～450 r/min。我国采用孕镶钻头时，转速则一般为 500～700 r/min。

6.2.3　水　量

水泵的送水量是液动冲击-回转钻进的一个重要参数。因为水量不仅影响洗井的质量，而且直接影响冲击器的工作性能——冲击功和冲击频率，从而影响到钻进效率。例如，SC-89 型射流式冲击器，当水量由 200 L/min 增至 320 L/min 时，则冲击功由 32 J 增至 80 J，而频率从 650 次/min 增至 1 200 次/min；并且呈线性增长。又如对 r -3A 型冲击器，当水量从 260 L/min 增至 320 L/min，其冲击功由 55 J 增至 70 J，冲击频率从 1 320 次/min 增至 1 450 次/min。

水量对机械钻速的影响如图 6.19 所示。在实际工作中，只要地层允许，水泵能力又足够，钻孔环状间隙所产生流阻不大时，选择的水量应满足冲击器所需的。一般，硬质合金冲击-回转钻进（孔径在 76～ 91 mm）时选 160～200 L/min；金刚石冲击一回转钻进（孔径 56 mm）时选为 60～80 L/min，个别可达 100 L/min。若由于水量加大产生流阻大，为了减少流阻压力，可在岩芯管上部设置孔底流量分流装置或采用减阻剂泥浆。

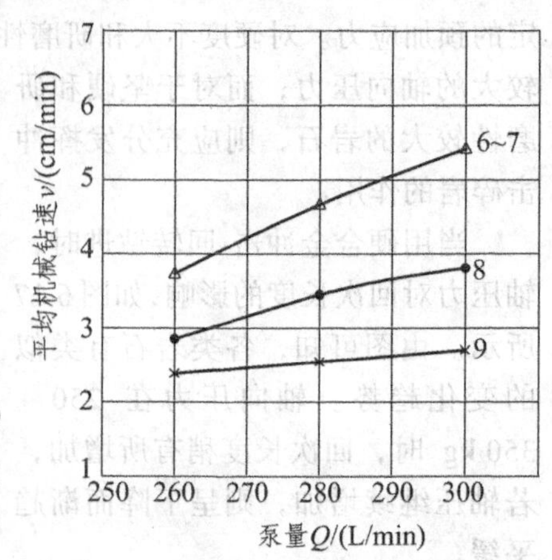

图 6.19　水量与平均机械钻速的关系

水量对冲击器工作的影响，难于简单测定。当钻孔延深后，循环冲洗液的压力增加，使钻杆接头处会产生泄漏；环状间隙太小时大流量会使冲击器背压增大。此时，冲击器的冲击功和冲击频率都要受到影响，且与地表标定值差异较大。此外，孔壁岩层的裂隙、渗漏，孔壁光滑程度、孔底岩粉积存量等，也影响着冲击器的工作性能。

液动冲击器采用不同的动力介质（如清水、乳化液、泥浆等），都会对它的工作性能产生不同的影响。在可能的条件下，尽量采用低比重的清水、低固相泥浆或无固相冲洗液作冲洗介质，以使其流阻减小。另外，在循环系统中，应设置除砂净化设备。

6.3　提高岩芯采取率和保证减少孔斜程度的措施

液动冲击回转钻在正常情况下均采用岩芯卡簧作为采心工具，由于岩芯管、钻头均处于高频率的冲击作用下，岩芯比较容易进入岩芯管，通常情况均可保证有很高的岩芯采取率。

提高岩芯采取率的基本措施和回转钻进没有原则的区别，主要是采用限制回次进尺长度、减小泵排量（利用孔底分流器可以达到供给冲击器以必需的液量而减少送达钻头处的液量），以及采用喷反钻具或其他提高岩芯采取率的专门钻具如双重岩芯管和有关的专门钻具等。

虽然事实证明采用冲击回转钻后，钻孔弯曲程度是比普通回转钻有所改善，但绝不是说此种方法可以防止钻孔的弯曲。硬质合金冲击回转钻比金刚石冲击回转钻改善孔斜的程度要好一些。

冲击回转钻进减少钻孔斜度的原理：

（1）由于破碎岩石原理的变化，硬质合金钻头处于低压慢转的工作状态，切削刃寿命较长不易被磨钝，切削刃侵入岩石的深度较大，“钻速差”比回转钻小。此外，在软硬岩石过渡区，冲击回转钻碎岩呈“大块体积破碎”，这对减少过渡区的孔斜是有好处的。

（2）冲击回转钻进碎岩呈“大块体积破碎”，钻头切削刃上形成阻力差值较小，因而钻头上的“附加力矩”也较小。

（3）试验表明，具有冲击作用的碎岩方式其破碎角变化不大，主压力体两侧的剪切体基本上是一致的，切削刃在和岩石接触时处于比较平稳的工作状态。

（4）由于岩层的各向异性和加载作用时间成正比，和磨削时间也成正比。切削刃在冲击作用下加载速度较大，可以减少由于岩层各向异性造成的“钻速差”和“附加力矩”。

（5）岩石力学性质表明，随着加载速度的增加，岩石的塑性减小而脆性增大。这是由于岩石晶格扭曲后来不及松弛，故而容易导致应力集中而被破碎。但在塑性大的软岩层中则不然，它容易变形并吸收能量。因而冲击式碎岩时应力集中程度硬岩层大于软岩层。钻头在软硬交错的岩层层面上用冲击载荷碎岩，其软硬岩层上抗压强度极限值相差就小，由此产生的“钻速差”和附加力矩也小，故而在软硬不均匀的岩层过渡区钻孔弯曲程度可以减小。

（6）硬质合金冲击回转钻进时可以采用低压慢转的钻进参数，同样也可比回转钻时的“附加力矩”小；且钻具离心力减小，改善了钻具工作时的稳定性，使钻具不易弯曲。由于离心力引起的钻具摆动和钻头的扩壁作用减弱，钻头外缘与孔壁间隙减小，钻具导向性改善，故而孔斜程度较小。

液动冲击回转钻进时要想使钻孔弯曲度最大可能地减小，建议同时采用下述措施：

（1）在易产生孔斜的孔段尽可能采用冲击功较大的液动冲击器，即采用高功低频型的液动冲击器，并同时采用硬质合金钻头作为碎岩工具。

（2）尽最大可能地采用一径到底的钻孔结构。当不得已而换孔径时要采用具有扶正器的组合钻具，想尽一切办法改善钻具工作时的导向性。

（3）尽可能采用低压慢转的钻进参数，而同时又能保证获得较高的钻速。这种情况往往需要经过适当的试验来确定合理的钻压和钻头转数。

（4）在软硬交错的过渡孔段要严密观察进尺速度，要采取控制钻速的措施，在裂隙破碎地带也采用类似办法，令过渡孔段的孔斜率减至最小。

（5）加大测量孔斜的密度，以便及时采取措施。

6.4 液动冲击回转钻进孔内事故的预防和处理

液动冲击回转钻进时孔内事故较少，这主要是由于：

（1）粗径钻具经常处于冲击器轴向往复冲击作用状态而不容易被卡住，即便有轻度的卡钻亦易自动解除。

（2）液动冲击器所需的泵量较大，钻孔处于较清洁的状态，岩粉残留少不易发生埋钻事故。

（3）钻压及转速较低，钻具所承受的应力相对较小，弯曲程度小，磨损少，故管材事故大为降低。

勘探技术研究所 1984 年用 YZ-54-Ⅱ型液动冲击器在二个勘探队试验观察，在近似的工作条件下得到如表 6.14 的统计数据。可见孔内事故占总的台时的百分比大为下降。

表 6.14 液动冲击回转钻和回转钻孔内事故对比

勘探队名称	钻进方法	统计进尺/m	孔内事故所占总台时的百分比/%	对比/%	备注
湖北××队	回转钻	443.17	17.5	100	
	冲击回转钻	418.19	6.7	88.3	
浙江省××队	回转钻	526.85	12.5	100	
	冲击回转钻	968.99	5.82	46.6	

液动冲击回转钻的孔内事故种类主要有以下五种：

（1）硬质合金脱落或崩碎落入孔内，金刚石及胎体损坏脱落。

（2）烧钻。

（3）管材折断，主要指钻杆或岩芯管。

（4）钻具脱落。

（5）卡埋钻具。

以上几种事故发生的原因及处理办法推荐如下：

（1）硬质合金或金刚石及胎体损坏脱落孔底。发生此类事故的可能性比普通回转钻大，其主要原因是整个钻头的工作条件恶劣，高频率的冲击容易造成疲劳损坏；有的是由于使用操作不当，尤其是裂隙和破碎岩层中在回次钻进开始时必须降低转数和钻压，此时一般采用控制进尺的办法待钻穿之后再恢复正常钻进。此外，下钻前要检查钻头质量，不可将焊接不牢固或已损坏的金刚石钻头下入孔内。

发生事故后的处理办法：可采用各种打捞工具将其捞出。其中较好的是磁力打捞器、捞钟、平底式捞渣器及沉入式捞渣器等。

（2）烧钻。其根本原因是钻头冷却及孔底循环液不正常。冲击回转钻进时由于某些液动冲击器的液路通道较小，草根、棉纱等杂物一旦进入后易堵塞液路。其表现主要是泵压升高、进尺速度下降。有时由于钻杆接头多处严重漏损而地表不易觉察，此时表现为冲击器停止工作（高压胶管无振动感觉）钻速下降。处理的原则主要是起钻，并排除以上不正常情况，然后彻底冲孔或设法将孔底沉积物清除后更换钻头重新下钻。整个处理过程要遵守原国家地质矿产部 1982 年颁布的《岩芯钻探规程》有关章节的规定。

（3）岩芯管脱落。由于冲击器的不断冲击，增加了岩芯管的负担，导致丝扣部分的损坏。在缺乏相应丝扣设计形式的情况下，重要的预防措施只能是勤检查，坚决淘汰丝扣不合格及超差的岩芯管。处理办法与回转钻相同。

（4）钻具脱落。主要是指液动冲击器至钻头这一段粗径钻具脱落。发生的原因是冲击器在未到达孔底前“空打”，导致连接丝扣回扣或损坏，其中最难处理的是液动冲击器。预防措施主要是防止冲击器“空打”，一般的冲击器联动接头均具有防止“空打”的作用，下钻前要弄清楚结构并检查联动接头是否处于完好工况，避免采用冲击回转钻作长距离的扩孔作业。冲击器脱落后最好的办法是采用适当的接头与冲击器上接头对合而整体取出。只有在不得已时才采用逐段反扣捞取的办法。其中最难处理的是冲击锤，一旦取出冲击锤后，其他的零件即较为容易地用一般的办法打捞。YS 系列的无弹簧双作用式液动冲击器在已淬火的冲击锤上端均预设有右旋的打捞螺纹，只要根据不同的冲击器尺寸选用相应的普通公锥和冲击锤上端的打捞螺纹对上后即可顺利地将之取出；其余零件或用母锥或用公锥即可取出。其他的岩芯管和钻头等处理办法与回转钻相同。

（5）卡埋钻具事故。主要由于冲孔液路不通畅，岩粉积存过多、孔壁掉块、烧钻。处理时一般不要采用反钻具的办法，避免将冲击器卸为数节而增加处理的难度，要千方百计采用顶、打、拉的办法。若卡钻时，冲击器尚能工作，则尽可能开足泵量，迫使冲击器在不回转的状态下冲击，每间隔 10 ~ 20 min 试行慢转及上顶或提拉。如此反复数次，一般的卡埋事故均可排除。

第7章 配套设备及有关工具

由于液动冲击回转钻探所固有的特点，与之配套的设备，主要是指钻机、泥浆泵、取心工具、有关事故处理工具等都有一些不同程度的特殊要求。尽管至今为止，上述有关的这些设备还处于不断发展和完善之中，还没有完全适应液动冲击回转钻的要求，故这里提供一些资料供选择。

7.1 钻机和泥浆泵

采用硬质合金钻头进行冲击回转钻时，钻机应用低速挡[如（30～50）r/min]，而采用金刚石钻头时则和回转钻相同。推荐使用的钻机型号见表7.1。

表7.1 我国地质系统液动冲击回转钻探推荐使用的钻机型号

孔 深/m	推荐使用的钻机型号	备 注
0～100	YDC-100XY-1、DPP-1	有（*）号者为优先推荐
100～300	XY-2*、XY-2B*、XY-2p	
300～600	XY-3、XYZ-3*、XU-600、XU300-2A	
600～1000	XU-1000、XP-4*、XY-4*、东方红-1000	
1000～1500	XY-5*	

表7.2所示为一些优先推荐用于液动冲击回转钻探的钻机转速范围，其他钻机只要转速范围和有关技术性能与此类似的也可采用。

泥浆泵是驱动液动冲击器实现冲击的动力源，其性能的优劣对液动冲击器能否发挥最好的工作状态常常起着决定性的作用。

根据施工条件选择合适的泥浆泵应当作为冲击回转钻配套设备中最重要的事项。

选择作为液动冲击回转钻用泥浆泵比较理想的条件如下：

（1）在保证冲击器所需液量（按各种不同型号的冲击器而异）的情况下能够保证泵压在4 MPa以上。

（2）工作时排出液量要尽可能的均匀，因此一般推荐选用卧式、三缸的泵为好。

（3）排出液量的调节最好不用三通阀，以保证在某一需要的泵压值时具有较为稳定的排出液量，因此适用的泥浆泵应当是具有变速箱的为好，排出液量采用变速箱改变冲次进行调节。

表 7.2　地质系统液动冲击回转钻探优先推荐各种钻机的转速范围

型　　号	立轴或转盘转速范围/（r/min）	备　　注
YDC-100	0～75、0～187、0～350	无级变速
XY-2	65、114、180、248、310、538、849、1172	换 2 000 r/min 动力机后可至 1 562 r/min
XY-2B	57、99、157、217、270、470、742、1024	动力机 n = 1 500 r/min
XYZ-3	普通型：15、30、36、52、70、100、180、345、415、600、800、1156； 大扭矩型：6、11、14、20、26、38、68、132、160、230、306、442	
XP-4	91、175、210、267、391、672、898、1140	
XY-4	101、187、267、388、311、574、819、1191	用电动机 n = 1 470 r/min
XY-5	85、116、261、294、335、577、906、1232	

注：根据施工条件选择合适的泥浆泵应当作为冲击回转钻配套设备中最重要的事项。

（4）泥浆驱动的液动冲击器往往产生激烈的液压震动，长时间而且是频率很高的液压震动对泵压表常常造成早期损坏而失灵。因此选择的泥浆泵应当配备耐震动的泵压表。若选用的泵缺乏合适的泵压表，则应采取撤换压力表的果断措施或采用增加各种减震器的临时措施。

原地质系统探矿机械厂生产的泥浆泵为推广液动冲击回转钻提供了良好的条件，表 7.3 所示为推荐用于此种钻探技术的各种泥浆泵。在表 7.3 中，BW-150、BW-300 为同一系列的三缸单作用活塞泵；BW-200、BW-250 为另一种同系列的三缸单作用活塞泵，前者有四挡变速而后者有两种缸径（80 及 65 mm）及四挡变速；BW-300 型泥浆泵技术参数中分子为缸径 60 mm 时的指标，而分母则为缸径为 80 mm 时的指标。

表 7.3　原地质系统液动冲击回转钻探推荐采用的泥浆泵

型号	主要技术参数								
BW-150	排量/（m^3/min）	0.032	0.038	0.047	0.058	0.072	0.090	0.125	0.150
	泵压/MPa	7.0	7.0	6.0	4.8	4.0	3.2	2.3	1.8
BW-200	排量/（m^3/min）	0.102	0.125	0.164	0.2				
	泵压/MPa	8.0	7.0	6.0	5.0				
BW-250	排量/（m^3/min）	0.035	0.052	0.60	0.090	0.096	0.145	0.166	0.25
	泵压/MPa	7.0	6.0	7.0	6.0	6.0	4.5	4.0	2.5
BW-300	排量/（m^3/min）	0.04	0.05	0.07	0.085	0.10	0.12	0.14	0.16
		0.07	0.09	0.13	0.15	0.18	0.21	0.25	0.30
	泵压/MPa	10.0	10.0	10.0	10.0	10.0	10.0	9.5	8.0
		10.0	10.0	10.0	9.0	7.5	6.5	5.5	4.5
BW-1200	排量/（m^3/min）	0.36	0.63	0.90	1.2				
	泵压/MPa	11.0	6.2	4.0	3.2				

国内其他系统生产的泥浆泵只要能够满足使用要求的也可采用，如煤炭工业部×××煤矿机械厂生产的一些产品（见表 7.4）即可供选用。

钻机型号的选择依据除了考虑优先采用有较宽广的转速以适应既要满足硬质合金钻头冲击回转钻的要求，同时又要能满足金刚石钻头冲击回转钻的要求，其余条件均与普通回转钻选择的原则相同。泥浆泵型号的选择原则主要是以满足所采用的液动冲击器及钻孔的深度。根据目前已有的条件，我国生产的泥浆泵和钻机一般均可满足 800 m 以内各种钻孔深度的要求。

和泥浆泵配套的泵压表应当具有足够的指示精度和抗震的特点，我国自己的产品为此提供了优越的选择条件。现推荐如下几种：

（1）BY-60 型泵压表，指示值范围为 0 ~ 6.0 MPa，本身具有优良的防震装置，由浙江××地质仪器厂生产。此种泵压表若用高压油管（长度大于 1 m）引出将表头离开泥浆而安置于固定架上则抗震性能更好，不但经久耐用而且价格适中，建议普遍推广使用。

表 7.4 煤炭部系统部分泥浆泵的主要参数

型号	排量/（m^3/min）	泵压/MPa	缸径/mm
TBW-250/40	0.25	4.0	90
NBH-250/60	0.25	6.0	85
TBW-600/60	0.6	6.0	130
NBH-350/80	0.35	8.0	100
	0.25	8.0	85

（2）××地质仪器厂生产的 100 kg/cm^2（相当于 10 MPa）抗震泵压表的特点是表的机芯浸于优良的抗震硅油之中，体积比 BY-60 型小巧，示值灵敏而稳定是一种优良的泵压表。

（3）YK-1 型抗震压力表，其示值范围为 0 ~ 16 MPa 者，可适用于上述各种推荐型泥浆泵的配套。此表由陕西××仪表厂生产，其结构十分特殊，叉簧传动及指示机构形成了具有长寿命的优点。独特的膜片组结构使该表具有优良的抗震性能，被测介质不进入仪表内，具有"防堵"的特点。整个表头质量大，浸于硅油之中从而提高了抗震性能；其缺点是示值机构惰性大不够、灵敏且价格较高。

7.2 附属装置及有关工具

由于液动冲击钻进有其自己的特点，所以除了需要一般常规钻进方法所用的附属工具和用品外，还需要增添部分附属装置、工具及用品。

7.2.1 稳压罐

目前，水泵上装置的空气室容积较小，不能较好地消除排量不均匀性和增强液压冲击时的稳定性。所以在水泵的输出管与高压胶管之间，需要安装一个稳压罐装置（见图 7.1）。

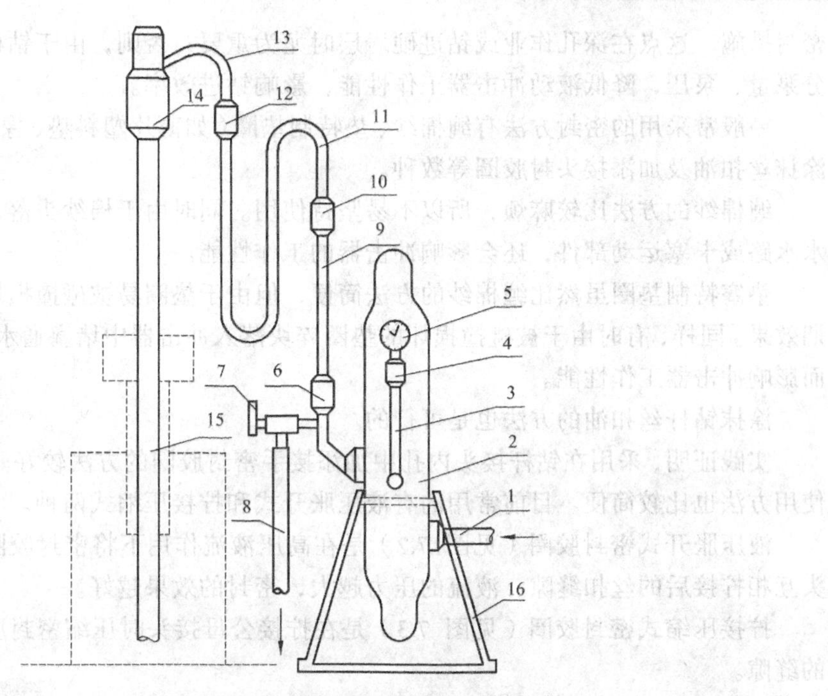

图 7.1　稳压罐安装部位示意图

1—泵输出管；2—稳压罐主体；3—压力表软管；4—压力表缓冲器；5—压力表；6—过滤网；
7—开关；8—回水管；9—稳压罐水管；10、12—高压胶管接头；11—高压胶管；
13—弯头；14—水接头；15—机上钻杆；16—底架

稳压罐的主要作用：

（1）减少由泵输出的液流脉冲冲击使液流流速均匀，并使液动冲击器工作性能稳定。

（2）缓冲泵的压力，保护泵工作正常。

稳压罐可用直径为 146 mm 或更大一些直径的无缝钢管制作，要求耐压能力在 10 MPa 以上，容积应大于 0.05 m^3。

7.2.2　高压胶管

由于液动冲击钻进所需要的泵压较高，用一般胶管容易爆裂，所以需购置高压胶管。其主要要求如下：

（1）使用钢丝编织的（两层或三层）铠装式高压胶管。

（2）耐压在 8 MPa 以上（如 HG4-406-66 型高压胶管）。

（3）规格为 11/2 英寸或 2 英寸。

为了延长高压胶管使用寿命和减少用量，在稳压罐的排水管至第一层台板之间，可用钻杆或水管代替，其上再连接高压胶管。

7.2.3　钻杆接头密封胶圈

为了防止钻杆接头丝扣处漏水而降低液动冲击器的工作性能，在钻杆接头丝扣处应采取密封措施。这点在深孔作业或钻进硬岩层时尤为重要；否则，由于钻杆接头处漏水，损耗部分泵量、泵压，降低液动冲击器工作性能，影响钻进效率。

一般常采用的密封方法有缠棉纱、垫特制垫圈（如薄片塑料垫、橡胶垫、皮垫及铜垫等）、涂抹丝扣油及加添接头封胶圈等数种。

缠棉纱的方法比较麻烦，所以不易坚持使用。同时由于棉纱头落入冲击器中后，堵塞通水水路或卡塞运动部件，还会影响冲击器的工作性能。

垫塞特制垫圈虽然比缠棉纱的方法简便，但由于垫圈易被碰撞损坏，所以往往达不到预期效果。同样，有时由于被碰撞损坏的垫圈碎块落入冲击器中堵塞通水水路或卡塞运动部件，而影响冲击器工作性能。

涂抹钻杆丝扣油的方法也是可行的。

实践证明，采用在钻杆接头内孔中加添接手密封胶圈的方法较好。它既能取得密封效果，使用方法也比较简便。目前常用的有液压胀开式和拧接压缩式两种。

液压胀开式密封胶圈（见图 7.2）是在高压液流作用下将密封胶圈胀开，而密封钻杆接头互相拧接后的丝扣缝隙。液流的压力越大，密封的效果越好。

拧接压缩式密封胶圈（见图 7.3）是在拧接公母接头时压缩密封胶圈，达到密封丝扣间的缝隙。

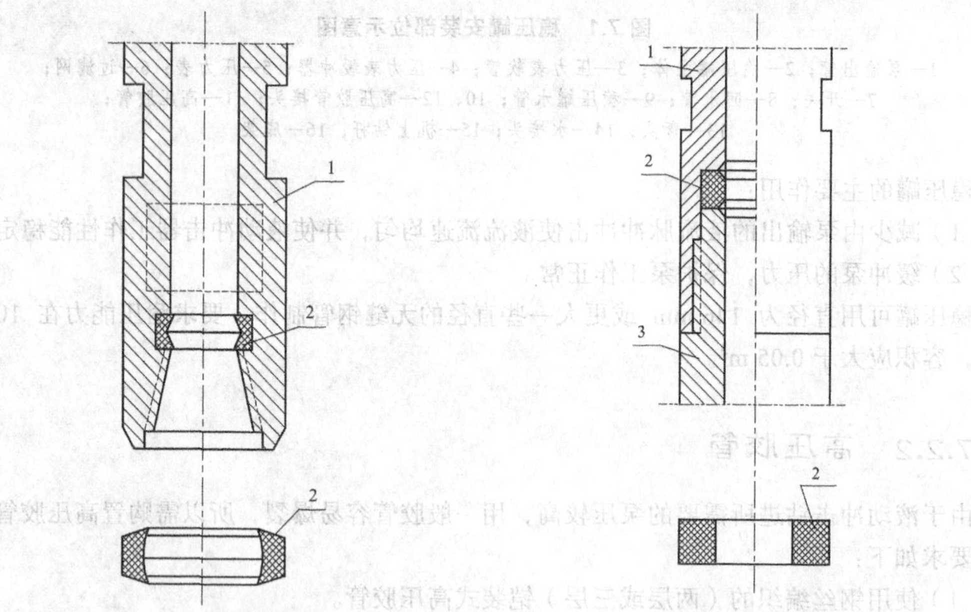

图 7.2　液压胀开式密封胶圈

1—钻杆接头；2—橡胶圈

图 7.3　拧接压缩式密封胶圈

1—钻杆母接头；2—橡胶圈；3—钻杆公接头

7.2.4　孔底反射器

孔底反射器又称储能器或液压波反射器。

进行液动冲击钻进时，由于水锤波能量消失较大，使其利用率大幅度降低。为了减少波能的散射，增加液动冲击器的能量利用率，提高其工作性能，在液动冲击器的上部应装有反射器。目前常用的反射器有气动的、硬性的和弹性的三种。现介绍ΠΠO-70型孔底气囊式反射器。ΠΠO-70 型孔底气囊式反射器（见图 7.4）主要部件是一个充满压缩空气或氮气的气囊 7（即橡胶管）。该气囊装在内径为 36 mm 的带有孔眼的内管 6 中。在锥体 4 内有充气孔和逆止球阀 5。通过气孔可向橡胶管里充入惰性气体或氮气。

ΠΠO-70型孔底气囊式反射器主要技术规格如下：

外径/mm　　70

长度/m　　3.5

质量/kg　　45

腔体容积/m^3　　1.5×10^{-3}

使用时将它安装在液动冲击器的上部 40 ~ 45 m 处。

苏联第聂伯尔矿业学院试验证明，当采用Γ-7型液动冲击器与ΠΠO-70型孔底气囊式反射器相结合后，在冲洗液量为 0.15 ~ 0.20 m^3/min 情况下，冲击功可提高 70%，冲击频率由 1 200 次/min 增到 1 470 次/min，冲击功率提高了 30%，钻具的振动减少 70% ~ 80%。

在生产试验中，采用ΠΠO-70 型孔底气囊式反射器钻进了 3.050 m，生产效果如表 7.5 所示。钻进参数如下：

钻压/N　　3920 ~ 5880

钻具回转转速/（r/min）　　30 ~ 60

泵量/（m^3/min）　　0.15 ~ 0.24

试验表明，岩石越硬，使用ΠΠO-70 型孔底气囊式反射器的效果越好；同时，使液动冲击器的工作性能更加稳定和减轻噪音及振动。

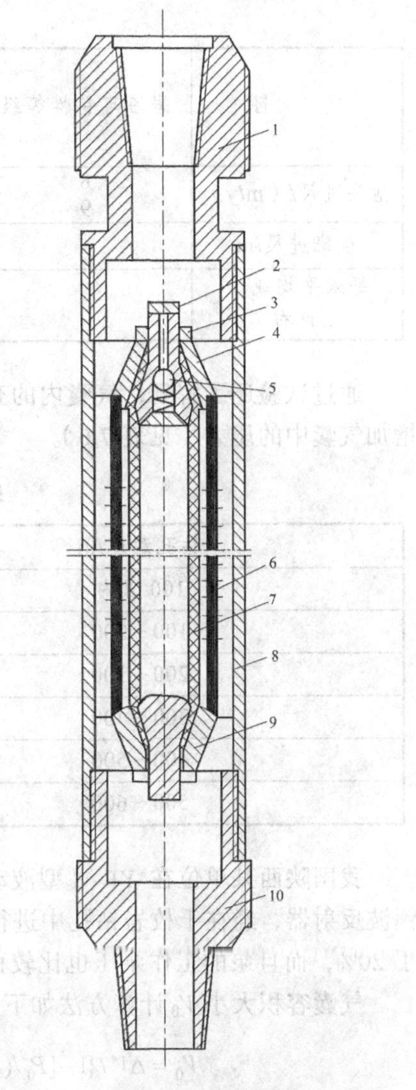

图 7.4　ΠΠO-70 型孔底气囊式反射器

1—上接头；2—塞子；3—螺母；4—锥体；5—球阀；6—内管；7—橡胶管；8—外壳；9—夹管；10—下接头

表 7.5　钻进生产效果

项　目	岩石可钻性等级	配用情况		指标增长数/%
		只用Γ-7型	Γ-7型配用ΠΠO-70型	
钻进工作量/m	8 9	241.5 50.5	190.7 77.0	
回次进尺长度/m	8 9	3.14 2.10	3.97 3.85	26.5 83.3
平均机械钻速/（m/h）	8 9	0.97 0.77	1.28 1.12	30.9 45.4

续表 7.5

项目	岩石可钻性等级	配用情况		指标增长数/%
		只用Г-7型	Г-7型型配用ППО-70型	
钻头进尺/(m/y)	8 9	10.5 6.3	14.4 9.0	37.1 42.8
台班进尺/m		4.48	5.96	33
每米平均成本/卢布		15.18	11.87	减少 3.13

通过试验还了解到，气囊内的充气压力与钻孔的深度有关，故应随着钻孔深度的增加而增加气囊中的压力（见表 7.6）。

表 7.6　气囊内充气压力

钻孔深度/m	气囊内充气压力/MPa
100 以内	0.8 ~ 1.0
100 ~ 200	1.0 ~ 1.10
200 ~ 300	1.50 ~ 2.0
300 ~ 400	2.0 ~ 2.50
400 ~ 500	2.50 ~ 3.0
500 ~ 600	3.0 ~ 3.50

我国陕西某单位在 YE-Ⅱ型液动冲击器的上部，接装了自制的 SCB-73 型潜孔气囊式水锤波反射器，经在千枚岩钻孔中进行生产试验对比，小时效率提高了 31%，岩芯采取率提高了 20%，而且泵的工作泵压也比较稳定。

气囊容积大小 V_0 计算方法如下：

$$V_0 = \Delta V / \{1 - [P_0 / (P_0 + \Delta P)]^{1/k}\}$$

式中　P_0——定孔深处的静水压力；

V_0——在压力为 P_0 时气囊容积；

ΔP——闭阀时水击压力值；

ΔV——气囊容积的变化；

k——绝热指数，空气取 1.4。

气囊容积过小起不到储能作用，过大又妨碍水流流动。则气囊容积变化量 ΔV 等于发生水击时流体体积变化量。

气囊容积 V_0，充气量（指一个大气压下气体量）为

$$V_a = P_0 V_0 / P_a$$

式中　V_a——充气量；

P_a——取 1 kg/cm^2。

冲击器与反射器之间的长变 L 为

$$L = 3CT/4$$

式中　L——冲击器与气囊反射器距离；

T——冲击器工作周期；

C——压力波传播波速。

T 可在 0.83～1.17 倍变化，超出此范围，应调节冲击器与反射器之间的长变。

随着钻孔深度的增加，所需的气囊反射器容积和充气量都要增加，当钻孔深度超过 800～1 000 m 后，由于钻杆空间有限和气囊充气困难，不能再采用气囊反射器，而应选用刚性（硬性）波动反射器。

7.2.5　孔底反循环钻具和接头

钻进破碎地层时，为了提高岩矿心采取率，可在液动冲击器与岩芯管之间装接一个喷射式孔底反循环钻具或反循环接头。目前在生产中应用效果较好的有如下几种：

（1）喷射式孔底反循环接头（见图 7.5）。

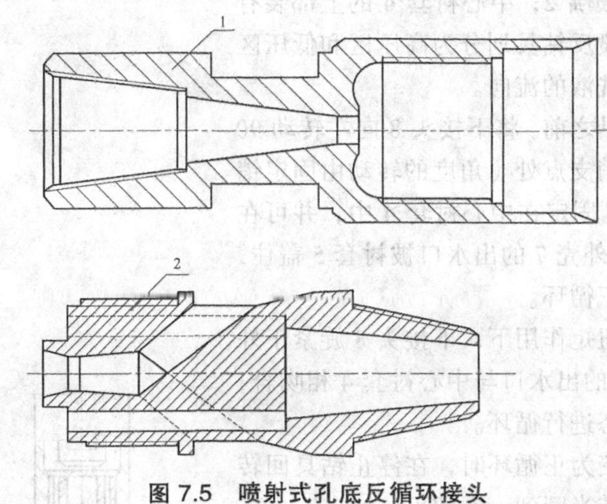

图 7.5　喷射式孔底反循环接头

1—喷嘴接头；2—反循环接头

（2）75 型喷射式反循环钻具（见图 7.6）。

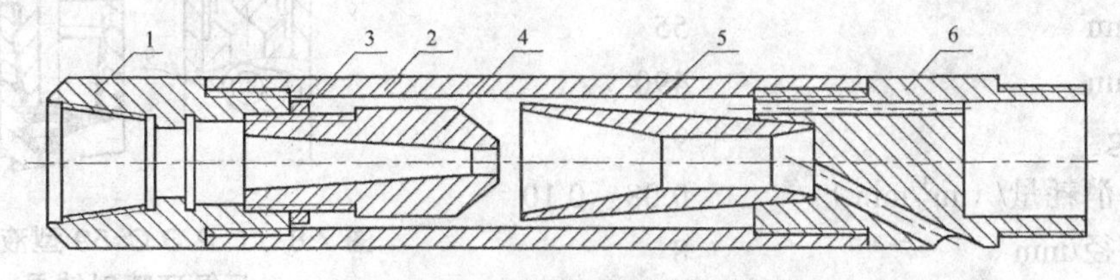

图 7.6　75 型喷射式反循环钻具

1—上接头；2—外管；3—背帽；4—喷嘴；5—扩散管；6—分水接头

（3）喷射式孔底反循环钻具（见图 7.7）。

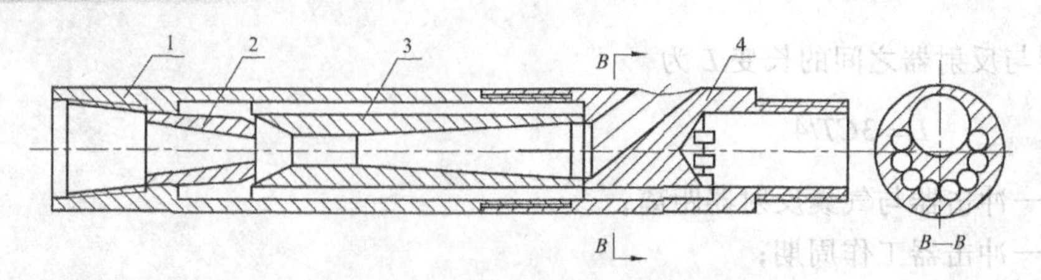

图 7.7 喷射式孔底反循环钻具

1—外壳；2—喷嘴；3—承喷器；4—岩芯管接头

（4）Г Р Э С-59 型液动冲击反循环喷射钻具（见图 7.8）。为了提高稀有金属矿床和有色金属矿床的矿心采取率，苏联地质部专业设计局设计制造了一种 Г Р Э С-59 型液动冲击反循环喷射钻具。经生产使用，取得了较好的效果。

该钻具的结构较为简单，使用操作也比较方便。工作可靠性较强，并且可随时改变冲洗液由正循环变为反循环或由反循环变为正循环，其结构如图 7.8 所示。上接头 1 内装有喷嘴 2；中心衬套 4 的上部装有扩散管 3；衬套 5 将喷反钻具划分为高压区和低压区两个区间，以改变冲洗液的流向。

向孔内下降该钻具之前，将下接头 8 向左转动 90 度，转到穿孔的固定销支点处（角度的转动由固定销 6 进行控制，固定销 6 固定在中心衬套 4 中，并可在穿孔 9 内移动）。这时外壳 7 的出水口被衬套 5 盖住，所以冲洗液只能进行正循环。

进行钻进时，在扭矩作用下，下接头 8 旋紧于外壳 7 的支点上，外壳 7 的出水口与中心衬套 4 相吻合，冲洗液则呈反循环状态进行循环。

如果需要冲洗液变为正循环时，在停止钻具回转之后，将钻具向左旋转半圈到一圈即可。

Г Р Э С-59 型液动冲击反循环喷射钻具主要技术规格如下：

外径/mm	55
长度/mm	490
质量/kg	9
冲洗液消耗量/（m^3/min）	0.08 ~ 0.10
喷嘴直径/mm	8
工作寿命/h	150

在生产使用中，该钻具与 Т Д Н-59-0 系列单动双管反循环钻具对比情况如表 7.7 所列。

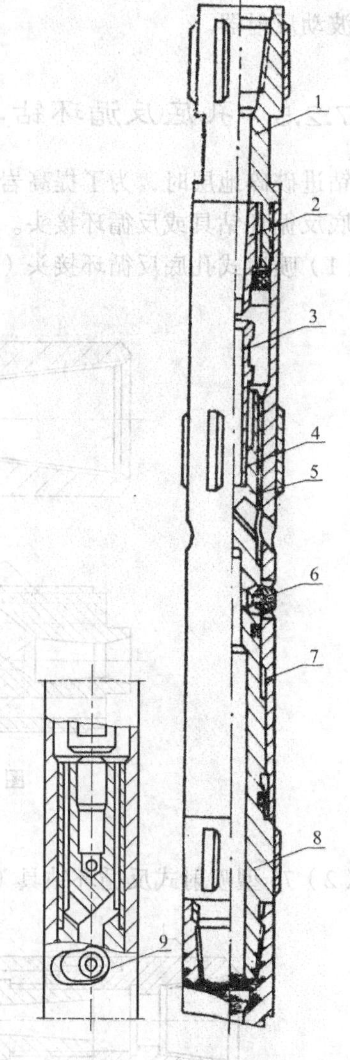

图 7.8 Г Р Э С-59 型液动冲击反循环喷射钻具

1—上接头；2—喷嘴；3—扩散管；4—中心衬套；5—衬套；6—固定销；7—外壳；8—下接头；9—穿孔

表 7.7　ГРЭС-59 与 ТДН-59-0 钻具效果对比表

单　位	钻具类型	岩石可钻性平均级别	进尺/m	回次数	平均回次进尺长度/m	平均采取率/%
巴尔哈什	ГРЭС-59	10	1 472	964	1.53	82
地质队	ТДН-59-0	9.8	121	104	1.16	70
东库拉明	ГРЭС-59	9.2	366	326	1.12	94
地质队	ТДН-59-0	9.2	138	154	0.89	79
阿尔玛利	ГРЭС-59	9	72	71	1.01	96
克地质队	ТДН-59-0	9	15	18	0.82	67

由表中可以明显看出，回次进尺长度和采取率均有提高。

使用喷射式孔底反循环钻具或接头应注意下列主要事项：

（1）注意检查调节喷嘴与扩散管相对间隙和各部丝扣的连接，以发挥有效喷射作用。

（2）进行反循环钻进时，其岩矿心的消耗量甚微。因此，每个回次的进尺数量应少于岩芯管长度的 0.2 m 左右，以免岩矿心堵塞反水孔，造成烧钻事故。

（3）在正常钻进时，应随时判断孔内情况（进尺快慢、钻具有无阻力、机械声音等），如发现异常现象，应立即提钻查找原因。

（4）钻头水口和内外通水断面面积，应比正循环钻进时相应增大。

（5）每次下降该钻具或接头之前，应检查反循环的反水孔是否被堵塞、扩散管与喷嘴是否有松动的现象。

7.2.6　分流器

进行金刚石回转冲击钻进时，为了解决冲击器所需要的液流量较大而孔底金刚石钻头所需要的冲洗液量较小之间的矛盾，对由冲击器流出的液流应进行分流。常用的分流方法有下列几种：

（1）岩芯管内分流。我国河北某单位研制的 QWF-Ⅰ型分流器接头（见图 7.9），系岩芯管内分流装置。

该分流器接头即是双层岩芯管的上部接头。由冲击器排出的液流至双层岩芯管底部后，一部分通过钻头流到管外孔壁间隙，另一部分液流则经卡簧座的下部流入内管中，上返至分流接头孔（分流孔的孔径大小，可通过试验或计算进行确定）泄到管外。

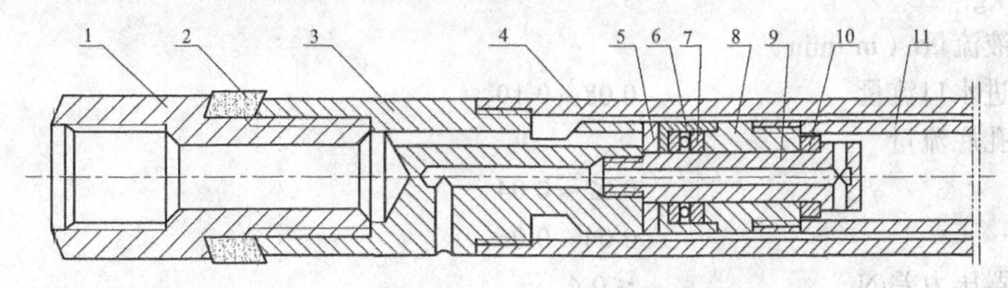

图 7.9　QWF-Ⅰ型分流器

1—异径接头；2—耐磨圈；3—岩芯管接头；4—外管；5—垫圈；6—护罩；7—推力轴承；8—内管接头；9—钉轴；10—垫圈；11—内管

这样，一方面可减少液流在孔底部的阻力和液流对金刚石钻头的强力冲蚀，另一方面由内管中上返的液流对其岩（矿）心将产生一种向上移动的推力。此推力有助于减少岩矿心堵塞的机会。

（2）孔底流量分流器。苏联研制的ЭР-59型和ДП73型孔底流量分流器，经广泛使用取得了较好的效果。

ЭР-59型孔底流量分流器是一种水力装置（见图7.10）。该分流器中有孔底节流阀和溢流节流阀组成，分别具有常量流通断面和变量流通断面。冲洗液的流量即由这两个节流阀进行控制。

孔底流量分流器由下列部件构成。在壳体1上开有两个溢流孔2，活塞3中装有一组节流孔板（孔底节流阀）4，节流孔板组由螺母5固定在一起，弹簧6支撑着活塞3和螺母5。在活塞、壳体螺纹及异径接头处，均用密封圈8进行密封。

ЭР-59型孔底流量分流器安装在液动冲击器与岩芯管之间。冲洗液不流动时，活塞3在弹簧6的作用下，将溢流孔2堵住，使分流器的内外空间隔绝。当冲洗液进行循环时，便在节流孔板组、（孔底节流阀）4内产生压差，活塞3在压差作用下便压缩弹簧6而向下运动，则将溢流孔2打开。

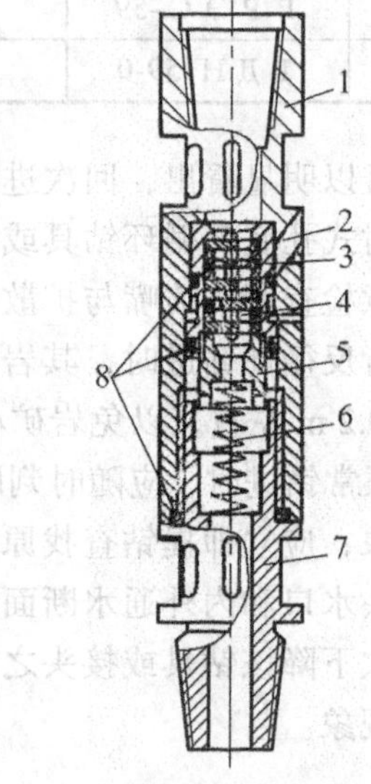

图7.10 ЭР-59型孔底流量分流器结构

1—壳体；2—溢流孔；3—活塞；4—孔底节流阀；5—螺母；6—弹簧；7—异径接头；8—密封圈

此时由液动冲击器中泄出的冲洗液，在分流器中便按一定的比例分成两股液流——工作液流和排除液流。工作液流通过节流孔板组流入岩芯管到达钻头，排除液流则经溢流孔排到分流器壳体的外空间。随着岩芯管内压力的增加（如岩芯管内充满岩芯或发生岩芯堵塞时），活塞在弹簧作用下由于压力差而向上运动并逐渐缩小溢流孔流通断面的面积，同时使分流器孔底出口的流量，保持在规定的范围之内。

ЭР-59型孔底流量分流器的主要技术规格：

壳体外径/mm	57
长度/mm	365
质量/kg	5
冲洗液流量/（m^3/min）	
进水口流量	0.08～0.10
孔底流量	
Ⅰ挡	0.02～0.04
Ⅱ挡	0.04～0.06
调节器压力差/N	≤0.4

ЭР-59型孔底流量分流器试验效果如表7.8、表7.9所列。

表 7.8　Э P -59 型孔底流量分流器试验效果

单位	孔段/m	钻进方式	回次	进尺/m	平均机械钻速	
					/（m/h）	增长系数
基洛夫公司	100～460	液动冲击 用分流器 不用分流器	36 35	207.7 193.6	3.90 3.40	1.147
	460～570	液动冲击 用分流器 不用分流器	6 6	32.2 31.9	2.94 2.55	1.153
南乌克兰公司	370～700	液动冲击 用分流器 不用分流器	50 53	224.7 209.2	1.28 1.12	1.143

表 7.9　Э P -59 型孔底流量分流器试验效果

单位	孔段/m	钻进方式	平均回次进尺		平均台班效率		平均岩芯采取率/%
			m	增长系数	m	增长系数	
基洛夫公司	100～460	液动冲击 用分流器	5.77	1.04	19.30	1.145	97
		不用分流器	5.53		16.85		96
	460～570	液动冲击 用分流器	5.37	1.009	13.26	1.140	94
		不用分流器	5.32		11.63		92
南乌克兰公司	370～700	液动冲击 用分流器	4.49	1.137	6.33	1.143	93
		不用分流器	3.95		5.54		92

Э P -59 型孔底流量分流器使用寿命如下：清水冲洗液为 498.5 h，泥浆为 253.5 h。

7.2.7　打捞孔内异物的工具

孔内掉落硬质合金碎块、金刚石钻头胎块或铁块等异物后，不但会影响钻进效率，而且也会破坏钻头，所以需要进行捞取。目前所用打捞孔内异物的方法较多，现仅介绍如下几种。

（1）磁力打捞器。原国家地质矿产部无锡钻探工具厂生产的 XD500 型磁力打捞器可用于打捞掉落在孔内的磁性物体如卡簧、钻头及小五金工具等；也可用于打捞硬质合金块，金刚石钻头的碎胎体等弱磁性物体。XD500 型磁力打捞器由磁钢、壳体、磁头、磁帽（有平帽及齿帽三种）、接头等组成，如图 7.11 所示。

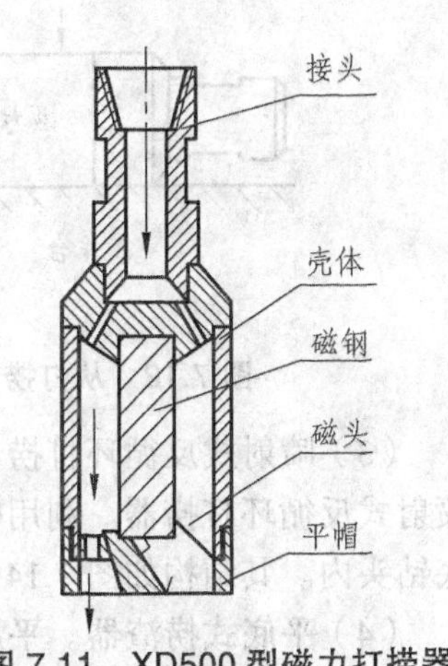

图 7.11　XD500 型磁力打捞器

使用时将磁力打捞器牢靠地拧接于钻杆下端，用最低转速慢回转到孔底，同时适当给以冲洗液，待到达异物或感觉受阻时不要强力钻进，只需缓慢令钻具旋转数转，然后停止泥浆泵的工作，小心起钻即可将孔内异物取出。若认为仍有残留异物或起钻中途脱落则需反复捞取工序。选用磁力打捞器要根据钻孔结构而定。XD500 型磁力打捞器的技术性能如表 7.10 所示。

表 7.10　XD500 型磁力打捞器的技术性能

规　格	外径/mm	平面静吸力/N	接头螺纹/mm	适用孔径/mm
54	54	≥292	$\phi 41.5\times\phi 38\times 8$	56～76
73	73	≥784	$\phi 42.5\times\phi 39.5\times 8$	75～90
90	90	≥1176	1∶5ϕ65 锁接头（母）	90～110
110	110	≥1960	1∶5ϕ65 锁接头（母）	110～130
140	140	≥3920	1∶5ϕ75 锁接头（母）	140～185

每次用完后应清洗干净并涂油防锈。用铁盖吸在下端封闭磁路，避免将两个磁力打捞器底部互相吸在一起，否则将影响其功能。磁力打捞器不宜自行拆卸，否则磁力将严重减退而且很难重装。磁力打捞器从孔内吸出的异物以及欲将封闭磁路的铁盖取下时不应用铁锭任意敲打，正确的方法是按图 7.12 所示的办法取下异物或铁盖。

（2）捞钟。用于捞取孔底硬质合金碎块、金刚石钻头胎块、铁屑及粗颗粒岩粉等物，其结构如图 7.13 所示。

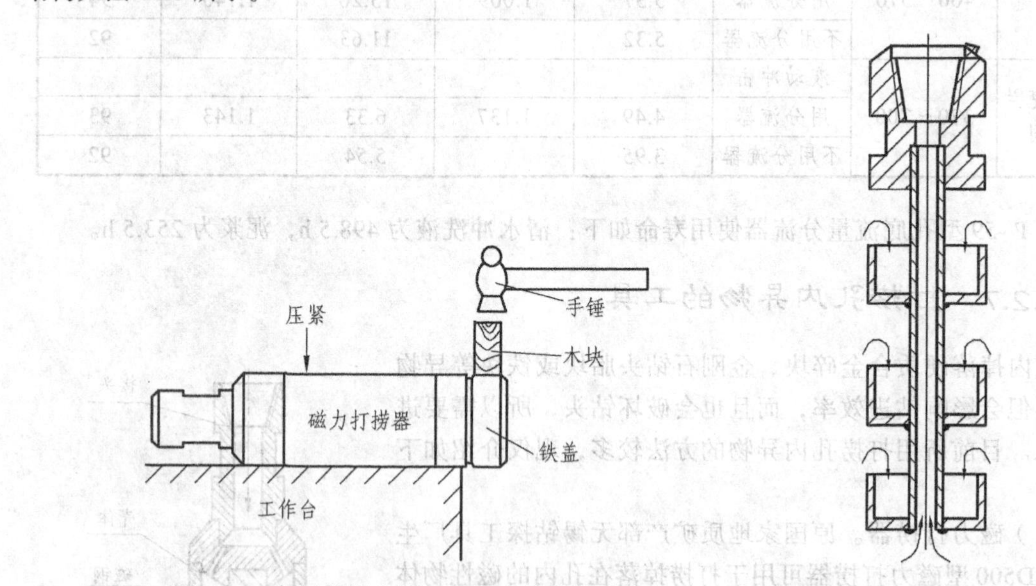

图 7.12　从打捞器上取下异物或铁盖的办法　　**图 7.13　捞钟示意图**

（3）喷射式反循环打捞器。在岩芯管的上部连接一个喷射式反循环接头，下部连接一个喷射式反循环打捞器。利用喷射反循环的原理，将孔底异物吸入岩芯管内，然后再沉积到封底钻头内。其结构如图 7.14 所示。

（4）平底式捞渣器。平底式捞渣器可捞取较大的硬质合金碎块、金刚石钻头胎块、铁屑及岩粉等物。捞取异物之前，不需要进行磨孔，而且捞取效率较高。

这种捞渣器有四个零件组成（见图 7.15）。接头 1 与钻杆接头相接，捞渣管 2 的上端与接头 I 相接，下端与半圆接头 4 相接；导水管 3 插入接头 1 的内孔后，用电焊焊在接头上。

（5）沉入式捞渣器。其结构（见图 7.16）与平底式捞渣器基本相同，不同点仅是将导水管 3 加长，使其超出半圆接头 4 底端面 50 ~ 200 mm。

这种捞渣器可捞取孔内积聚的大量硬质合金碎块、金刚石钻头胎块或铁屑等异物。

（6）螺旋式打捞器。苏联研制的 Л 型螺旋打捞器，捞取效果也较好，其结构如图 7.17 所示。

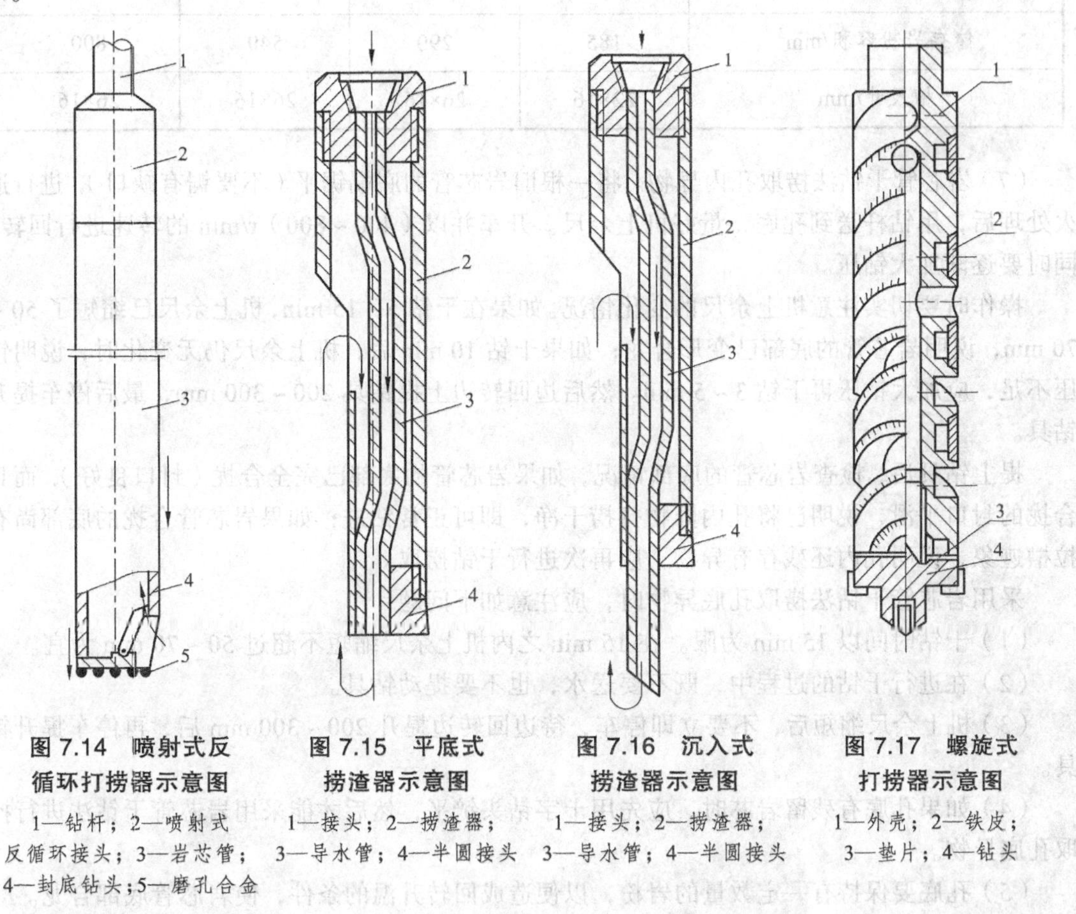

图 7.14　喷射式反循环打捞器示意图

1—钻杆；2—喷射式反循环接头；3—岩芯管；4—封底钻头；5—磨孔合金

图 7.15　平底式捞渣器示意图

1—接头；2—捞渣器；3—导水管；4—半圆接头

图 7.16　沉入式捞渣器示意图

1—接头；2—捞渣器；3—导水管；4—半圆接头

图 7.17　螺旋式打捞器示意图

1—外壳；2—铁皮；3—垫片；4—钻头

Л 型螺旋式打捞器的外壳 1 是一个厚壁钢管，外部有四个螺旋槽（两个明槽和两个暗槽），外壳 1 上接液动冲击器，下接钻头 4。垫片 3 可调节打捞器的明槽与钻头水槽之间的间隔大小。

进行打捞孔内异物时，将打捞器接在冲击器的下端，送入孔内。先用慢速小水量扫掉残留岩芯，随后将转速增加到 120 ~ 130 r/min，并加大水量进行冲孔。冲洗液由外壳 1 两个相对的暗槽中进入孔底后，随即，携带硬质合金块或其他杂物沿着两个螺旋式的明槽上升，遇到小孔后便落入而取出。

Л 型螺旋式打捞器的技术规格如表 7.11 所列。

表 7.11 Л型螺旋式打捞器的技术规格

型　号	Л-76	Л-96	Л-115	Л-135
钻孔直径/mm	76	96	115	135
打捞器外径/mm	73	94	113	133
打捞器长度/mm	420	460	460	460
打捞器质量/kg	7.5	10.7	15	20
储存岩粉容积/mm^3	185	290	540	800
槽尺寸/mm	22×16	26×16	26×16	26×16

（7）岩芯管干钻法捞取孔内异物。将一根旧岩芯管的底端锯平（不要锯有缺口），进行退火处理后，用钻杆送到孔底，量好机上余尺。开车并以（400～800）r/min 的转速进行回转，同时要逐渐加大钻压。

操作时要切实注意机上余尺的变化情况。如果在干钻 5～15 min，机上余尺已缩短了 50～70 mm，说明岩芯管的底部已变形合龙；如果干钻 10 min 后，机上余尺仍无变化时，说明钻压不足，应加大钻压再干钻 3～5 min。然后边回转边上提钻具 200～300 mm，最后停车提升钻具。

提上钻具后，检查岩芯管的底部情况，如果岩芯管的底部已完全合拢（封口良好），而且合拢的封口平滑，说明已将孔内异物打捞干净，即可正常钻进；如果岩芯管合拢的底部尚有拉槽迹象，说明孔内还残存有异物，应再次进行干钻捞取。

采用岩芯管干钻法捞取孔底异物时，应注意如下问题：

（1）干钻时间以 15 min 为限。在 15 min 之内机上余尺缩短不超过 50～70 mm 为宜。

（2）在进行干钻的过程中，既不要送水，也不要提动钻具。

（3）机上余尺缩短后，不要立即停车，待边回转边提升 200～300 mm 后，再停车提升钻具。

（4）如果孔底有残留岩芯时，应先用十字钻头铲平，然后才能采用岩芯管干钻法进行捞取孔底异物。

（5）孔底要保持有一定数量的岩粉，以便造成回转升温的条件，使岩芯管底部合龙。

7.2.8 高压水龙头

液动冲击回转钻由于泵压及泵量均较回转钻高，而且要求耐振动，所以在选择时应给以充分的注意。目前回转钻中已采用并适用于液动冲击钻的水龙头是张家口探矿机械厂生产的 SG 型高速水龙头及昆明探矿机械厂生产的 LZF-1 型水龙头，其技术规格如表 7.12 所示。

上述三种水龙头中又以 LZF-1 较佳，这是由于它耐压高、不易泄漏而且通水孔道较大，有利于降低泵压，经久耐用。

表 7.12　水龙头技术规格

型　　号	SG-Ⅱ	SG-Ⅲ	LZF-1
总长/mm	520	538	440
最大外径/mm	90	110	142
适用工作压力/MPa	0 ~ 5.0	0 ~ 5.0	0 ~ 10.0
适用转速（r/min）	0 ~ 1 200	0 ~ 1 300	0 ~ 1 200
通水孔直径/mm	16	22	25
最大提引负荷/kN	80	120	220
质量/kg	12.4	16	20

7.2.9　砂轮机

在液动冲击钻进中，有些岩层需要用硬质合金钻头进行钻进，而硬质合金应带有刃角（胎块式针状硬质合金除外），一般刃角为 70° ~ 110°，负前角为 10° ~ 40°。

如果钻头上所镶嵌的硬质合金在加工时没有修磨出合适的刃角，或在加工时虽然修磨出刃角但其刃角角度不适于所钻地层要求，或经过钻进后其刃角已被磨钝时，都需要根据岩层情况用砂轮机随时进行修磨，以便取得较高的钻进效率。

对砂轮片应进行选择。用不适宜的砂轮片进行修磨硬质合金时，将会在其表面上造成过大应力，甚至出现裂纹或网纹，降低其强度，钻进时易造成断裂。

现场一般常采用绿色碳化硅砂轮。此种砂轮淤塞性及发热量均较小，且修磨效率较高。砂轮片直径为 200 ~ 250 mm，砂轮粒度为 60 ~ 100 目，硬度为 R_3 级，砂轮的圆周线速度以 20 ~ 25 m/s 较为合适。

第8章　气动潜孔锤

气动潜孔锤钻进属于空气钻进技术的一个分支，它是把压缩空气既作为洗井介质，又作为破碎岩石的能量。它也是一种冲击回转钻进方法，其特点与液动冲击器钻进技术相仿。主要优点是可有效地提高卵砾石层和坚硬岩石的钻进效率，钻头寿命长，并可减少孔斜；其钻进规程特点是钻压小、扭矩小、回转速度低、冲洗介质流量大。

所谓气动潜孔锤钻进，是把破碎岩石的钻头和一个能产生冲击作用的气动装置潜入孔底进行钻进的一种工艺方法。这个气动装置为潜孔锤，是以压缩空气作为动力的一种风动工具。它所产生的冲击能量，可直接传给钻头，同时通过钻机带动钻杆回转，形成对岩石破碎的能力，利用冲击器排出的压缩空气，对钻头进行冷却和排粉，从而实现了冲击回转钻进的目的。因此，气动潜孔锤钻进具有空气洗井的一些特点，对于在干旱缺水地区及严重漏失地层中钻进具有特殊的意义。

它与液动冲击器钻进的不同点：

（1）气动潜孔锤的单次冲击功大，一般可达几十公斤米，甚至百余公斤米，是目前液动冲击器单次冲击功的十几倍～几十倍。因而从岩石破碎角度来看，气动潜孔锤钻进主要是以冲击破碎岩石为主，而回转仅是改变冲击碎岩的位置，同时起辅助碎岩的作用。因此，钻进效率的高低，在很大程度上取决于潜孔锤的性能及质量。

（2）使用气动潜孔锤钻进时，由于空气密度低，因此，全孔段气柱压力远小于液柱的压力，从而改善了岩石在孔底的多向受压状态，有利于破碎岩石及提高钻进效率；但是另一方面它要求吹洗孔底的流速高，一般要求，钻杆外环状间隙的上返空气，速度必须在10～15 m/s，而液动冲击器钻进时其液流上返速度仅为0.8～1.2 m/s，小口径金刚石回转钻进时环空流速多为1 m/s。因此，当使用气动潜孔锤钻进时，孔底岩粉少，减少了岩粉的重复破碎，其钻进效率可成倍的提高。

（3）应用压缩空气作为动力介质的潜孔锤钻进时，由于高压空气经过冲击器后在钻头周围骤然降低压力，要吸收热量，从而对提高钻头寿命非常有利。

8.1　气动潜孔锤的分类及其基本要求

气动潜孔锤结构类型很多，分类方法也各不相同，现概要表达如下（见图8.1）：

从使用的观点出发，气动潜孔锤应具备以下一些要求：

（1）具有良好的适应性，在高、低不同的压气压力下均能正常工作。

（2）具有较高钻进速度及使用寿命。

（3）在各种复杂的岩层（包括含水层）条件下均能工作。

（4）排除孔底岩粉效果好。

（5）结构简单，便于制造、使用及维修。

（6）具有较好的能量恢复，即较少的能耗。

纵观国内外气动潜孔锤制造与使用情况，其结构与性能上的发展趋势如下：

（1）无阀型气动潜孔锤制造的比重越来越大。因为无阀潜孔锤不仅结构简单，取消了易损件阀片，而且其更重要的一个特点是宜于在不同气压（低至 7 kg/cm^2，高至 24.6 kg/cm^2）下工作。

（2）结构上采用中心杆配气，采用进气座与配气杆一体的结构型式，采用细长形活塞与细长形钻头。

（3）为了适应地质勘探及水文水井钻进的需要，其结构型式由全面破碎向环状取芯式结构型式发展，钻进适用孔深由矿山用的浅孔向深孔发展。

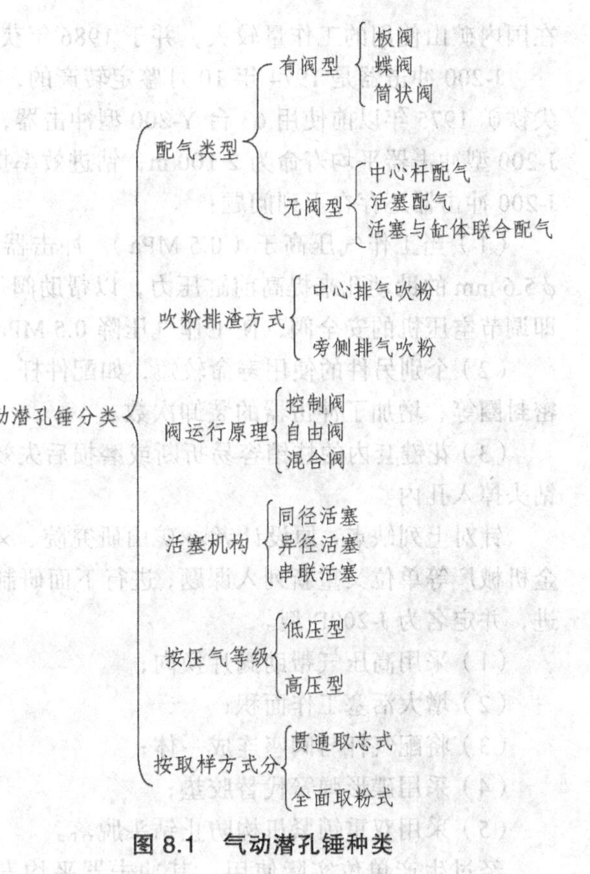

图 8.1　气动潜孔锤种类

（4）在气能源上，由低压（5 ~ 7 kg/cm^2）向高气压（10.5、21、24.6 甚至 70 ~ 80 kg/cm^2）过渡，使单次冲击功及钻孔深度可大大提高。

（5）在材质选取上向更合理方向发展，用轻铝合金及尼龙材料制作阀片，用含镍铬的低碳钢或者高碳工具钢制作活塞和气缸，用厚壁低合金无缝管制造外缸等。

（6）在性能参数上向大的单次功及低冲击频率方面发展。

8.2　几种常用的气动潜孔锤

8.2.1　中心排气与旁侧排气潜孔冲击器

中心排气是指冲击器工作废气及一部分压气，从钻头的中空孔道直接进入孔底。属于这类冲击器的有：J 系列（J-80；J-80B；J-100；J-100B；J-150；J-150B；J-170；J-170B；J-200；J-200B；J-250B），仿英格索尔——兰德 DHD 的 JG 系列（JG-100、JG-150、JC-150）等。

旁侧排气的冲击器，其工作废气及一部分压气则由冲击器缸体排至孔壁，再进入孔底。属于这类冲击器有 C 系列（C-100、C-150 型）等。

1. J-200（J–Z00B）型潜孔冲击器

J 系列是一种典型的中心排气式冲击器，而且也是我国常用的阀式潜孔冲击器的代表，在国内矿山使用的工作量较大，并于 1986 年获国家科技进步一等奖。

J-200 冲击器是 1974 年 10 月鉴定转产的，在国内矿山进行普遍使用，效果较好，例如兰尖铁矿 1975 年以前使用 63 台 Y-200 型冲击器，平均寿命仅为 470 m，而 1980—1981 年使用 J-200 型冲击器平均寿命为 2 100 m，钻进效率提高 30%以上。但是大量和长期使用中，发现 J-200 冲击器还存在下列问题：

（1）当工作气压高于（0.5 MPa），冲击器的频率有时不正常，需要扩大阀盖上的三个 ϕ5.6 mm 的助动孔来提高前缸压力，以帮助阀片换向，因而降低了冲击功或采用减压作业，即调节空压机的安全阀，使工作气压降 0.5 MPa 左右，但这些都会降低钻进速度。

（2）个别另件的使用寿命较短，如配件杆、橡胶密封圈等，增加了冲击器的装卸次数。

（3）花键套内的柱销容易折断或磨损后失效，使钻头掉入孔内。

针对上列缺点，原设计者××矿山研究院、××冶金机械厂等单位又重新列入课题，进行下面研制与改进，并定名为 J-200B 型。

（1）采用高压气帮助阀片换向；

（2）增大活塞工作面积；

（3）将配气杆与阀座连成一体；

（4）采用碟形弹簧代替胶垫；

（5）采用双重锁紧机构防止钻头脱落。

经过生产单位实际使用，其冲击器平均寿命达 6 035 m，比原 J-200 型冲击器的鉴定指标 3 700 m 有较大提高，钻进效率提高了 30%左右。

J-200B 型冲击器结构，如图 8.2 所示。冲击器工作时，压气由接头 1 及止逆塞 20 进入缸钵。进入缸体的压气分成两路：一路是直吹排粉气路。压气经阀座 8 中心孔道、活塞 9 的中孔通道以及钻头 23 的中心孔进入孔底，直接用来吹洗孔底岩粉。另一路是气缸工作配气气路。压气进入具有阀片 7 的配气机构，并借配气杆的配气，实现活塞往复运动。

在冲击器进口处的止逆塞 20，在停风停机时能防止钻孔中的含尘水流进钻杆，因而不致影响冲击器工作及损坏机内零件。

冲击器工作时，来自活塞的冲击动作通过钻头直接传给孔底岩石。其中，缸体不承受冲击载荷，在悬吊状态时，也不允许缸体承受冲击负荷，这在结构上是用防空打孔 I 来实现的。这时钻头 23 及活塞 9 均借自重向下滑行一段距离，则防空打孔 I 露出，于是来自配气机构的压气被引入缸体，并经活塞中心孔道

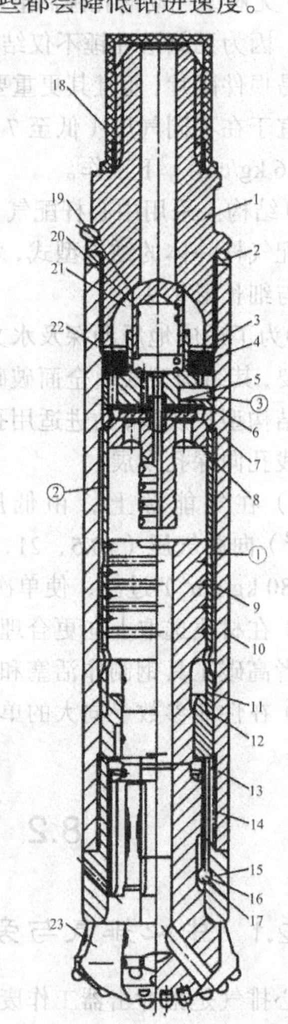

图 8.2 J-200B 型潜孔冲击器

1—接头；2—钢垫圈；3—调整垫；4—碟簧；5—节流塞；6—阀盖；7—阀片；8—阀座；9—活塞；10—外缸套；11—内缸；12—衬套；13—柱销；14—弹簧；15—花键套；16—钢丝；17—圆键；18—保护罩；19—密封圈；20—止逆塞；21—弹簧；22—磨损片；23—钻头

及钻头流入孔底，使冲击器自行停止工作。

配气机构由阀盖 6、阀片 7、阀座 8 以及配气杆 8`等组成。配气原理可用返回行程和冲击行程两个阶段说明。

返回行程工作原理，返回行程开始时，阀片 7 及活塞 9 均处于图 8.1 所示的位置。压气经阀片 7 后端面、阀盖 6 上的轴向与径向孔进入内外缸体间的环形腔Ⅱ，并至气缸前腔，推动活塞向上运动。此时，气缸上腔经活塞 9 及钻头 23 的中心孔与孔底相通。活塞 9 在压气作用下加速向上运动。当活塞 9 端面与配气杆 8`开始配合时，上腔排气孔道被关闭，并处于密闭压缩状态，于是活塞开始做减速运动。当活塞杆端面越过衬套上的沟槽Ⅲ时，进入下腔的压气便经钻头中心孔排至孔底。活塞失去动力，且在上腔背压作用下停止运动。与此同时，阀片下侧压力逐渐升高，上侧经前腔进气孔道Ⅱ、钻头中心孔与大气相通，在压差作用下，阀片迅速移向上侧，关闭下腔进气气路，开始冲击行程的配气工作。

冲击行程工作原理：冲击行程开始时，活塞和阀片均处于极上位置，压气经阀盖和阀座的径向孔进入气缸上腔，推动活塞向下运动。首先，衬套的花键槽被关闭，下腔压力开始上升；然后，活塞上端中心孔离开配气杆，于是上腔通大气，压力降低，接着活塞以很高的速度冲击钻头，工作行程即行结束。在冲击钻头尾部之后，阀片由于其上下的压力差作用进行换向。之后，活塞重复返回行程的动作。

该冲击器的技术性能参数见表 8.1。

表 8.1　国产潜孔风动冲击器技术性能

型号	J-80	J-80B	J-100	J-100B	J-150	J-150B	J-170	J-170B	J-200	J-200B	J-250B	JG-80	JG-100
钻头直径/mm	85	90	100 150 110 115 120 125		155 160 165		175 180 185		205 210 215		255 210 215	90	105 115
冲击器外径/mm	76		92	95	136		154	156	188		215	76	92
全长（钻头伸出）/mm	845	915	835	930	980	1060	1102	1196	1249	1299	1474	957	1164
全长（钻头缩进）/mm	793	854	780	870	930	1012	1052	1146	1200	1249	1426	928	1141
活塞结构行程/mm	120	140	120	140	120	140	120	140	120	120	125	150	148
活塞质量/kg	3	3.4	4.2	5.51	7.8	13.8	11.4	17.6	16.2	19.4	29.7	4.42	9.05
活塞直径/mm	54		65	70	92	104	105	118	126	130	155	63	75
单次冲击能/J	69	88	113	150	206 330		255	370	392	450	686	111	233
冲击频率/Hz	15.5		15		15		14.5		14.5		12	23.3	22
耗气量/(m^3/min)	6	6.5	9	10	11	15	15	18	20	22	30	4	4.5
气压/MPa	0.5											1.05	

续表 8.1

型号	J-80	J-80B	J-100	J-100B	J-150	J-150B	J-170	J-170B	J-200	J-200B	J-250B	JG-80	JG-100
配气方式	有阀式											无阀式	
总质量/kg	22	23.5	31	36	85	97	110	118	190	195	298	27.5	46
出厂家	浙江××冶金机械厂												

型号	JG-150	JC-100	JC-150	W-200	W-150	C-80	C-100	C-150	CZ-80	CZ-120	CZ-150	CZ-170	CZ-250 （J-250）
钻头直径/mm	155 165	105 115	152 165 178	210 220	155 165	90	105	155	90	120	150	170	250
冲击器外径/mm	137	95	136	185	142	78	88	137	78	92	136	146	215
全长（钻头伸出）/mm	1591	1100	1400		983								
全长（钻头缩进）/mm	1510	1071	1366		883	500	520	573	812	990	1035	1200	1417
活塞结构行程/mm	140	120	145	130	127	91	75	100	140	140	125	125	125
活塞质量/kg	22.5	5.02	14.3	22	14	1.5	1.65	4.4	2.75	4.6	8.0	8.8	29.7
活塞直径/mm	108	66	97	130		55	62	84	53	65	90	100	155
单次冲击能/J	608	180	440	470	190 277	66	75	100	90	140	260	280	700
冲击频率/Hz	20	20	18	13.3	15	27.5	27.5	20.8	14.3	13.3	14.3	15.5	10.8
耗气量/(m³/min)	26.6	6.6	12.7	18～21	5 7.5	5	6	12	5	7	12	15	30
气压/MPa	2.46	1.05		0.5	0.5	0.5	0.5	0.5	0.5	0.5	0.5	0.5	0.5
配气方式	无阀	有阀式		无阀式		有阀式							
总质量/kg	138	42	116	152	120	11.5	13	47	21	34	72	90	26
出厂家	浙江××冶金机械厂												

型号	CIR65	CIR80	CIR90	CIR110	CIR130	CIR150A	DHD340A	QCW150	QCW170	QCZ-90	QCZ-170	QCZ-150	HQ4B
钻头直径/mm	65 75	83	90 100	100 120	130 140	155 165	110	150～155	170～175	90～95	165～170	155～165	175～185
全长/mm	745	860	860	871	950	1008	1161	938	1193	800	1040	1070	1045
单次冲击能 J	37.2	79.5	107.9	176.6	313.9	411.6		254～294	333～392	78	275	302	
冲击频率/Hz	20.7	13.5	14.2	14.3	14.0	14.0	20	16	15	13.3	14	18.6	
耗气量/(m³/min)	42*	83*	120*	200*	233*	275*	3.1/0.7 MPa	8	12	4.8	15	13	

续表 8.1

型号	CIR65	CIR80	CIR90	CIR110	CIR130	CIR150A	DHD340A	QCW150	QCW170	QCZ-90	QCZ-170	QCZ-150	HQ4B
气压/MPa	0.5～1.0	0.5～1.0	0.5～1.0	0.5～1.0	0.5～1.0	0.5～0.7	0.56～2.95	0.4～0.7	0.4～0.7	0.5	0.5	0.5	1.0～2.5
总质量/kg	12	21	17	36	71	89	38.5	96	121	21	90		35.8
出厂家	××矿山工程机械有限公司							××风动机械厂		××采掘机械厂			××矿山研究院机械厂

注：表中带*号的单位为 L/s。

2. CZ-170 型潜孔冲击器

该冲击器结构见图 8.3。其工作原理与 J 系列基本相同，也是属于中心排气有阀式冲击器。其技术性能参数见表 8.1。

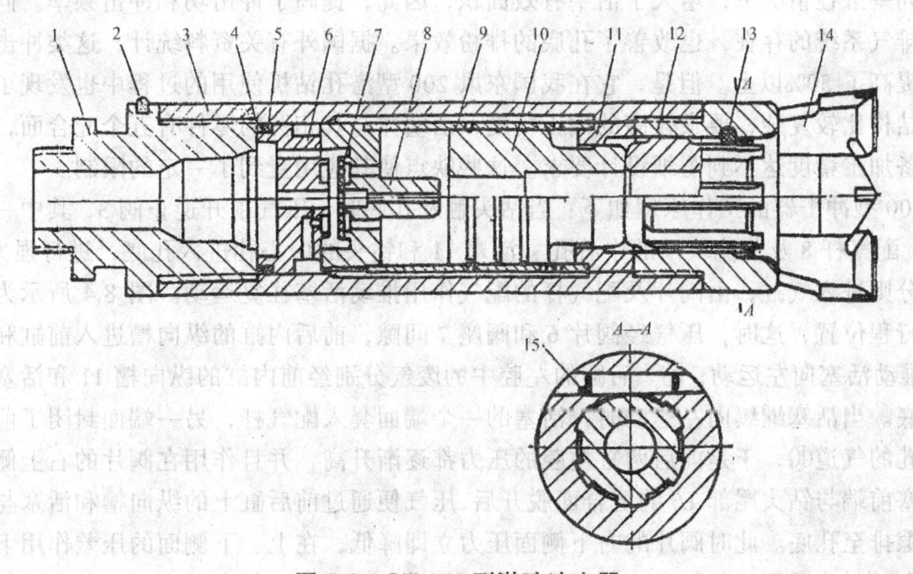

图 8.3　CZ-170 型潜孔冲击器

1—上接头；2—硬质合金；3—气缸外套；4—垫圈；5—密封圈；6—阀盖；7—阀片；8—配气杆；9—内缸；10—冲锤活塞；11—导向套；12—下接头，13—圆键；14—钻头；15—链挡

3. C-100 型潜孔冲击器。

C-100 型冲击器是旁侧排气冲击器，其结构如图 8.4 所示。显而易见，这种冲击器构造比较简单。但此类冲击器有以下一些弊病：

（1）进排气气路较多，因而要造成较大的风压损失。

（2）旁侧排气对钻头冷却不利，并且由于压气不能直接进入孔底，使排粉效果变差。

（3）内缸外壁铣切了大量凹槽和径向气孔，使其对热处理反应敏感。另外应力集中处也较多，常因工艺原因使内缸早期破坏。

（4）采用内、外缸焊接连接结构，因此，常因局部损坏而同时更换内、外两缸，使冲击器寿命相对减少。其技术性能参数见表 8.1。

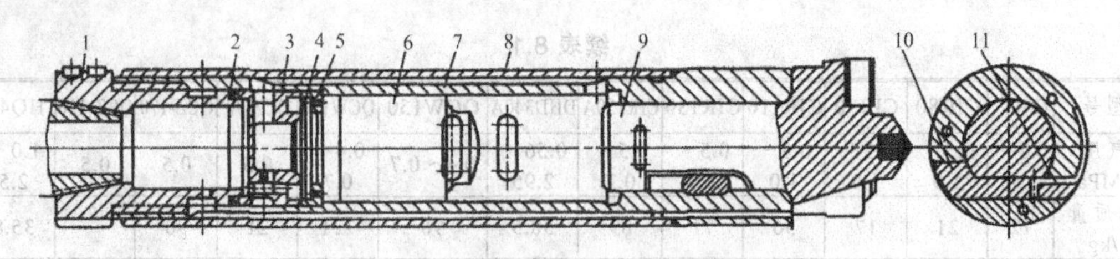

图 8.4 C-100 型冲击器结构

1—接头；2—胶圈；3—阀座；4—阀片；5—阀盖；6—活塞；7—内缸；8—外缸套；9—钻头；10—键；11—弹簧

8.2.2 串联活塞冲击器

串联活塞是指冲击器的活塞有两个或两个以上的活塞头。国产 y-200 型串联活塞冲击器结构如图 8.5 所示。这种冲击器以隔离环 12 将气缸分成前后两部分。由于实际存在两个气缸，所以在同一缸径情况下，增大了活塞有效面积，因此，提高了冲击功和冲击频率。同时，由于双重排气系统的存在，也改善了孔底的排粉效果。据国外有关资料统计，这类冲击器的钻进效率提高了 50%以上。但是，它在我国东风 200 型潜孔钻机使用的过程中也发现了不少问题：其结构比较复杂，要求较高的加工精度，活塞体与其相关的零件有五个配合面，一般的工艺设备加工精度达不到图纸设计要求。这些缺点使其应用受到了一定的限制。

y-200 型冲击器的工作原理如下：当钻头触及孔底时，压气顶开逆止阀 3，其中一部分经阀盖 5、配气杆 8 及节流块 9 的中心孔、活塞 11 和钻头的中心孔进入孔底，进行强力吹粉；另一部分则进入气缸，由阀片及配气杆的配气作用推动活塞往复运动。图 8.4 所示为活塞开始返回行程位置，这时，压气经阀片 6 和阀座 7 间隙，前后内缸的纵向槽进入前缸和后缸的右腔，推动活塞向左运动；前、后缸的左腔中的废气分别经前内缸的纵向槽 11 和活塞中心孔排至孔底。当活塞继续向左运动时，活塞的一个端面套入配气杆，另一端面封闭了前缸左腔通向钻孔的气道⑩，于是前后两缸左腔的压力都逐渐升高，并且作用在阀片的右上侧面上。一经活塞前端与钻头尾部 16 的配合面脱开后，压气便通过前后缸上的纵向槽和活塞与钻头尾部的间隙排至孔底。此时阀片的右下侧面压力立即降低，在上、下侧面的压差作用下，阀片摆动换向，封住返回行程气道，打开冲击行程气道，于是返回行程结束。此后，压气分别通过孔⑨和孔⑥进入两缸后腔，于是工作行程开始。在冲程时，两缸前腔废气分别通过钻头中心孔、内缸孔道③、④、⑤排入孔底大气。当活塞前端关闭钻头尾部配气杆后，两缸前腔的

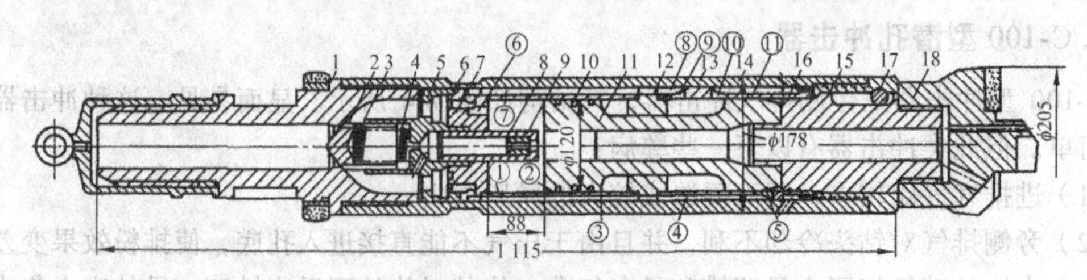

图 8.5 y-200 型串联活塞冲击器

1—上接头；2—密封环；3—逆止阀，4—弹簧；5—阀盖；6—阀片；7—阀座；8—配气杆；9—节流块；10—后内缸；11—活塞；12—隔离环；13—前内缸；14—外缸；15—下接头；16—钻头尾部；17—圆销；18—钻头

废气又被压缩，气体压力再行升高，接着，配气杆离开活塞后端面，前后两缸的后腔都通大气，压力下降，阀又换向到如图所示位置，活塞以很大的速度冲击钻头尾部，完成工作行程。其技术性能见表8.1。

8.2.3 无阀冲击器

评价有阀冲击器时，人们常指出其耗气量大、阀易损坏两点主要弊病。而无阀冲击器，正是为了从根本上解决上述问题而设计的。无阀冲击器有以下一些特点：

（1）取消了复杂的配气机构，代之以简单的配气气路，压气直吹，气道路程短，气体压力损失小。

（2）多数无阀冲击器取消了内缸，扩大了缸体有效工作直径，因而冲击器相对有较大的冲击功。

（3）利用压缩气体膨胀做功，使冲击器耗气量大大减少。

（4）冲击器主要零件有大致相近的使用寿命，使冲击器维护工作条件得以改善。

但是无阀冲击器由于加工精度要求高、主要零件（如缸体和活塞）加工工艺复杂，以及其结构与尺寸设计难度较大，而且只有在高压条件下，籍气体膨胀做功的效应才能充分发挥，这在暂时还无法提供高风压空压机时，也就限制了普遍推广与应用。

下面介绍几种常用的和大口径钻进用的无阀潜孔冲击器。

1. W-200型无阀冲击器

图8.6系国产W-200型无阀冲击器，它是利用活塞的运动自行配气。这种冲击器采用了低冲击速度，大活塞重量的设计方案。其工作原理如下：由中空钻杆来的压缩气体经上接头1，逆止阀3进入进气座7的后腔，然后压气分两路前进：一路经进气座和喷嘴10进入活塞和钻头的中空孔道，在孔底冷却钻头和喷吹岩粉；另一路进入内缸9和外缸8之间的环形腔（此腔作为活塞运行的进气室）。位于进气室的压气，经气缸的径向孔以及活塞上的环形槽进入前腔，推动活塞开始返回行程。当活塞回程关闭进气气路时，活塞靠压气膨胀做功，待前腔与排气孔路相通时，活塞靠惯性运行。故对无阀冲击器而言，其返回行程包括进气、压气膨胀、活塞惯性滑行三个阶段。同理，活塞在冲程过程中，首先将压气引入气缸后腔，然后也经历冲程进气，气体膨胀和惯性滑行三个阶段，完成整个工作循环。所不同的只是各个阶段的运行长度不相同。冲程要保证有足够的进气长度，以便有较大的冲击功。属于这类潜孔冲击器的衍生产品还有W-150型，其性能技术参数见表8.1。

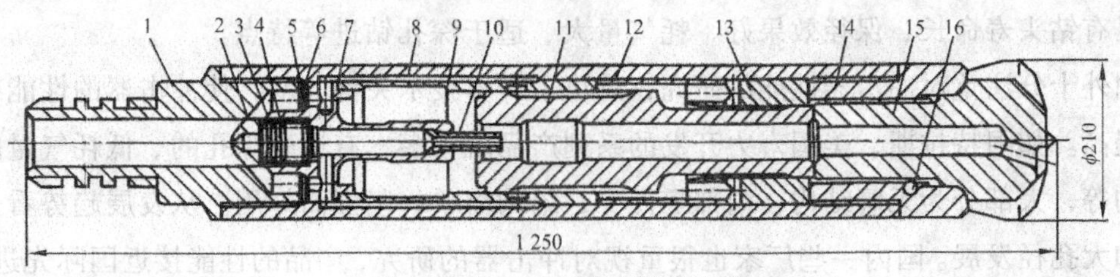

图8.6 W-200型无阀冲击器

1—上接头；2—密封圈；3—逆止阀；4—弹簧；5—调整垫；6—胶垫；7—进气座；8—外缸；9—内缸；10—喷嘴；11—活塞；12—隔套；13—导向套；14—花键套；15—钻头；16—圆键

2. JG-150 型高压潜孔冲击器

图 8.6 是我国××冶金机械厂生产的 JG-150 型高风压潜孔冲击器结构图。该冲击器是仿英格索尔-兰德公司制造的 DHD-360 型无阀风动冲击器设计的。该冲击器设计中，活塞直接冲击钻头尾部，能量传递效率高，其技术性能参数见表 8.1。

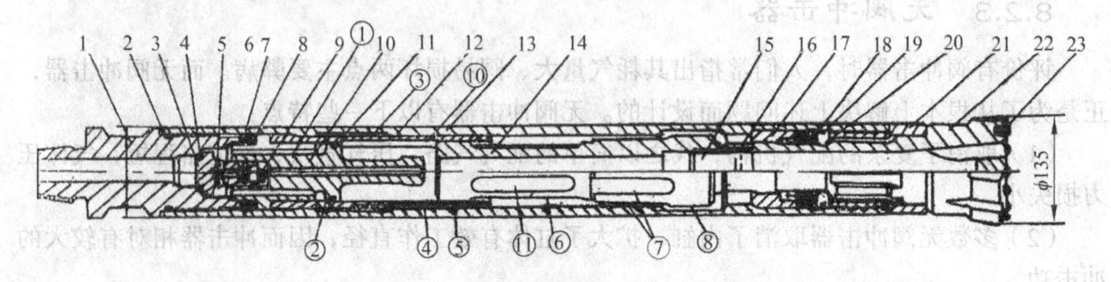

图 8.7 JG-150 型潜孔冲击器结构图

1—接头；2、4、11—O 形密封圈；3—逆止阀；5—限气塞；6—钢垫圈；7—补偿环；8—蝶形弹簧；9—弹簧；10—配气座；12—内缸；13—外缸管；14—活塞；15—铝管；16—橡胶管；17—导向套；18—卡簧挡圈；19—弹性圈；20—钻头卡环；21—花健套；22—钻头；23—硬质合金

该类型风动冲击器工作原理：在活塞返回行程时（见图 8.6），压气由接头 1 进入，经配气座 10 上的长孔①、内缸 12 上端的气孔②、外缸 13 上端的环状空间③、内缸 12 上的长孔④，再经活塞上端与外缸 13 之间的空间⑥、活塞下端上的气槽⑦、外缸管 13 下端的环状空间⑧到达前气室，推动活塞后退。当活塞后退至其下端的气槽⑦与外缸管下端的环状空间⑧关闭时，前气室停止供气；当活塞继续后退其上端气槽⑪与内气缸 12 上的气槽⑩相通时，压气仍经①、②、③、④、⑤以及⑪、⑩到达后气室，后气室开始供气，推动活塞冲程做功。前后气室的废气，分别由钻头尾部排气管和活塞中心孔经钻头排出至孔底。另外，该冲击器还有一条经配气座中心孔、活塞及钻头中心孔排至孔底的气路，以作为排除岩屑的补充。该气流的大小由限气塞直径来调节。

如将冲击器提离孔底 152 mm 就会使钻头下落到它的极限位置，此时活塞不能盖住内缸口上的气孔⑤，使高压的气流直接通过活塞和钻头中心孔流至孔底，从而以最大的风量吹净孔底岩屑（粉）。

中国石油勘探开发研究院研制了 KQC 系列潜孔锤，其也属于无阀中心排气结构。该潜孔锤具有钻头寿命长、保径效果好、耗气量大、适于深孔钻进等特点。

国外十分注重对冲击器性能的研究，解决了许多技术关键问题，使冲击器的性能有了很大的提高。如阿特拉斯、美国寿力开发的系列产品就很多，有适合深孔的、低耗气量的中高风压的等，大部分为无阀结构，内部零件少，结构简单，坚固而好用。从发展趋势看是向高风压和大孔径发展。国内一些厂家也很重视对冲击器的研究，产品的性能接近国际先进水平，从近年来的生产应用看，基本满足了工程需要，而且价格还比国外的便宜。部分厂家中高压气动潜孔锤见表 8.2。

表 8.2　部分厂家中高压气动潜孔锤

厂家	产品型号	工作风压/MPa	耗气量/(m^3/min)	外径/mm	钻孔直径/mm	螺纹连接
苏普曼公司	SPM170	0.5 ~ 0.7	19.5	156	170 ~ 250	外特 100×28×10
	SPM350	0.8 ~ 2.1	5.7 ~ 20	116	130 ~ 152	API2.3/8IF
	SPM360	0.8 ~ 2.1	8.5 ~ 25	136	152 ~ 203	API3.1/2REG
	SPM380	0.8 ~ 2.1	1 231	181	203 ~ 305	API4.1/2REG
嘉兴嘉冶矿山钻具制造有限公司	JG150-0	1.7	18	140	155, 165, 175, 194	API3.1/2REG
	JW150-0	1.03	15	140	165, 180, 194	API3.1/2REG
	JG200-0	1.0 ~ 1.7	25	188	205, 210, 235	API3.1/2REG
	JWD200-0	0.63 ~ 1.0	15 ~ 25	190	205, 210, 225, 235	120×40×8(外方)
阿特拉斯公司	COP84L	25	30	160	191 ~ 219	API4.1/2REG
	COP8L	20	54	178	203 ~ 254	API4.1/2REG
	QL80	25	44.5	181	200 ~ 305	API4.1/2REG
	QL120	25	82.5	285	311 ~ 559	API6.5/8REG
中国石油勘探开发研究院	KQC275	3	120	275	311	API7.5/8REG
	KQC180	3	90	180	217, 254	API4.1/2 外
	KQC135	3	50	135	152, 165	API3.1/2 外

8.2.4　特大型无阀潜孔冲击器

特大型无阀潜孔冲击器是美国英格索尔-兰德公司生产的一种新产品。目前有三种规格，钻孔直径分别为 508 mm、610 mm、762 mm。这三种规格产品其内部零件完全一样，如活塞、气缸和逆止阀等都能通用。在钻进不同口径的钻孔时，只需更换其外壳，上接头和联动轴套即可实现，这样就可以减少配件的品种和数量。

该冲击器主要是为工程施工而设计的。它可用于石油管线混凝土支架及海底工程柱桩孔、房屋建筑中的结构柱桩孔、水平钻进以及井下通风井的钻进等。因为可以一次性成井，孔斜度小，施工效率高，质量好，适合在硬岩层中全面钻进。

这种冲击器的工作原理、结构和 DHD 系列大体相同(见图 8.8)，其技术性能参数见表 8.3。

表 8.3　DHD 系列特大型无阀风动冲击器结构性能参数

项　目		结构性能参数		
		DHD-120	DHD-124	DHD-130
钻孔直径	mm	508	610	762
冲击器长度(带钻头)	mm	2 440	1 440	2 440
冲击器外径	mm	457	535	689
冲击器质量	kg	2 020	2 906	5 130
气缸直径	mm	292	292	292
活塞行程	mm	178	178	178
冲击频率	次/min	700	700	700
压气消耗量(风压 8.75 kg/cm^2)	m^3/min	67.8	67.8	76.4
前接头丝扣		$8\frac{5}{8}"AP_1$	$8\frac{5}{8}"AP_1$	$8\frac{5}{8}"AP_1$

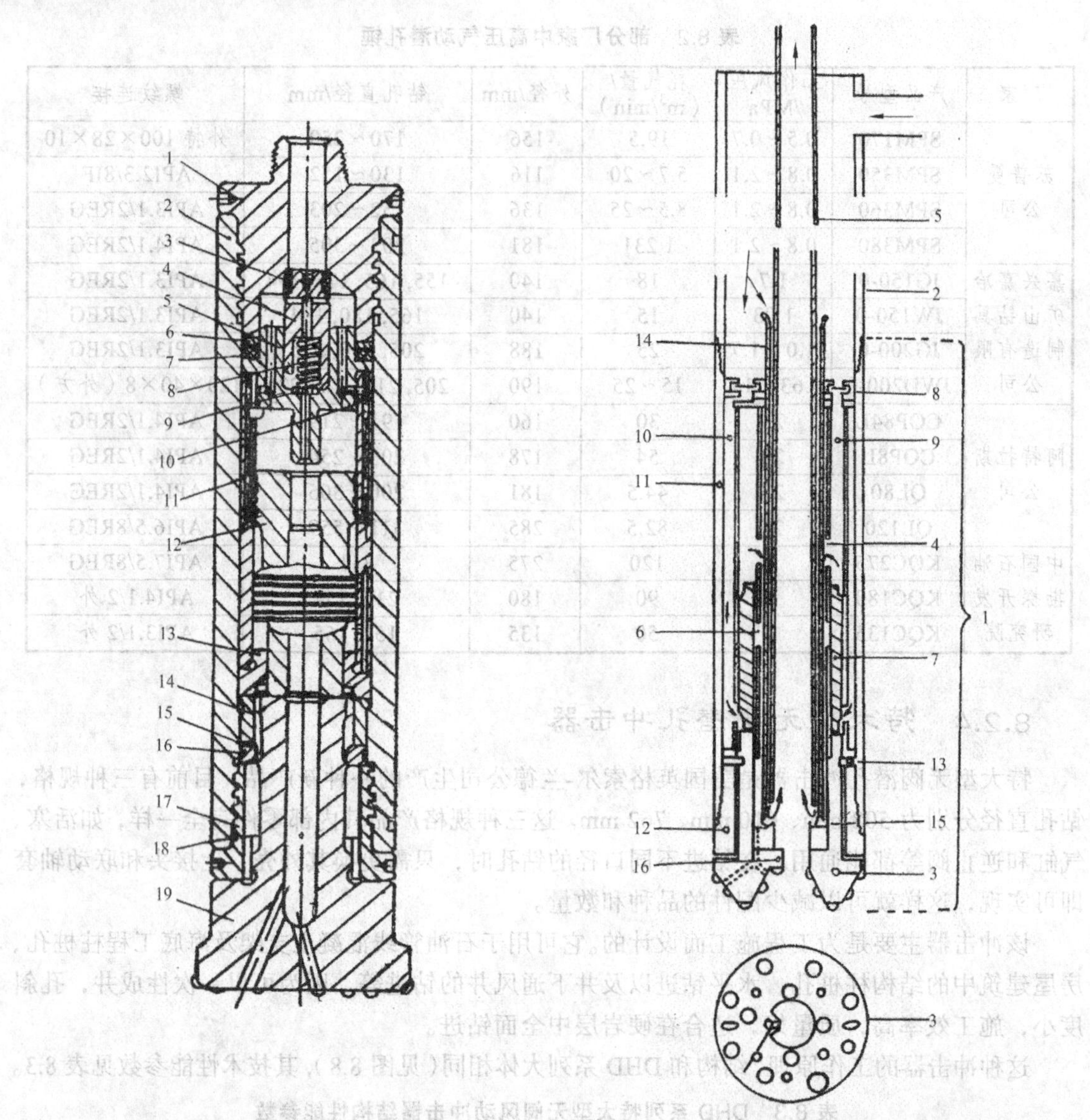

图 8.8　特大型气动潜孔冲击器

1—后接头；2—外套管；3—橡胶环；4—逆止阀；5—进气座；6—耐磨垫圈；7—垫圈；8—弹簧；9—节流塞；10、16、18—O 形密封圈；11—气缸；12—活塞；13—导向套；14—隔离环；15—卡环；17—前接头；19—钻头

图 8.9　2117428A 型冲击器示意图

1—潜孔冲击器；2—双壁钻杆；3—钻头；4—上缸排气通道；5—取样中心内管；6—下缸排气通道；7—活塞冲锤；8—阀片；9—上缸腔室；10—下缸通道腔室；11—缸套；12—钻头套筒；13—扭矩传递键；14—旁通管；15—U 形管（排气）；16—钻头偏心齿

8.2.5　贯通取心式气动潜孔冲击器

1. 英国专利 2117428A 型冲击器。

为了实现反循环连续取心，英国 1982 年专利 2117428A 公布的贯通取心式气动潜孔冲击器其结构及工作原理见图 8.9。

该钻具工作原理：高压气体经双壁钻杆 2 的环状间隙进入冲击器，一部分气体经冲击器内管直接经 U 形管 15 进入取样中心管 5，携带岩芯及岩粉排至孔外；另一部分气体先作用于活塞冲锤 7 上部，推动活塞冲锤 7 高速下行冲击钻头 3，下缸废气经通道 6 排至孔底。活塞冲锤的高速往复运动，由阀片 8 控制。活塞冲锤上升时，高压气体由阀片 8 换向经下腔 10 进入活塞冲锤 7 下部，使活塞冲锤产生回程，活塞上缸腔室废气经通道 4 排入孔底钻头，然后再经阀片 8 换向，使活塞冲锤上腔进气，这样周而复始产生冲击。钻具回转仍由钻机带动。本钻具可以实现连续取淤泥类的片状和粒状岩芯。具有一定冲击动载的环形活塞冲锤冲击环形钻头从而破碎岩石。在钻头上特殊设计有偏心齿 16，其作用是卡断岩芯，使岩芯不致形成块状，而是被卡断成片状或粒状，以便有效地往中心管 5 排到地表。

2117428A 型钻具的优点：

（1）可实现反循环连续取心，获得被扰动但不被污染的岩芯。

（2）应用这种方法在钻进过程中不需下套管。

此外，该专利还介绍此钻具可应用到钻进诸如第四纪沉积岩和其他任何地层的矿床勘探，如配合一定能力的钻探设备可以进行水平孔、垂直孔及任一角度的孔钻进。

2. BULROC$_6$型潜孔气动冲击器

[英]惠弗与赫尔特公司设计的 BULROC$_6$ 型空心潜孔锤，也是专门为配合反循环连续取心钻进而研制的，岩芯或岩屑通过钻头和活塞冲锤中心而回收，这就排除了在反循环取心钻进中使用普通气动潜孔锤所产生的岩样污染问题。

BULROC$_6$型反循环潜孔锤结构：这种潜孔锤结构与 BULROC 型无阀潜孔锤结构相似，只是在球齿钻头的通孔中装有空心控制管。如图 8.10 所示，压缩空气以 0.7 ~ 2.0 MPa 的压力从双壁钻杆的环状间隙送入潜孔锤，并由分流器 5 规定的路线进入耐磨套 13 与内汽缸之间的环隙。潜孔锤处于停止位置时，活塞 8 的底部环形槽对准内汽缸的底部气口，压缩空气通过活塞上的孔流到活塞底部，使活塞上升关闭气口。当活塞上升到足够的高度使活塞尾端脱离支承座 9，压缩空气即通过支承座 9 排出，经球齿钻头 19 和夹盘花键 3 排到工作面上。此时活塞到达其行程的上端，顶部环槽对准内汽缸的顶部气口。

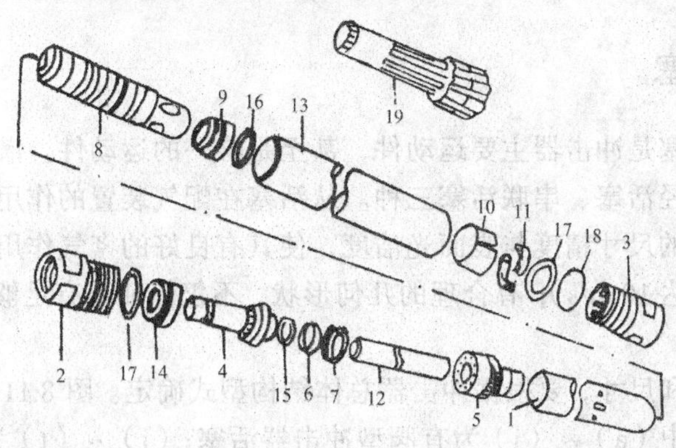

图 8.10　BULROC$_6$型反循环取心潜孔冲击器示意图

1—内汽缸；2—尾部接头；3—夹盘；4—阀座；5—分流器；6—防逆阀；7—弹簧；8—活塞；9—整体支承座；10—开口隔套；11—钻头定位环；12—中心管；13—耐磨套；14—碟形弹簧；15—O 形圈（阀座）；16—O 形圈（支承座）；17—O 形圈（尾部接头）；18—夹盘分离垫圈；19—钻头

高压空气从活塞上的一些小孔进入汽缸顶部，使活塞下行而冲击球齿钻头的尾部，当活塞下行时，分流器尾部退出其位置使压缩空气向下排出，经过活塞与花键排到工作面上。钻头的侧面凹槽使压缩空气以一定方向流到工作面周围。

压缩空气连同岩屑经过钻头中心、潜孔锤的中心内管和钻杆而排出到地表。中心内管直径为 50 mm，并装有单层十字格栅以防止过大的岩屑进入和发生堵塞。钻头底面上的通孔是偏置的，以避免产生岩芯，它与钻头尾部中心孔成一角度。为了防止压缩空气从钻杆与孔壁之间返回地表，采用了密封装置。

$BULROC_6$型反循环潜孔锤最近由 DRILL-SYSTEM 公司和惠弗与赫尔特公司的人员在加拿大 CALGARY 附近的一个石灰岩采石场进行了试验。试验用的是一台 SHRAMM 型钻机，以 2.3 MPa 的风压和 24 m^3/min 的风量进行钻进，最初的两个孔仅钻进了 6 m 之后被废弃。但第三个孔则钻到 38 m 而终孔，这是用这种钻具能够钻进的最大深度。在钻进该孔时遇到了非常坚硬的打滑的岩层，与钻孔成 45°交角。据说这种岩石是在加拿大遇到的最坚硬的岩石。之后，该潜孔锤却毫无困难地直接钻过这一岩层。钻杆柱上的振动是极小的。该孔的平均机械钻速为 27.4 m/h。

另外，还钻了一个浅孔，倾角是 56°，为的是在斜孔条件下试验这种潜孔锤。试验没有遇到问题。为了钻第五个孔，把钻机从硬岩区搬到河滩，钻进工作是在泥浆、沙子和水的混合物中进行的。在这种条件下，在钻进 30 m 的过程中冲击器只工作了 12 次，后因排屑管堵塞而把钻孔废弃。在所有情况下，用旋流器回收岩屑效果都是很好的，可比绳索取心钻进效率高 3 倍以上。

我国也成功研制了贯通式气动潜孔锤产品，吉林大学研制了 GQ 系列贯通式气动潜孔锤产品，中国地质科学院勘探技术研究所研制了 FQC 系列反循环气动潜孔锤产品，均可用于反循环取样勘探钻进和反循环不取样水井及工程成孔钻进施工。详细内容见后面章节。

8.3 潜孔冲击器主要零件结构分析

8.3.1 活　塞

潜孔冲击器的活塞是冲击器主要运动件，甚至是唯一的运动件。潜孔冲击器活塞按结构可分为同径活塞、异径活塞、串联活塞三种。从活塞在配气装置的作用及工作中承受的负荷来看，活塞应有较高的尺寸精度与表面光洁度，使其有良好的密气作用及宜于在高速度下作往复运动（其速度可达 10 m/s）；有合理的几何形状，不仅保证其有足够的强度，而且要能有效地传递冲击能量。

活塞的几何形状和尺寸，要根据冲击器总体结构型式确定。图 8.11 统计了国内外二十种冲击器活塞结构。其中（a）~（i）为有阀型冲击器活塞；（j）~（t）为无阀型冲击器活塞。对冲击器活塞从结构、形状、选材、加工等方面介绍如下：

（1）有阀型冲击器活塞结构简单，无阀型冲击器活塞上开有较多的配气孔道，另外加工精度要求高，工艺也比较复杂。

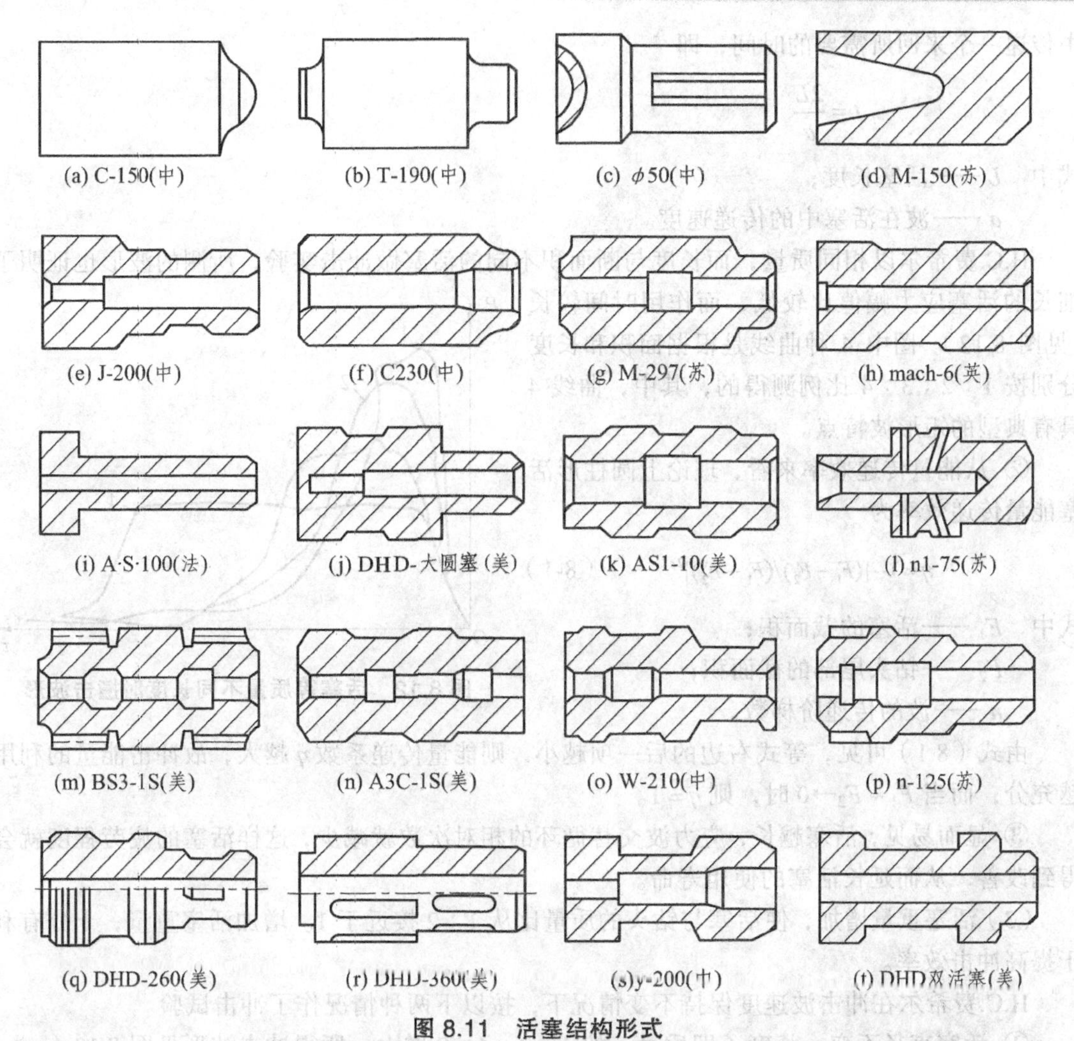

(a) C-150(中)　(b) T-190(中)　(c) ϕ50(中)　(d) M-150(苏)
(e) J-200(中)　(f) C230(中)　(g) M-297(苏)　(h) mach-6(英)
(i) A·S·100(法)　(j) DHD-大圆塞(美)　(k) AS1-10(美)　(l) n1-75(苏)
(m) BS3-1S(美)　(n) A3C-1S(美)　(o) W-210(中)　(p) n-125(苏)
(q) DHD-260(美)　(r) DHD-360(美)　(s) y-200(中)　(t) DHD双活塞(美)

图 8.11　活塞结构形式

(a)~(i)有阀冲击器活塞；(j)~(t)无阀冲击器活塞

（2）采用细长形活塞结构。西欧国家冲击器活塞其长度与活塞直径之比多在 3 ~ 4 倍，苏联冲击器的活塞长度与活塞直径之比多在 2 ~ 3 倍。对于细长形活塞，储存于活塞中的能量是以近似矩形波的波形瞬间传给岩石。这种波形持续时间长，而应力振幅较低，有利于破碎岩石及提高钻具的寿命。现分析如下：

① 应力波持续时间越长，说明应力作用时间也越长。从破碎岩石角度来说，缓和的入射波形比陡起的入射波有较高的凿入效率（指最优匹配时）是由于凿入起初不需要有很大的力，随着凿入深度增加，需要的力也增大。陡起急下的波形在需要出大力的时候却已经衰竭了；而较缓和的波形却蕴有后劲，能在需要的时候付出力量。当然这些都是指匹配得当的情况而言的。再者，过为缓和，低波幅倒不足以破碎岩石，凿入效率也是低的。

活塞以应力波的形式把能量传递给钻头，因而在活塞的前端承受着压缩应力波，并且这种压缩应力波由活塞前端传到活塞后端。由于后端是自由端，故压缩应力波在后端又反射成为拉伸应力波，并由活塞后端又传递到前端，这时活塞与钻头尾部的撞击面便出现拉力，使活塞与钻头尾部脱离接触。由此可知，活塞与钻头尾部的接触时间，在理论上等于波在活塞

中传递一个来回所需要的时间，即

$$t=\frac{2L}{a}$$

式中 L——活塞长度；

a——波在活塞中的传递速度。

H.C.费希尔以相同质量，而长度与断面积不同的活塞做冲击实验，所测的波形也证明了细长的活塞应力幅值比较低，而作用时间较长（见图 8.12）。图中 4 种曲线是根据面积和长度分别按 1∶2∶3∶4 比例测得的，其中，曲线 4 具有典型的矩形波特点。

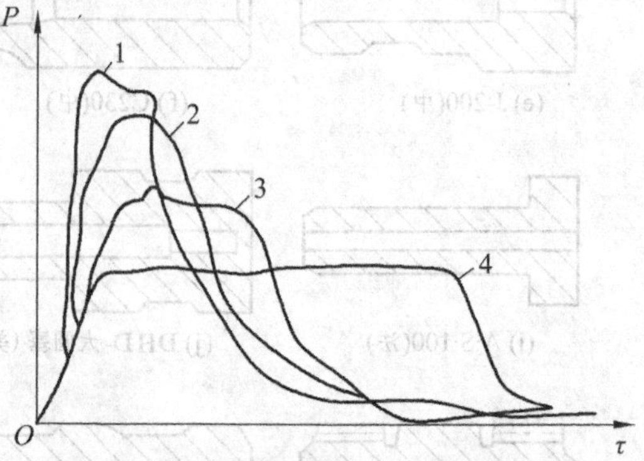

图 8.12 活塞等质量不同长度时撞击波形

② 从能量传递效率来看，理论上圆柱形活塞能量传递效率为

$$\eta=1-[(F_1-F_2)/(F_1+F_2)]^{2n} \quad (8\text{-}1)$$

式中 F_1——活塞的截面积；

F_2——钻头尾部的截面积；

n——波的传递阶梯数。

由式（8.1）可见，等式右边的后一项越小，则能量传递系数 η 越大，故冲击能量的利用越充分；而当 $F_1-F_2\to 0$ 时，则 $\eta=1$。

③ 显而易见，活塞越长，应力波交替循环的相对次数就减少，这样活塞的疲劳程度就会得到改善，从而延长活塞的使用寿命。

（3）活塞重量增加，使活塞与钻头的质量比从 1∶2 接近于 1。增加活塞重量，十分有利于提高冲击效率。

H.C.费希尔在冲击波速度保持不变情况下，按以下两种情况作了冲击试验。

① 活塞直径不变，长度（即质量）按 1∶2∶4∶8 增大，所得冲击波形见图 8.13（a）。

② 活塞长度不变，直径（即质量）按 2∶4∶8 增大，所得冲击波形见图 8.13（b）。

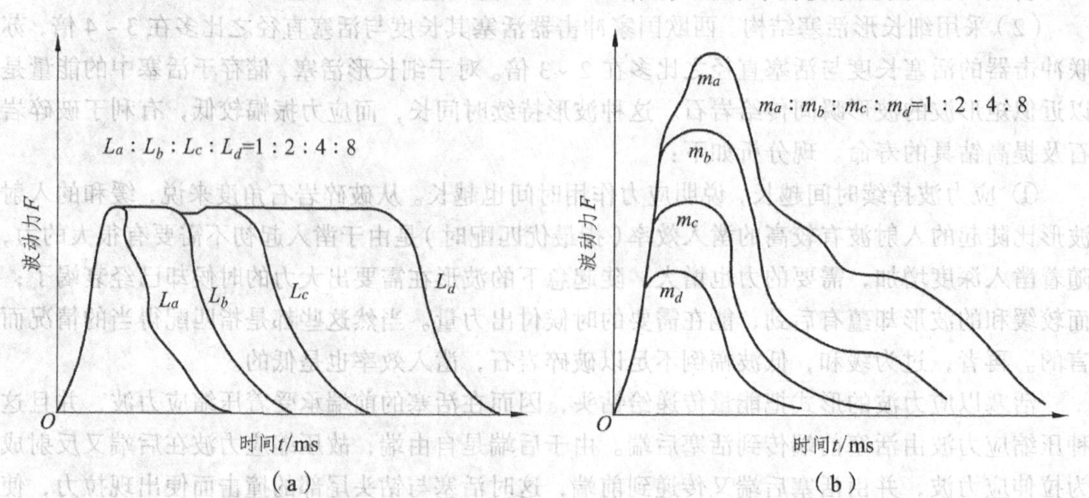

图 8.13 活塞质量增加时冲击波形变化

由图 8.11 可以看出，活塞重量越大，应力波持续的时间就越长。一般情况下，当改变活塞重量时，保持冲击速度不变，则冲击载荷的作用时间与活塞重量的平方根成正比，即

$$t = C\sqrt{G} \tag{8-2}$$

式中　t——载荷作用时间；

G——活塞重量；

C——与被冲击物体性质有关的常数（对于片麻岩约为 400，对于铁块为 78）。

（4）改变活塞结构，增大气缸缸径：在有限的钻孔直径条件下，如在活塞体上开配气孔道；或采用中间环形凹槽，做配气通道以增大气缸缸径。

（5）活塞常见的损坏方式有两种：一种是活塞冲击钻头尾部时，由于冲击载荷的作用引起疲劳断裂；另一种是活塞在气缸内滑动时，与气缸接触的表面，由于严重磨损而报废。所以要求制作活塞的材料在热处理以后，应有较高的疲劳强度和耐磨性能。合金渗碳钢、优质碳素工具钢制成的活塞，经热处理后可使零件表面有较高的硬度、心部有较好的韧性。

合金渗碳钢与优质碳素钢相比较，前者虽然可获得更高的表面硬度，且芯部又有较好的韧性，但渗碳钢的热处理工艺要求较严。渗碳层的深度、渗碳层的浓度对于活塞的抗冲击疲劳性能影响及变化很大。表面渗碳浓度过高、硬度过大会造成表层组织的不均匀性，进而在频繁的冲击载荷作用下，产生疲劳裂纹。所以一些厂家优先选用碳素工具钢做为活塞材料，如英国的霍尔曼公司、西德的德马格公司、瑞典的阿特拉斯公司等都采用高碳工具钢作为制造活塞的材料。

8.3.2　配气阀

有阀型冲击器的配气阀多种多样。从配气阀与活塞运动的偶合性来看，阀应该体轻、动作灵敏；从配气分流来看，阀应该有良好的密气性及较小的局部阻力损失；从使用及维护来看，阀应该有较高的寿命。

潜孔冲击器配气阀的形式以图 8.14 所示的应用最多。图中圆片状阀（a）、（b）的圆平面是密气配合面，因而尽管其结构简单，加工制造精度也较高；环形阀（c）、（d）结构也比较简单，其主要密气与配合面是阀平面及内圆周面，同样也要有较高的制造精度。以上四种配气阀动作灵敏，是现代潜孔冲击器使用最多的几种阀型。例如，风压高达 17.6 kg/cm^2 的 DHD 系列的冲击器，采用图中（d）所示的蝶状阀。图中（f）、（g）、（h）均为筒状阀，前两者用凸缘侧面（也称阀环）工作，以内孔导向；后者以外圆导向，以底板内外两面作为推阀工作面。筒状阀的最大优点是寿命长，但由于结构复杂使其应用不够普遍，特别是高风压型潜孔锤更少使用。

阀片一般用低合金钢制作。近年来国内外用尼龙和铝合金制造的显示出具有质量轻、抗冲击和使用寿命长等优点。

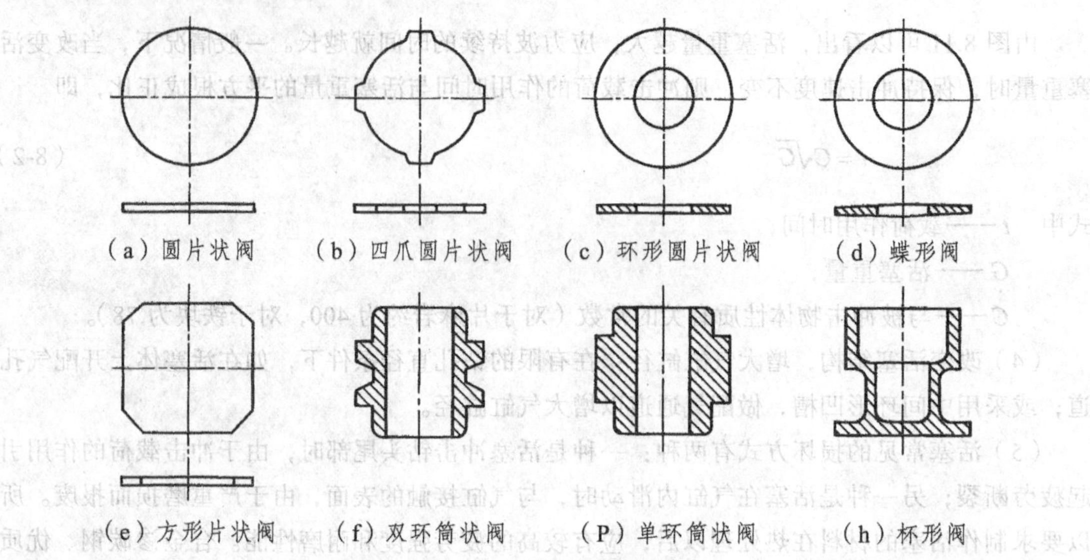

图 8.14 潜孔冲击器阀结构型式

8.3.3 缸 体

缸体既是活塞运动的导向装置，又是整个冲击器的机架。从配气角度来说，缸体还用来输送工作介质。为此，在实际结构中可分为单缸结构及双缸结构。

所谓单缸结构，就是只有缸体零件，其外径大小为冲击器外形轮廓尺寸、内径（即冲击器活塞直径），如苏联的Γ型冲击器。双缸结构也称内外两缸结构，如我国生产的J系列、C系列均系双缸结构。这两种结构比较如下：

（1）单缸结构简单，双缸结构复杂。

（2）单缸结构包容的活塞径向尺寸较大，因而有效功相对较大。

（3）单缸其内径、外径只要有一侧磨损超限即行报废，而双缸则要更换其中的损坏件；双缸之间的连接方式有焊接连接和螺纹连接方式，后者宜于更换。

就气缸结构来看，采用单缸结构上下接头，又以螺纹与缸体相接，是现代潜孔冲击器发展趋势。

在缸体上钻孔或开出相应的凹槽，与活塞上的孔道一起配气；或者为提高气缸使用寿命，全部配气孔道都开在活塞与配气杆上，称这类气缸为无槽气缸（相应地，前者称为有槽气缸）有槽气缸的形式很多，如图 8.15（a）、（b）、（c）、（d）所示。图中（a）为多凹槽气缸，这些凹槽为前腔进气通道或排粉吹渣通道。旁侧排气冲击器多采用此种结构，如国产 C-100 型、C-150 型等冲击器即采用这种结构，其主要缺点是使用中沿凹槽纵向易出现裂纹。图中（b）、（c）为大凹槽和环形槽气缸，外向开出的凹槽和环形槽用做活塞前腔进气孔道，这类气缸结构工艺性较好，中心排气冲击器采用此种结构，如 J 系列冲击器。

图 8.15 中（d）为内环形槽气缸，内向的凹槽作为通往活塞前腔或后腔的进气孔道。无阀型冲击器多采用此种结构，如 W-200 型潜孔冲击器等。图中（e）为无槽气缸，这种气缸结构简单，便于机械加工和热处理，且坚固耐用；其缺点是活塞部分结构复杂，在活塞体上要开出很多孔道，且从应力波传递能量观点出发，不易设计出理想的活塞。美国、英国等采

用这种系列的冲击器，如美国的 Hammerdrill 系列、AM 系列、PRT-136 型冲击器，英国的 VR 系列等用此种气缸。

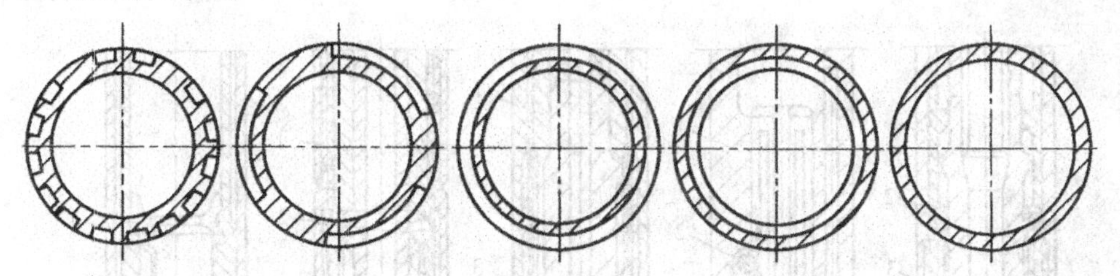

（a）多凹槽气缸（b）大凹槽气缸（c）环形槽气缸（d）内环形槽气缸　（e）无槽气缸

图 8.15　各类气缸断面

8.3.4　钻头的连接与吊挂装置

钻头的连接与串挂装置的主要作用：容纳钻头的尾部，控制钻头的伸缩位置，在回转冲击钻孔时传递扭矩，带动钻头转动；钻头尾部受活塞冲击时，可在一定范围内轴向移动；在潜孔冲击器被提离孔底与悬吊时，吊挂钻头尾部，使钻头不致从冲击器中滑出。

潜孔冲击器与钻头的连接形式很多，根据传递回转扭矩的方式，钻头尾部有花键形、圆形、三角形、六角形等；根据吊挂钻头尾部的形式，有卡环、圆销、扁销、滚珠、自锁花键等。

（1）花键连接，卡环吊挂。用花键连接钻头尾部传递扭矩，并用卡环吊挂钻头是国际上常用的一种连接吊挂方式。花键连接稳固可靠，传递扭矩大。花键数目按传递扭矩不同，有 4、6、8、10 条。卡环吊挂从受力观点看，是沿全圆周方向承受钻头的冲击载荷，因而钻头吊挂牢靠，使用寿命长，图 8.16（a）即这种结构的示意图。美国的 DHD 系列、瑞典的 Cop 系列、英国的 Mach 系列等都采用此种结构。

（2）花键连接，圆销吊挂。图 8.16（b）是花键连接、圆销吊挂的结构。圆销加工制作简单，所以应用较多。单圆销吊挂的冲击器有国产的 J 系列、美国的 A.S.S 系列等。这种单圆销吊挂方式易出现偏载。为此，奥地利生产的 LH 系列冲击器的钻头有两个对称的销槽，一侧因偏载滑坡时可改用另侧销槽吊挂。

（3）花键连接，卡钎套吊挂。钎尾与卡钎套是以花键连接的两个零件，它们之间又起承托吊挂作用，所以在结构上必须有自锁性，称自锁花键，其连接吊挂方式如图 8.16（c）所示。花键自锁性利用了两个零件上相互倒置的挂钩相啮合的原理。相互连接时，将钻头尾部上的短齿底端越过卡钎套键齿的上缘，旋转钻头使其尾部的盲槽和卡钎套键齿接触，然后下放钻头，使钻头尾部通过卡钎套的键齿，同卡钎套钩挂。显然，由于取消了卡环和圆销，而使装、卸钻头方便；其缺点是花键接触面积减小，影响其使用寿命。应用这种连接吊挂方式的有英国的 VR 系列和美国的 AM 系列等。

（4）滚珠连接吊挂。苏联 Π 系列潜孔冲击器采用这种结构。由图 8.16（d）可看出，在钻头尾部与卡钎套之间，沿纵向加工八条滚珠道。在八条滚道中，相间隔的四条滚道内各放入三粒滚珠，在正常作业时传递扭矩。另外，四条滚道内各放入一粒滚珠，在钻具提离孔底时，吊挂钻头。这种连接与吊挂方式，使钎尾与卡钎套受载均匀，并且钻头能与冲击器调心，由于钻头与卡钎套之间是滚动摩擦副，即使是在很大扭矩作用下，钻头仍能自由地上、下移动，这对防止冲击器空打是很有利的。这种连接吊挂方式的主要缺点是结构复杂，要求较高的工艺精度。

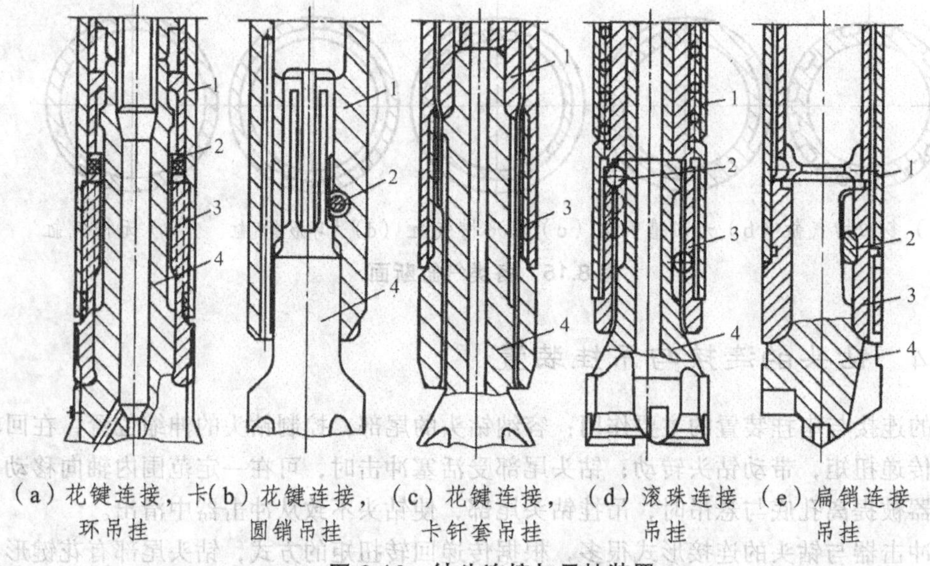

(a)花键连接，卡环吊挂　(b)花键连接，圆销吊挂　(c)花键连接，卡钎套吊挂　(d)滚珠连接吊挂　(e)扁销连接吊挂

图 8.16　钻头连接与吊挂装置

1—缸体；2—键（卡箍）；3—导向套；4—钻头

（5）扁销连接吊挂。扁销连接吊挂的结构图如图 8.15（e）所示。扁销既传递扭矩，又吊挂钻头。这种连接吊挂方式，结构简单，但由于受力不均，扁销与钻头尾部容易损坏。该装置在早期小直径潜孔冲击器中有所应用，如国产 C 系列冲击器。

（6）六方形尾圆销连接吊挂。这种结构是靠卡钎套的六方与钻头的六方尾部传递扭矩，靠单圆销吊挂钻头，防止钻头脱落。此种结构允许传递较大扭矩，而且传动平稳。在英国生产的 DD 型、DF 型和德国生产的 FL 型冲击器上有所应用。

8.3.5　冲击器中的螺纹连接形式

上、下接头多采用接、卸容易而又无应力集中的波浪形螺纹，也有采用锯齿形、矩形或普通螺纹的连接方式。

(a)锯齿螺纹

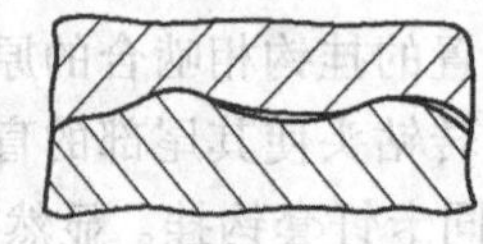

(b)波浪形螺纹

(c)HI-LEED 螺纹

图 8.17　冲击器接头连接螺纹

锯齿形螺纹[见图 8.17（a）]具有较小角度的压力斜面，宜于实现较大长度的齿面接触。相应于此，载荷分布均匀，能有效地传递冲击能量。其主要弊病是螺纹衔接紧密而拆修十分困难。

波浪螺纹[见图 8.17（b）]本身无应力集中点，又系端部接触，受力状况好；存在径向间隙又使其接卸容易，是常用的一种形式。其缺点是螺纹接触面积小，宜于磨损。

新的 HI-LEED 型螺纹[见图 8.17（c）]吸取了锯齿形与波浪形螺纹的优点。不仅螺纹峰点宽度较大，而且这种螺纹允许的磨损面积较大，其寿命可提高 50%。

8.3.6 其他零件

大多数冲击器均接有防水逆止阀，其作用是供风停止时，逆止阀将冲击器与钻具气道隔断，使一部分气体残留于冲击器内部，防止岩粉及水涌入冲击器。

冲击器工作时，一般都伴有振动，这将使钻具的工效降低，零件的早期破损报废。有些冲击器设置了减振装置，常用的减振装置有减振胶圈等，减振效果较好。

有关国内外主要潜孔冲击器结构特点分析及其性能参数见表 8.1、8.2 和表 8.4。

表 8.4 冲击器结构对比表

种类	有阀			无阀	
	中心排气	旁侧排气	双活塞	活塞配气	活塞、气缸配气
型号	J-系列 DHD 系列 COP 系列	C-150 M-1900 M-32	Y-200 DHD 系列	ⅡI-75 Ⅱ-125	W-200 W-150 DHD-260 DHD-360
总体结构	结构较简单，工艺性好，配合精度较高	结构简单，工艺性差，配合精度低	结构复杂，隔离环将气缸分为两部分，气缸活塞细长	结构简单，零件少，加工容易	结构简单，零件少，结构形式多
缸套	内外缸活接内缸外壁开环形槽，工艺性好，易加工，强度高，寿命长	内外缸焊接，其中有一个坏全报废，寿命低，内缸外壁开大量凹槽，对热处理反应敏感，应力集中处多，工艺性差，不易加工	双缸结构，进气孔道甚多，强度低，配合面积大，精度不易保证	结构简单，单缸结构，不需在缸体上钻孔，强度高，可增大内径	结构形式多，可单缸，也可为双缸，气路可以是纵向孔，但结构都很简单，容易加工
活塞	结构简单，加工容易，工艺性好，强度高，带有中心排气与中心配气杆配合，精度要求高	结构简单，不需在活塞体上开任何槽孔，工艺性好，易加工，寿命长	形状复杂，配合面多达五个面，加工困难，精度不易保证，两活塞头同心度也不易保证	形式复杂，钻孔甚多对热处理敏感，特别是开横向孔应力集中严重，不易加工，工艺性很差，寿命低	形状较简单，加工容易，需要开环形配气槽或纵向孔，但开纵向孔易产生纵向裂纹
工作性能	采用压差配气动作不够灵活	压差配气，可采用不带中心孔的板类阀，加工容易，但易损坏	两缸同时进气同时排气，保持同步采用压差配气	利用活塞自已配气，换向灵活，工作稳定	利用活塞、气缸联合配气，工作稳定，可靠
经济性	耗气量较小	气路转弯多，压力损失大，耗气量较大	耗气量大	耗气量小，进气阻力小	耗气量小，进气阻力小
维修	维修方便	维修较困难，气缸与套不易拆卸、更换	维修困难	维修容易	维修容易
适应性				适用于高风压	适用于高风压

第9章　气动冲击器的设计

9.1　气动冲击器设计的步骤

9.1.1　设计步骤

根据潜孔气动冲击器的用途、孔深、孔径及所使用地层等来选定冲击器的性能参数，其中包括单次冲击功、冲击频率、压气消耗量等，然后再来计算冲击器结构参数及性能参数，将计算的结果与选定的数值进行比较，并视二者的差值再修改结构参数，直至计算结果与选定值基本吻合时，则所选定的结构参数才为合理。无疑，这是一种采用反复程序的设计方法。

有了电子计算机之后，活塞的运动过程和冲击器各个结构尺寸间的关系就可以被准确地描述出来，这使机器还未被制造出来以前，就能够予估到整个运动的历程，从而可以做到优化参数的设计。显然采用电子计算机模拟设计后，可以大大缩短计算时间，并有可能实现多组参数对比优选，而且还可对冲击器内部循环过程做出大量的数据描述，这样进而可帮助与指导人们对冲击器进行可靠的分析与判定。

9.1.2　气动冲击器设计的原则

在气动冲击器设计时，应力求符合如下原则：

（1）结构简单。

（2）工作可靠，性能好。

（3）加工制造工艺性好。

（4）拆装容易，便于维修和更换零件。

（5）使用寿命长。

9.2　气动冲击器性能参数的选定

气动冲击器性能参数主要有冲击功、冲击频率、冲击能量以及压缩空气耗用量（简称耗气量）。它们表征一台冲击器具有的做功能力，也是冲击器结构设计的依据。目前矿山用的潜孔冲击器主要根据钻孔直径，采用数理统计和系数归纳法，对国内外数十个品种冲击器进行性能分析，然后建立一套原始性能参数的计算公式，为设计与研究冲击器提供一种有实用价值的方法。实际上，良好的冲击器应达到两个指标，即有较高的破碎岩石效率和较长的钻具使用寿命。通过国内外许多单位试验与研究表明：影响这两项指标的不仅仅是冲击功、冲击频率，而且与冲击器活塞的形状、质量、冲击速度都有关。另外，选定冲击器性能参数都应有一个合理值。这些都是设计冲击器时应考虑的因素。

同时在一个冲击器上，这些性能参数之间是互相联系和制约的，因此在具体确定这些参数的时候也必须把它们相互联系起来考虑，选择恰当的配合关系。

9.2.1　冲击功的选定

对于冲击器来讲，其冲击功大小是决定破碎岩石效果的根本条件。试验表明，随着冲击功的增大，岩石的破碎穴越大，破碎穴也越深。因此，单从破碎岩石出发，则冲击器的冲击功越大越好。但评定碎岩效果的合理性，还必须考虑到碎岩时的单位体积碎能，即破碎单位体积岩石所消耗的功——比功，这表示了碎岩的能量消耗水平。国内外许多研究者试验表明：无论单次冲击或者多次冲击钻进，冲击功 A 和碎岩比功 a 的关系基本一样（见第 2 章）。

临界冲击功 A_c 比 A_0 大得多，它和岩石的性质及钻头刃长有关，当刃长为 23 mm 时，原东北工学院岩石破碎研究室曾测定过下列六种岩石 A_c 值，见表 9.1。

表 9.1　岩石 A_c 值

岩石名称	闪长岩	安山岩	花岗岩	大理石	石灰岩	滑石
临界冲击功 A_c/J	7.5	9.8	9.8	4.1	4.9	0.9

对于一般岩石来说，偏大估计，则临界冲击功 A_c 为刃片型钻头单位刃长上的冲击功（J/cm），该值在 10 ~ 25J 选取。柱齿型钻头单齿上的冲击功也在上列范围内。这样破碎岩石的比功 a 可以认为是一个稳定值，也是设计冲击器选定性能参数的基础。

为了计算方便起见，一些研究工作者对国内外数十个品种冲击器进行性能分析之后，在冲击功与钻孔直径之间建立了坐标系，并作出一条合理的曲线，用以表达冲击功与钻孔直径的内在联系，该曲线称为冲击功-钻孔直径特性曲线，或简称“A-D”。它是一条指数曲线，可表示为

$$A = 0.153D^{1.78} \quad (\text{kg} \cdot \text{m})$$
$$= 0.153\, D^{1.78} \times 9.8$$
$$= 1.5D\, D^{1.78} \quad (\text{J})$$

式中　A——冲击功，J；

　　　D——钻孔直径，cm。

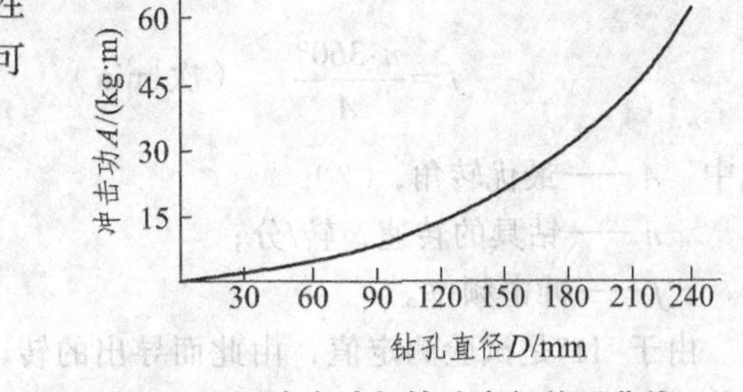

图 9.1　冲击功与钻孔直径关系曲线

根据上式及图 9.1，在给定钻孔直径时，即可求得合适的冲击功值。对于不同结构类型的冲击器，冲击功值可以进行适应修正。一般，单缸结构的冲击器其冲击功可以大些。

9.2.2　冲击频率的选定

冲击回转钻进在其他技术参数相同条件下，冲击频率增大，钻进效率将成正比例的增加，但当冲击频率增大到一定值后，这种比例关系不再存在反而有所下降。这是由于当冲击器的

单次冲击功在保证呈体积破碎时，增大冲击频率。这一方面是由于单位时间里破碎岩石次数增多；另一方面是为允许采用较高的钻具转速提供了条件，加快了破碎岩石过程。特别是在中硬以下的岩石中钻进，提高冲击频率，钻具转速也可相应增加，可使冲击与回转两方面的碎岩作用均能充分发挥，钻速便因之提高很大。在坚硬岩石中，提高冲击频率虽然也具有有利的一面，但是受冲击功数值制约，即是说对坚硬岩石提高冲击频率首先看其冲击功是否足够。

冲击频率究竟多大为好，国内外研究者看法不一。一般，苏联倾向于设计高频率低冲击功的冲击器，最高频率达 2 500 ~ 3 600 次/min，冲击功小至 1 ~ 5 J，用于液动金刚石冲击回转钻进的高频冲击器，作为当今的重点技术推广；而美国倾向于低频率大冲击功，最低频率达 600 ~ 800 次/min，冲击功大至 1 000 J。总之，冲击频率的确定不仅要考虑岩石性质，而且应与钻机的回转转速、钻孔直径、冲击功大小等结合起来考虑。

在两次冲击之间，硬质合金刃具即回转一个角度，构成冲击间隔。这反映了转速与冲击频率之间的关系。如何选定合适的冲击间隔是冲击回转钻进中一个重要问题。

使每次冲击间的脊部岩石能全部剪崩或切削掉的最大间隔称为"最优冲击间隔"。

实验表明：当冲击功一定，对于每一种岩石，相邻两次冲击间的夹角θ存在最优值，如当冲击功 A = 6.25 J/cm 时，花岗闪长岩的$\beta_{优}$大约为 5°，大理岩的$\beta_{优}$为 7°。而且随冲击圆弧半径 R 减小和刃角α的减小，最优角$\beta_{优}$可增加；随着单位冲击功的增加，最优角$\beta_{优}$也可增加，比如当 A = 12.5 J/cm 时，花岗闪长岩的最优$\beta_{优}$角增至 7.5°，大理岩的最优$\beta_{优}$增至 10°。随着岩石硬度增加，最优角减小。

因此，冲击回转钻进时，钻具转速与冲击频率的配合最好使硬质合金刃在最优冲击间隔的条件下工作（即用弧长表示也可以）。

苏联由经验得到：当冲击功达 60 ~ 80 J 时，冲击间隔可达 l = 10 ~ 12 mm，钻进 7 ~ 8 级岩石，机械钻速可达最大值。当 l = 2 ~ 5 mm 可钻进 9 ~ 10 级岩石，或更大级别岩石。

美国水井学会的康伯尔认为，两次冲击之间的转角以 11°为最优，冲击频率应为

$$f = \frac{n \cdot 360°}{A} \quad (次/min) \tag{9-1}$$

式中 A ——最优转角，(°)；

n ——钻具的转速，转/分；

f——冲击频率。

由于 11°是试验测定值，由此而导出的转速值一定也是实际上可应用的值。

国内矿山部门采用数理统计方法，将冲击频率与钻孔直径作出一关系曲线，以便设计冲击器时作参考。

图 9.2 给出了两条参考曲线。其中曲线 1 为通用数据统计，这样冲击器工作压力是 0.5 MPa；曲线 2 是美制 DHD 冲击器系列数据，压力是 0.7 MPa。

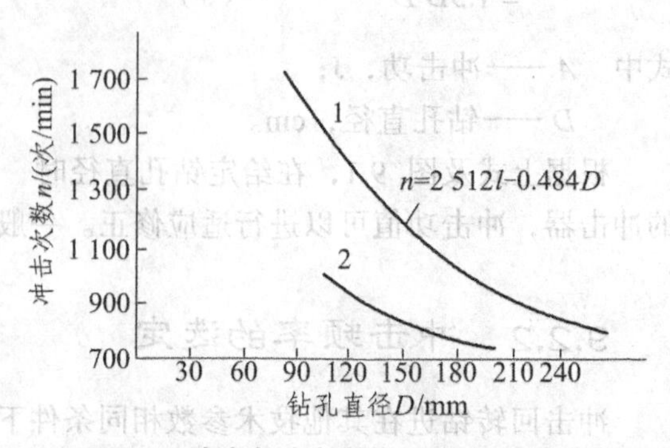

图 9.2 冲击频率与钻孔直径间关系曲线

9.3　气动冲击器的设计

9.3.1　选取冲击器的基本尺寸

冲击器基本结构尺寸主要指气缸缸径和活塞结构行程。这两个结构参数左右着冲击器性能。

一般说来，冲击器缸径尽可能取大值，借以得到较大的冲击功。而结构行程取小值时可获得高的冲击频率，但冲击功要相应降低。

用下列公式选取缸径与行程：

$$D_g = KD = (0.57 \sim 0.68)D \quad (\text{mm}) \tag{9-2}$$

式中　D_g——冲击器缸径，mm；

D——钻孔孔径，mm；

K——系数，取 0.57 ~ 0.68。

对于双缸冲击器选用较小系数，对于单缸冲击器选用较大系数。

冲击器结构行程按下列公式计算：

$$s = \frac{A}{\Delta \cdot \alpha \cdot F \cdot P} \tag{9-3}$$

式中　A——冲击器冲击功，kg · cm；

Δ——活塞实际行程系数，初选时，选用 $\Delta = 0.9$；

F——冲击行程内气缸工作面积，cm^2；

P——气缸进气压力，kg/cm^2；

α——气缸特性系数。

它概括了气缸结构，机件摩擦，流体的压力、温度、容积变化等因素对冲击器性能的影响。一般来说 $\alpha = 0.5 \sim 0.67$；初步设计时，取 $\alpha = 0.59$ 即可。

在冲击器行程 s 确定后，可进一步用公式校核冲击器的冲击次数。

9.3.2　活塞设计

活塞结构及质量对冲击器整机结构及重量、对冲击器最终性能有较大的影响，并且冲击器的图纸设计是先由活塞开始的，所以活塞设计在冲击器设计中有很重要的位置。

由于细长的、带有中空活塞头的活塞与钻头冲击时产生低峰值应力波形，这种应力波形持续时间长，能量传递效率高，所以国内外潜孔冲击器多采用这种理想的结构形式。

活塞重量对冲击器性能影响较大：重量大，冲击功固然较大，但冲击频率相对降低，甚至使冲击器冲击能量有较大的下降；重量过小，又不利于传递冲击能量，活塞冲击钻头还有明显的反弹现象。活塞重量与活塞形状、长度及缸径有直接关系。由于现代高、低压潜孔冲击器多采用细长形活塞，所以活塞重量主要与冲击器缸径有关。图 9.3 即是活塞重量与缸径关系曲线，模拟后可得到选取活塞重量的经验公式为

$$G = 0.021D_g^{2.64} \quad (\text{kg}) \tag{9-4}$$

式中 G——活塞重量，kg；

D_g——冲击器气缸缸径，cm。

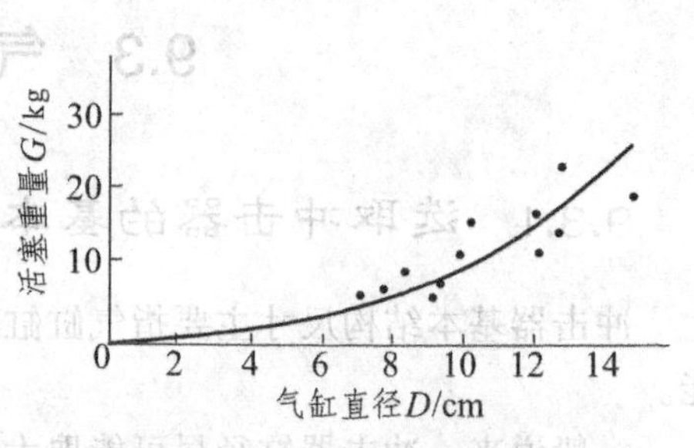

图 9.3 活塞重量曲线

确定活塞重量还要同活塞具体结构设计同时进行。活塞形状及最终重量确定后，再考虑活塞结构行程 s，冲击器气缸长度及相应的接合结构也就随之而定。

校算活塞冲击速度也是活塞设计中一个不可少的内容。活塞冲击速度决定着单次冲击功的大小，反应冲击器基本结构尺寸运用程度。理论上分析，冲击速度越高越好。但由于受到机件强度及其疲劳寿命的限制，活塞速度在 5 ~ 10 m/s 较为适宜。校算活塞冲击速度可用下式简算：

$$v = \sqrt{\frac{2A}{m}} \quad (\text{m/s}) \tag{9-5}$$

式中 A——单次冲击功；

m——活塞质量。

9.3.3 冲击器配气机构设计

冲击器的配气气路如同人体中血液循环的作用，支配着冲击器按一定的周期进行冲击动作。其间的配气装置又同人体的心脏，是冲击器赖以动作的原动机部位。为此，对配气装置配气气路结构设计越完善，参数设计越合理，冲击器的工作效率就越高，经济性越好，机器寿命也就越长。

1. 选择配气装置的原则

（1）密气性要好。

（2）气道的横断面积，足以使压气通过时压力损失最小，而气道本身的转弯次数少。

（3）阀的重量与行程尽可能最小。

（4）可调试性能好。

（5）零件寿命指数高。

（6）配气装置工艺性好。

2. 配气装置分类及其比较

配气装置分类及其比较：配气装置大体上可以归为有阀与无阀两类，在低气压下工作，有阀冲击器与无阀冲击器没有明显的性能上不同。就实现冲击动作而言，有阀型更宜于实现与调试。就单次冲击能量而言，在活塞重量相同下，有阀冲击器有更大的冲击末速度，相应地有更大的冲击动能。另外，有阀型冲击器在低压条件下工作，其压气设备比较好解决，所以目前有阀型冲击器还占有一定比例。

对于无阀型冲击器，严格地说来，“无阀”的真正含义是无单独的配气阀。也就是说配气阀本身虽然不存在，但是它的作用已通过其他构件在运动中相应的完成了，也就是它以活塞相对缸体作往复运动时机械地开闭进气口与排气口来实现配气的。这种配气装置经济效果较好。这是因为在它的工作循环中有一膨胀期，压气的能量利用率较高。另外，气道断面不受限制，可以根据最小阻力条件进行设计，所以这种型式的配气装置的平均指示压力不会比有阀冲击器小。从整体结构上来说，无阀冲击器加工工艺简单，动作更为可靠。因此在高压压气机较容易解决的条件下，它就能显示出高的性能、低的能耗。在国内，目前它作为后起之秀应用于钻井工作中。

3. 配气面积

冲击器各部气路面积与气缸工作面积的比值是有一定范围的。这一比值称为"配气面积比"并以符号 k 表示：

$$k=\frac{f}{f_1}$$

$$f=kF_1 \qquad (\mathrm{cm}^2) \tag{9-6}$$

式中　f——气路面积，cm^2；

f_1——气缸工作面积，cm^2。

显然，气路面积 f 可通过 k、F_1 求得。根据统计分析与设计经验得出有关的 k 值为配气气路与工作气缸面积的尺寸，如图 9.4 的所示。

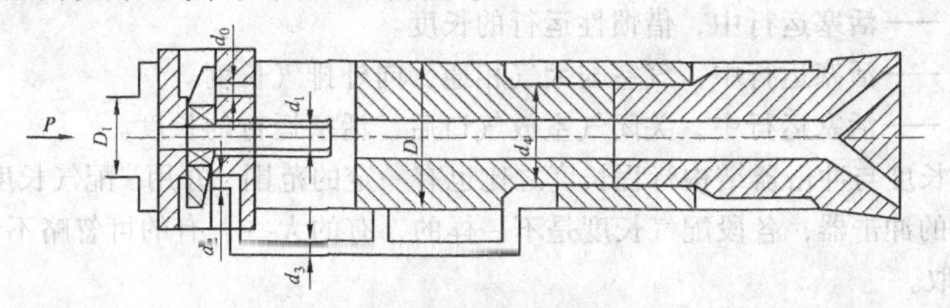

图 9.4　冲击器配气孔道示意图

主进气管面积与气缸冲程工作面积之比为

$$k_1=\frac{\frac{\pi}{4}D_1^{\,2}}{\frac{\pi}{4}(D^2-d_1^{\,2})}=0.17\sim0.25 \tag{9-7}$$

冲程进气气路面积与气缸冲程工作面积之比为

$$k_2=\frac{n\frac{\pi}{4}d_0^{\,2}}{\frac{\pi}{4}(D^2-d_1^{\,2})}=0.15\sim0.20 \tag{9-8}$$

返程阀箱进气面积与气缸返程工作面积之比为

$$k_3=\frac{n\frac{\pi}{4}d_2^2}{\frac{\pi}{4}(D^2-d_4^2)}=0.12\sim0.25 \tag{9-9}$$

返程进气气路面积与气缸返程工作面积之比为

$$k_4 = \frac{n\frac{\pi}{4}d_3^2}{\frac{\pi}{4}(D^2 - d_4^2)} 0.18 \sim 0.28 \tag{9-10}$$

气缸排气面积与气缸冲程工作面积之比为

$$k_5 = \frac{\frac{\pi}{4}d_1^2}{\frac{\pi}{4}(D^2 - d_1^2)} = 0.13 \sim 0.20 \tag{9-11}$$

对于旁侧排气冲击器的气缸排气面积 k_5 要增至 0.3 ~ 0.35。

气缸前、后腔工作面积之比（中心排气冲击器）为

$$k_6 = 0.52 - 0.62 \tag{9-12}$$

4. 配气长度

除配气面积外，还必须正确设计冲击器的纵向配气尺寸。其中包括：

进气长度 ——活塞运行过程中，进压气的长度。

膨胀长度 ——活塞运行中，借压缩气体膨胀做功运动的长度。

滑行长度 ——活塞运行中，借惯性运行的长度。

放气长度 ——活塞运行中，气室与大气相通，向外排气长度。

压缩长度 ——活塞运行中，关闭气室放气口后，活塞运行的长度。

上述配气长度与冲击器结构行程长度之比也有一定的范围，并用“配气长度比”来表示。对于不同类型的冲击器，各段配气长度是不一样的，有的大些，有的可忽略不计，设计时可参阅表 9.2 选取。

现以无阀型冲击器为例（见图 9.5），将各段配气长度标注如下：

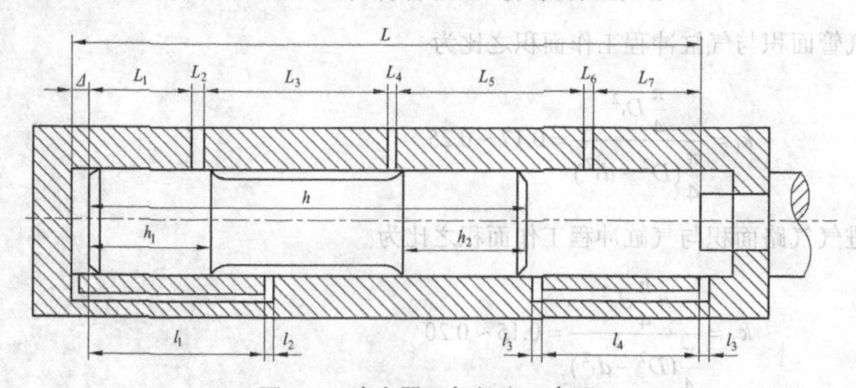

图 9.5 冲击器配气长度示意图

注：图中下侧符号为小写 l，上侧符号为大写 L。

冲程时后室进气长度：$(l_1 + l_2 - h_1)$

冲程时后室膨胀长度：$(L + h_1) - (l_1 + l_2)$

冲程时后室滑行长度：$(L-h)-(\varDelta+l_1)$

冲程时前室压缩长度：L_7

返程时前室进气长度：$(l_3+l_4)-h_3$

返程时前室膨胀长度：$(L_7+h_3)-(l_3+l_4)$

返程时前室滑行长度：$(L-\varDelta-h)-L_7$

返程时后室压缩长度：L_1

后室放气长度：$2(L-h-\varDelta-L_1)$

前室放气长度：$2(L-\varDelta-h-L_7)$

各类冲击器的配气长度汇总于表 9.2。

表 9.2　冲击器配气长度比及配气长度

型号		冲程阶段				返程阶段				前室放气长度	后室放气长度	气垫厚度	结构行程
		进气	膨胀	滑行	压缩	进气	膨胀	滑行	压缩				
中心排气	L-200	0.73（88）		0.17（20）	0.64（77）	0.64（77）		0.26（31）	0.73（88）	0.52（2×31）	0.35（2×26）	0.1（12）	120
	C-250	0.69（79）		0.22（25）	0.39（45）	0.39（45）		0.51（59）	0.68（79）	1.02（2×59）	0.44（2×25）	0.1（11）	115
	C-100B	0.69（79）		0.22（25）	0.39（45）	0.39（45）		0.51（59）	0.68（79）	1.02（2×59）	0.44（2×25）	0.1（11）	115
	Y-200	0.65（57）		0.26（33）	0.45（40）	0.45（40）		0.45（40）	0.65（2×40）	0.9（2×40）	0.52（2×23）	0.1（8.8）	88
旁侧排气	Φ-200	0.65（74）		0.33（38）	0.36（41）	0.36（41）		0.62（71）	0.65（74）	1.24（2×71）	0.66（2×28）	0.02（2）	114
	C-150	0.70（70）		0.20（20）	0.46（46）	0.46（46）		0.44（44）	0.70（70）	0.88（2×44）	0.40（2×20）	0.1（10）	100
	C-100	0.84（63）		0.05（4）	0.53（40）	0.53（40）		0.36（27）	0.84（63）	0.72（2×36）	0.1（0.05×2）	0.1（7.5）	75
无阀配气	W-200	0.44（57）	0.2（26）	0.26（34）	0.29（37）	0.29（37）	0.31（41）	0.3（39）	0.44（57）	0.6（2×39）	0.53（2×34）	0.1（13）	130
	W-100	0.42（55）	0.22（28）	0.26（34）	0.28（35）	0.28（35）	0.31（41）	0.31（41）	0.42（55）	0.63（2×41）	0.53（2×34）	0.1（13）	130

注：括号内数字是实际配气长度（mm）。

第 10 章　气动冲击器钻进用的钻头和规程

10.1　气动冲击器钻进用的钻头

钻头是直接破碎岩石的工具。因此对钻头的合理设计、制造及使用，保证钻头高质量、长寿命，是提高潜孔锤钻进技术的重要环节。

根据岩石物理机械性质的不同，合理选用不同型式的钻头是提高钻进效率，增加钻头使用寿命的重要技术条件。

从受力情况来看，钻头承受很大的动载荷及摩擦作用，因此，要求钻头体有较高的表面硬度、较好的耐磨性及足够的抗冲击韧性。

从目前情况来看，潜孔锤钻进所用的钻头型式有柱齿钻头、刃片钻头、取心钻头等，现分别介绍如下：

10.1.1　柱齿钻头

柱齿型钻头是用机械方法，将一定规格的硬质合金柱压入到钻头体上的齿孔中而成，见图 10.1。柱齿钻头可分为平头型、圆弧头型（球型）、中间凹型及中间凸型等。圆弧头和中间凸出型钻头有较高的钻速，在钻进过程中具有能自行修磨的特点。这种钻头能使钻进速度趋于稳定。中间凹陷型钻头，由于钻进时产生凸出的岩芯柱，能起到定心作用。所以，它能

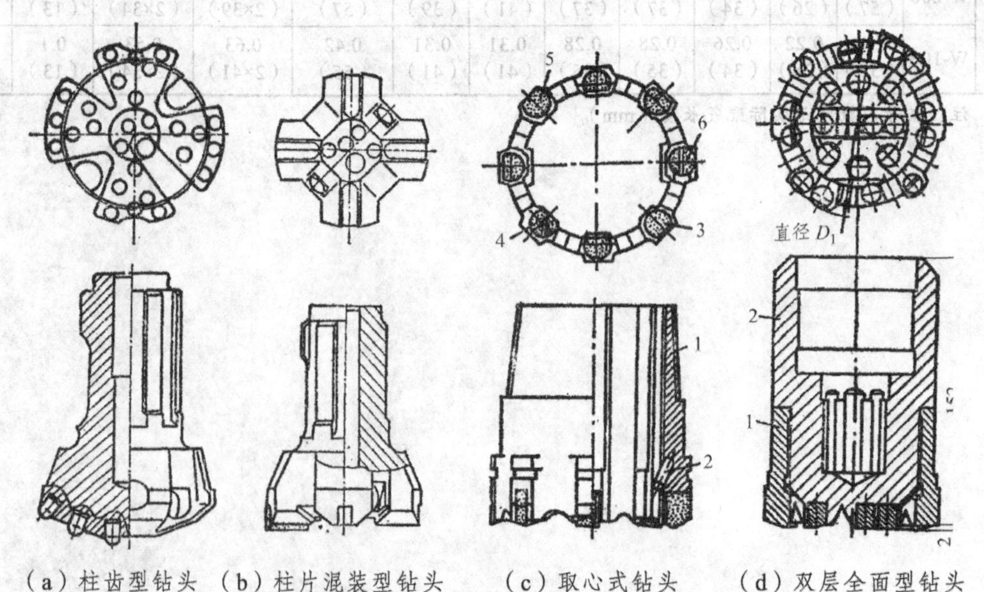

（a）柱齿型钻头　（b）柱片混装型钻头　（c）取心式钻头　（d）双层全面型钻头

图 10.1　气动潜孔锤钻头

减少钻孔弯曲，并能抵消指向钻头中心的作用力，相应地可减少钻头的回转力矩。

柱齿钻头的设计制造，一方面要考虑到冲击能量的传递，另一方面要考虑到碎岩效果，因而其长度稍大于活塞长度，而重量不超过活塞重量的两倍；硬质合系用球柱形，提高了合金的抗碎能力。在结构上，为了使钻头端面所有柱齿达到比较均匀的磨损，而且有利于定向和钻进平稳，将钻头端面加工成球面，同时为了便于加工和固齿，沿直径方向分成三个布区，以ϕ210 mm 钻头为例说明：

（1）中心区 ——以钻头中心为圆心，在直径 60 mm 以内的端面，布 3 个球齿。

（2）内环区 ——以中心区外径开始扩大到ϕ165 mm 的端面，固齿 12 个，此区为 25°斜面。

（3）外环区 ——以内环区的外径开始，一直到钻头的外径端面，此内为 45°斜而向外倾斜，也同样布 12 个齿。

固齿原则，主要是防止产生“岩墙”和有利于保径，增加钻头的使用寿命，因此一般选用以 $S=2d$ 的布齿原则（S 为齿距，d 为球齿直径），以防边齿齿孔连片崩裂。并严格注意外出刃的规格的出刃的高度，同时钻头还必须合理设计排风沟槽，保证钻头的冷却和岩屑（粉）的及时排除。

柱齿规格和硬质合金牌号选择，根据岩石性质及冲击器单次冲击功确定，一般在坚硬岩石层钻进，采用边齿为ϕ18×27 mm 柱齿；中间齿采用ϕ16×25 mm。中硬和软岩地层齿径可相应减为ϕ16 和ϕ14 mm。其齿形为坚硬岩层中采用强度高、耐磨的球形齿；中硬及软岩层中，边齿采用锥球齿。硬质合金牌号，采用 YG_{11c} 或 YG_{15c}，软岩层采用含钴较少的合金，硬岩层采用 YG_{15c}。球齿是采用压固工艺镶嵌在钻头体上的。

在致密、磨蚀性强的岩层中钻进时，柱齿钻头常因径向磨损而卡钻，从而大大降低钻进速度，并使钻头提前报废。为了防止卡钻，在钻头设计时应采用下列措施：

（1）边齿向外倾斜，倾角增大到 45°。

（2）据观察，卡钻同钻头体与孔壁接触面积的大小有关。为此，钻头端部ϕ210 mm 处加工出一个台阶，台阶的侧高为 15 mm，这样，当钻头使用到报废时，钻头侧面与孔壁接触高度仍不超过 20 mm，在两侧边开 R40 mm、深 7 mm 的缺口，以进一步减小接触面积，同时也改善排渣效果。

钻头体材料：选用 35CrMo 较为合适。

球齿钻头使用后，当发现仍属完好时，只是球齿被磨损，则可采用专用砂轮进行修磨，恢复球齿，以保证钻头的正常使用。

球齿钻头和冲击器采用花键和平键混合连接，花键用以传递扭矩，平键防止钻头脱落。

这种钻头过去主要用于矿山钻进爆破孔，目前已用于水井钻中，在 6 ~ 7 级灰岩中，其使用寿命可达 300 ~ 500 m。

10.1.2　柱片混装型钻头

图 10.1（b）所示为刃片和柱齿混装型钻头。钻头周边焊刃片，中心凹陷处镶嵌柱齿。这是根据钻头中心破碎岩石体积小而周边破碎岩石体积大的特点设计的。这种钻头结构还能比较好地解决钻头径向快速磨损问题，其缺点是制造工艺比较复杂。

10.1.3 取芯式钻头

在冲击器下部接上一定长度的岩芯管和取芯钻头，就成为取芯潜孔锤钻具。我国取芯潜孔锤所配备的钻头形式，一般为刃片镶焊的厚壁钻头。其采用直镶形式，其他要求和一般硬质合金钻头相同。取芯型钻头[见图 10.1（c）]是苏联在气动冲击器上专门配备的专用取芯式钻头。

10.1.4 双层全面钻头

图 10.1（d）所示也是苏联在气动冲击器上专门配备的专用钻头，它的优点是可以方便地更换磨损的外层钻头。

10.1.5 国外一些潜孔冲击器所用钻头图例

图 10.2 给出了国外制造的气动潜孔冲击器所用钻头的结构示例。

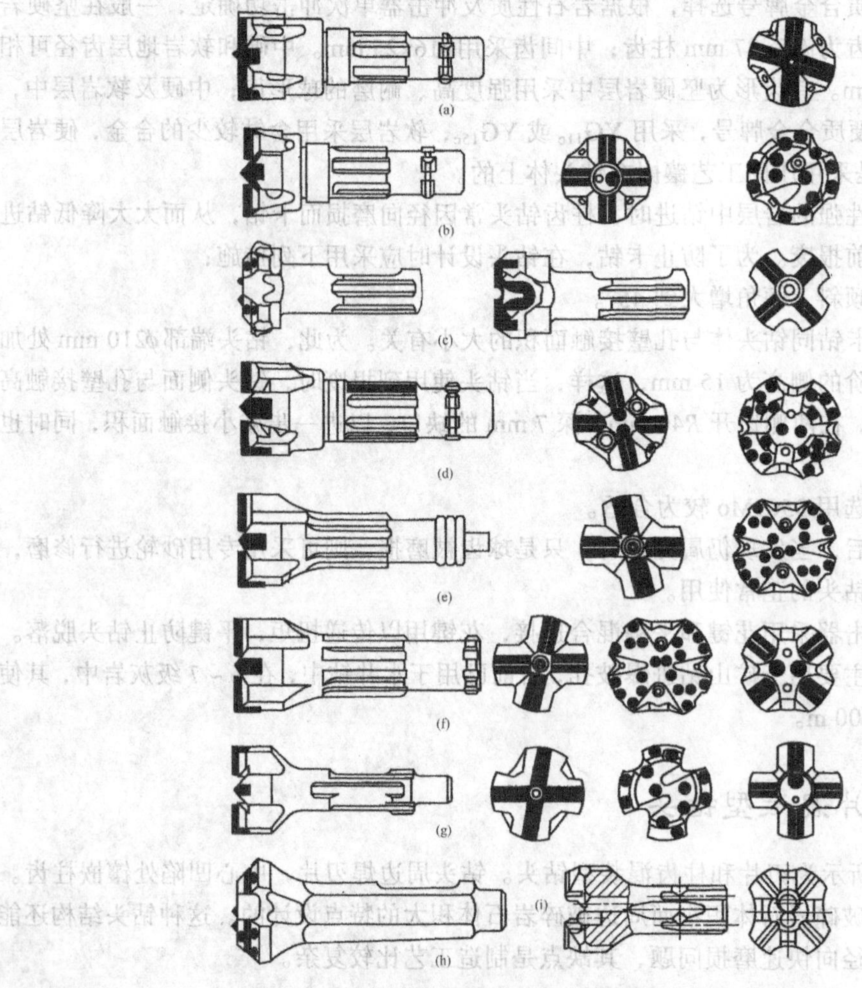

图 10.2　国外一些气动潜孔冲击器所用钻头的结构示例

图 10.2（a)、(b）所示为瑞典生产的 Cop 系列潜孔冲击器用 Cop4 型钻头，其主要结构特点是花键连接、卡环吊挂。该类钻头直径为 105 ~ 140 mm。

图 10.2（c）所示为奥地利伯乐尔公司生产的 LH 系列冲击器用钻头，它采用花键连接、扁销吊挂，钻头钻孔直径为 80 ~ 115 mm。

图 10.2(d)所示为瑞典生产的 Cop 系列冲击器用 Cop6 型钻头，其直径为 152 ~ 162 mm。

图 10.2（e）所示为美国英格索尔-兰德公司生产的 DHD 系列双活塞冲击器用钻头，钻头直径为 152 ~ 254 mm。

图 10.2（f）所示为美国英格索尔-兰德公司生产的 DHD 系列（有阀型）单活塞冲击器用钻头。钻头结构形式为花键连接、卡环吊挂，直径为 102 ~ 228.6 mm。

图 10.2（g）所示为英国霍尔曼公司的 VR 系列潜孔冲击器用钻头。该钻头的主要特点是以自锁花键与冲击器进行连接吊挂，钻头直径为 82.5 mm、102 mm、108 mm。自锁花键与冲击器进行连接吊挂，钻头直径为 82.5 mm、102 mm、108 mm。

图 10.2（h）所示为英国和德国生产的六方形尾部单圆销吊挂方式的一种小直径钻头。

图 10.2（i）所示为苏联生产的 n 系列冲击器用钻头。该钻头的主要结构特点是采用了滚珠连接吊挂。

10.2　气动冲击器钻进用的规程

气动潜孔锤钻进效率的高低，不仅取决于所用的空气压缩机、冲击器及钻头的性能和质量，而且必须做到合理操作，正确选用钻进技术参数。潜孔锤钻进的主要技术参数应包括下列几项内容：

10.2.1　压气机的风压和风量

一般提高空气压缩机的压力，对提高钻进效率是很有利的。而供风的压力大小又取决于冲击器性质、钻孔深度、孔内水柱高度等。

而供风量的多少，一方面根据所用的冲击器性能，另一方面要保证钻杆环状空间的上返风速。

利用空气的流速进行洗孔排粉属于气力输送问题。岩屑（粉）在空气流介质中，因本身的粒度、密度和形状的不同而具有不同的自由悬浮速度。如流体以等于球体自由沉降速度向上运动时，则球体将在一个水平面上呈摆动状态，既不上升，也不下降，此时流体的速度称为该物体的自由悬浮速度。

因此钻孔的上返风速必须大于岩屑的悬浮速度：

$$Q \geqslant 60v\frac{\pi}{4}(D^2 - d^2)K \tag{10-1}$$

式中　Q——压风机的供风量；

v——上返风速，m/s；

D ——钻孔实际直径，m；

d ——钻杆外径，m；

K ——修正系数。

在确定 K 系数值时，要注意考虑到以下几方面因素：① 岩屑形状的不规则性。② 钻孔深度即考虑上返空气流与孔壁的摩擦，空气浮力的减少。③ 岩粉的结团。④ 钻孔的扩径与漏气等，一般孔深在 100 ~ 200 m 时，$K = 1.05 \sim 1.1$；孔深在 500 m 时，$K = 1.25 \sim 1.3$。

上返速度在取心钻进时 $v = 10 \sim 15$ m/s；无岩芯钻进时 $v = 20 \sim 25$ m/s。

压风机风压计算，在干孔（无水孔）中，压风机应具有的压力，近似确定为

$$P_{冲} = qL + P_{\mathrm{M}} + P_{锤} \quad (\mathrm{MPa}) \tag{10-2}$$

式中 q —— 每米干孔长度的压力值，考虑克服气、水、岩粉混合液柱压力，一般为 0.001 5 MPa/m；

L ——钻杆柱长度，m；

P_{M} ——岩芯管和各支管上的压力损失，一般 $P_{\mathrm{M}} = 0.1 \sim 0.3$ MPa；

$P_{锤}$ ——潜孔锤中压力降。

当钻进深孔时，应依据第 1 章的 1.8 节内容确定风压和风量。

10.2.2 轴向压力（钻压）

从潜孔锤破碎岩石原理来看，岩石主要是靠冲击动载作用下破碎的，因而潜孔锤钻进效率的高低，主要取决于冲击功的大小和冲击频率的多少。而轴压力是保证冲击功充分发挥作用的辅助力，因此过大和过小都会影响潜孔锤钻进的正常进行：大则会引起钻头的过早磨损，球齿掉落，回转困难；过小则影响冲击功的有效传递，一般当钻压达 1.3 ~ 1.6 MPa 时（J-200 及 W-200 型冲击器）钻进效率最佳。根据苏联有关资料报道，在空气钻进时其轴压力是冲洗液钻进的 1/3 就可获得较好的钻进效果。根据钻进实践，气动潜孔锤钻进合理的钻压取值是以单位钻头底唇面积的力表示，为 40 ~ 70 N/cm^2，中硬地层取上限值，硬地层取下限值。

10.2.3 转速

立轴转速主要根据岩石性质、钻头直径、冲击器的冲击功及冲击频率来确定。因为气动潜孔锤主要是以冲击动能来破碎岩石的，回转速度仅是为了改变硬质合金刃破岩的位置，因此合理的回转速度应保证在最优的冲击间隔范围内破碎岩石。最优的冲击间隔的确定，国内外也不一样，有的以转角表示，有的以弧长表示。实践试验表明，像 J-200 型及 W-200 型气动潜孔锤钻进时，转速一般在 15 ~ 30 r/min 较为合理。根据钻进实践经验，气动潜孔锤钻进合理的转速值为：软岩石 30 ~ 50 r/min；中硬岩石 20 ~ 40 r/min；硬岩石 10 ~ 30 r/min。

根据苏联研究，使用低压（0.7 MPa，约 7 kg/cm^2）空气压缩机在干孔中有效钻进深度达 350 m，而在弱含水孔中达 150 m。再深的钻孔必须用高压空气压缩机。降低压力 0.1 MPa 将导致机械钻速下降 20% ~ 25%，并急剧降低钻进深度。因此，排气管路通孔截面不应小于 8 ~ 10 cm^2。

在干和弱含水钻孔中岩芯钻具必须包括有长度不超过 2 m 的取粉管，上升气流速度应不低于 12 ~ 15 m/s。

钻头外径的磨损不得超过 0.2 ~ 0.4 mm。

对于直径ϕ113 ~ 151 mm 的钻头转速和轴向压力应为：

岩石可钻性	Ⅶ ~ Ⅸ	Ⅹ ~ Ⅺ
转速/（r/min）	80 ~ 20	20 ~ 15
轴向压力/kN（kg）	4 ~ 3（3920 ~ 2940）	3 ~ 2（2940 ~ 1960）

10.2.4　潜孔冲击器的润滑和维护

1. 潜孔冲击器的润滑

由于潜孔冲击器的工作条件恶劣，既有较大的含尘量，又有很高的湿度，且活塞往复运动又有较高的频率和较大的冲击速度，所以冲击器的润滑是十分重要的。

（1）气动冲击器润滑的目的。冲击器润滑的目的大致如下：

① 减少运动件的摩擦损失。由于润滑不足所造成的过度摩擦，会使接触表面产生细小的裂纹，如裂纹扩展会造成零件的损坏。另外，过度摩擦所产生的表面过热，会引起金属的局部软化或区域性塑性变形，最终会导致气缸与活塞的破坏。

② 防腐蚀作用。冲击器零件在钻孔中易受压气及水中的化学物质腐蚀，而腐蚀作用与零件中应力的同时存在，将使零件强度严重下降；腐蚀还会使裂纹进一步扩大或者由腐蚀坑和生锈区直接造成零件的损坏。所以，防止腐蚀是润滑的重要作用之一。

③ 密封作用。适宜的润滑可保证冲击器运动件之间的密封，防止由于密封不好而降低冲击器的效率。

（2）对润滑油质量的要求。美国加德纳-丹佛压缩空气研究所曾对风动机的润滑提出了如下要求：

① 必须具有高的液膜强度；

② 不能轻易发生喷发或干扰阀片运动；

③ 不能有烟雾和毒气排出；

④ 在任何条件下无腐蚀现象；

⑤ 能很快润滑所有需润滑的部件；

⑥ 在高钻速、高温和低温的情况下能充分润滑；

⑦ 无论在冷气体或热气体中都不形成胶黏的残余物；

⑧ 有较高的油质性。

对上述要求，概括起来就是润滑油要具有适宜的黏度、对压气气流有好的乳化质量和较高的液膜强度。

所以，要求润滑油具有适宜的黏度。这是因为冲击器是在温差很大的条件下工作，为了保证在任何温度下，润滑油都能很好地润滑零件，因此润滑油在低温时黏度不能太大，以免影响阀片的灵敏性，从而减慢钻进速度；在高温时，黏度不能太低，否则不能起到保护作用。

对压气气流的乳化质量，是指润滑油在遇到水的情况下，必须具有抗水洗而能黏着在金属表面的能力，即在钻孔时，压气中出现的水汽在乳化剂的作用下，能很快形成一种连续润滑液膜，以保护零件的表面，同时也能对酸性水造成的生锈和腐蚀有防护作用，所谓乳化剂，是由润滑油与皂化原料化合而成的一种短期乳剂（水油混合物）。

所谓液膜强度，是指润滑油形成的液膜在两个压紧的金属表面间受挤压而不破裂的强度。为增大液膜强度，要在润滑油中添加某种添加剂，使润滑油所支撑的负荷增大，以防止滑动件金属表面接触时产生划痕而损坏。

国内气动冲击器所用的润滑油为20号机械油，其性能见表10.1。

表10.1　20号机械油的代号及其性能

名称	代号	运动黏度（50）（cst）	闪点（°C，不低于）	凝固点（°C，不高于）	酸值KOH（g，不大于）	残炭（%，不大于）	灰分（%，不大于）	杂质（%，不大于）
20号机械油	HJ-20	17～23	170	－15	0.16	0.15	0.007	0.005

（3）气动冲击器的润滑方法与润滑油消耗量。冲击器的润滑多采用喷射法，即在潜孔钻机的供气管路的适当位置连接一个给油器，由压气携带雾状润滑油润滑冲击器的各个部件。

根据冲击器尺寸与耗气量大小，给油器应有足够的容积，以保证供给润滑油；并在给油器的外部设有调节装置，以便适当地调节给油速度。为了防止冲击器在无润滑油的情况下继续工作，有的给油器装有在无油时供气系统自动关闭的装置。

润滑油的消耗量可按式（10-3）计算：

$$G_0 = 60 \times \frac{V_0 p}{p_0} \times a \tag{10-3}$$

式中　G_0——润滑油每小时的消耗量，g/h；

p_0——冲击器的额定工作气压，MPa；

p——冲击器的实际工作气压，MPa；

V_0——在压气压力为p_0时，冲击器标准耗气量，m^3/min；

a——润滑油在压气中含油浓度，g/m^3。

润滑油在压气中的含油浓度，各国厂家规定不同，如苏联的学者提出为（0.17～0.23）g/m^3；日本古河矿业规定为0.87～0.88 g/m^3。

2. 钻头的修磨与潜孔锤的维护

（1）钻头修磨的目的。

一个全新的潜孔锤钻头，在钻进时，由于钻头齿与岩石表面近似点接触或线接触，此时，潜孔锤作用在单位接触面积上的冲击功较大，所以钻进效率高。在钻进过程中，其钻头齿将逐渐磨损，使钻头齿与岩石的接触面积逐渐增大，而潜孔锤的单次冲击功是一定的，那么作用在单位接触面积上的冲击功将逐渐减少，因此，钻进效率也要逐渐下降。当钻速下降20%左右时，即应考虑钻头的修磨，此时钻头进行修磨经济性最佳。经过修磨的钻头，恢复了钻头齿的形状，因而可以保持原有的钻进能力。

（2）球齿钻头的修磨。球齿钻头的磨损，一般表现为球齿的球面被磨平，所以在修磨时，应磨去平面部分，恢复球形。但球齿的高度不应低于 8.5 ~ 9.5 mm 为宜，如图 10.3 所示。

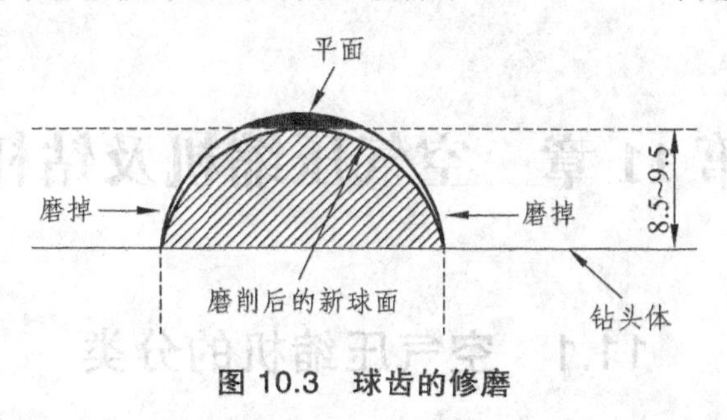

图 10.3　球齿的修磨

修磨球齿钻头的砂轮，系采用碳化硅砂轮，砂轮直径为 25.4 mm，厚度为 12.7 ~ 25.4 mm，转速为 20 000 ~ 25 000 r/min。

（3）预防性维护。在潜孔锤钻进时，要注意潜孔锤系统，泡沫剂或水的注入系统等的预防性维护。污染或腐蚀将严重影响各系统的寿命。所以，应禁止使用酸性水作循环介质，水中应无污物、砂子或搬土等，水的存储容器、输送管路均要清洁。

所用钻杆要干净，尤其是泥浆钻进用过的钻杆，应彻底清洗后再用。存放钻杆时，应带好丝扣保护帽，以防污物的侵入。

潜孔锤的上接头与锤体连接较紧，检修前最好在钻机上松开，为修理过程中的拆卸提供方便。

10.2.5　钻进时应注意的几个问题

（1）吹孔：试验表明，正常钻进时，观察孔口岩粉、岩屑排出及进尺情况。当排粉及进尺都正常时则无需提动钻具。若只进尺而排粉不正常，则应在钻进一定进尺后就提动一次钻具（此时冲击器不工作），产生较大的上返风速，待岩粉和岩屑吹出孔口后，再将钻具放到孔底继续钻进。这种瞬间上提钻具，能将较大的掉块都能吹出孔口，最大能吹出质量为 510 g 的掉块。总之应保持孔底干净。

（2）风压突然变化。

钻进时应经常观察风压表的压力变化，当风压突然增大时，同时上提钻具又感到困难，可能是潜孔锤上部形成泥团或埋钻。若在串动钻具的同时靠空压机的额定工作压力能将上部堵塞物吹开，就可继续钻进。若无效时，可采取从孔口注水，将泥团稀释吹出孔口，或者从钻杆中注入一定的泡沫剂也可稀释排除。

在接单根钻杆时，主动钻杆接上后即开始供风，将孔底吹干净后，就可继续钻进。不要将潜孔锤下到孔底后再供风，这样容易造成潜孔锤内被岩屑堵塞，发生故障。

（3）每钻进一个单根钻杆后，不要急于停气，待吹孔 1 ~ 2 min 后将主动钻杆提上后方可停止供气。

（4）潜孔锤工作时应经常注油润滑，国外多功能钻机在供气管道上均设有自动注油机构。如无该机构，应在接钻杆时及时注油，以防活塞与缸套的损失。

第 11 章　空气压缩机及钻杆

11.1　空气压缩机的分类

空气压缩机（简称空压机）是潜孔锤钻进的主要设备之一。作为潜孔锤的原动机，空压机的性能对潜孔锤的功能有直接影响。

空气压缩机（Compressor）基本分为两大类，即容积式空气压缩机和动力式空气压缩机。容积式空压机的压力依靠机械动作把一定容量的自由空气缩小其体积而获得。这种类型的空压机包括往复式空压机、旋转螺杆空压机和叶片式空压机。容积式空压机的风量不受工作压力的影响（除去内泄漏的变化和容积效率变化外），其压缩比为固定的。所谓动力式空压机，是赋予连续流动的气体以动能，并通过扩散器使之转化为压力能，以达到升压的目的。这种空压机有喷射式、离心式、轴流式等。在风动潜孔锤钻进中一般都使用容积式空压机，其中以往复活塞式和螺杆式较为普遍。因螺杆式空压机有一系列优点，故有扩大使用的趋势。

11.1.1　活塞式空压机

活塞式空压机为往复式空压机的一种，是一种最古老和通用的容积式空压机。这种空压机有单作用和双作用之分。所谓单作用，是指在活塞的一端进气、压缩、排气，也称柱塞式空压机；所谓双作用，是指活塞的两端均有进气、压缩、排气，这种空压机具有十字头装置，也称十字头型空压机（单作用的空压机则无十字头装置）。往复式空压机又有润滑型和非润滑型。润滑型空压机具有活塞环，并使用带有各种填加剂的聚四氟乙烯（PTFE）的活塞裙。

非润滑型的空压机在干式曲轴上装有永久润滑式轴承。十字头型的空压机因为有十字头联杆，直接与润滑油接触，所以润滑油不能进入压缩空气里。常规的往复式空压机均有自动阀；也有的空压机设计成凸轮进气控制阀和旋转滑动式阀，但不普遍。

自动阀借助压力差而开合，在小弹簧的作用下使阀片迅速开合。片式阀包括阀座、阀导向、阀片和弹簧。阀片在阀座和阀导向之间移动。当阀片顶着阀导向时，此时为全开位置；当阀片顶着阀座时，此时为全闭位置。为了减低对阀片的冲击，往往在阀片中设两组阀片。这两组阀片中靠近阀座一方的称为阀片，而靠近导向一方的阀片叫缓冲阀。阀片经过表面处理后，可以获得一定的使用寿命。

无论单作用式空压机，还是双作用空压机，均有单缸、双缸或多缸的形式。为了提高空气压力，有两级压缩或多级压缩。

由于活塞式空压机重量较大，移动不便，多在固定场所使用。近年来，在地质勘探中主要使用螺杆式空压机。

11.1.2　螺杆式空压机

1. 螺杆式空压机的工作原理

螺杆式空压机主要由两个啮合的螺旋转子组成（见图 11.1），一个为主转子 3（阳转子），另一个为次转子 2（阴转子），主转子与次转子螺旋头数之比为 2/3。主转子为四头螺旋，次转子为六头螺旋。

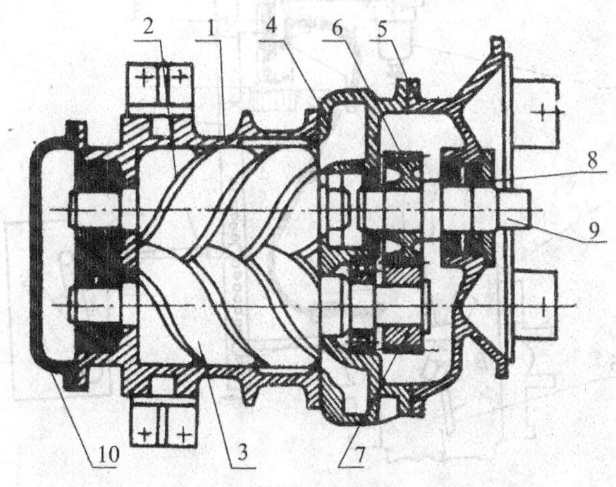

图 11.1　螺杆式空压机结构示意图

1—外壳；2—次转子；3—主转子；4—进气侧板；5—齿轮箱；6、7—传动齿轮；8—输入轴轴承；9—输入轴；10—端盖

空气从进入空压机到开始压缩，中间继续压缩，最后将高压空气排出，共经历四个过程，其压缩过程见图 11.2。图中主转子逆时针方向旋转，次转子顺时针方向旋转，（a）图表示两个螺旋体之间的开口允许空气在大气压力下进入，即吸气过程。（b）图表示转子旋转带动空气和两个螺旋关闭，压缩开始。（c）图表示螺旋转子继续旋转，空气被压缩而体积减小，压力增加。（d）图表示转子继续旋转，空气继续压缩，直到开始排气，达到最终压力。

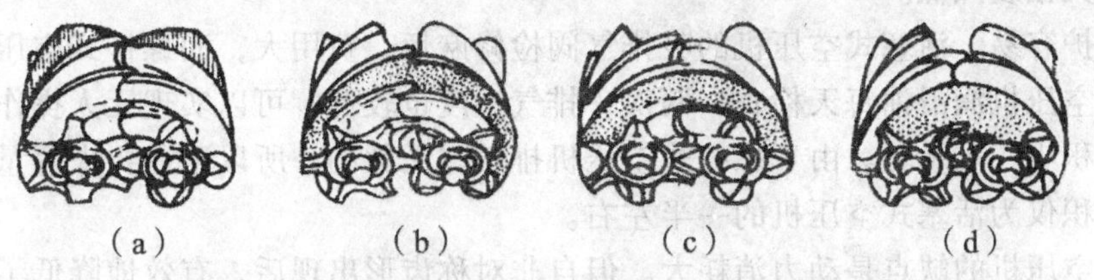

图 11.2　螺杆式空压机空气压缩过程示意图

2. 空压机的压力与进气的自动调节系统

当空压机的储气罐压力达到最大压力时，空压机停止吸气，以卸除空压机的负荷，这时动力机（柴油机）转速变慢。当储气罐的压力下降到一定数值以下时，能自动增大空压机的吸进量，同时动力机的转速加快，其机构的示意见图 11.3。按空压机额定压力为 0.7 或 1.0 MPa 时，图中 1 为减压阀，其左方与均压储气罐用管子相接。减压阀为薄膜式，当气罐的压力低于 0.7 或 1.0 MPa 时，减压阀处于关闭状态，进气阀 6 开度最大，进气量最多。此时，杠杆 12（与柴油机的喷油泵相连）处于位置 *A*，柴油机转速最高。当储气罐的压力大于 0.7 或

1.0 MPa 时，减压阀 1 内的鼓膜被打开，有部分空气送到鼓膜 3 处，使鼓膜 3 推动活塞 4，因而推动杠杆 13 围绕轴 14 按逆时针方向摆动，带动控制杆 8 使进气阀 6 逐渐关闭，进气通道截面变小，控制杆 10 又推动杠杆 12，使柴油机转速降低，推动鼓膜 3 的部分压缩空气又经喷口 2 引到进气活门。

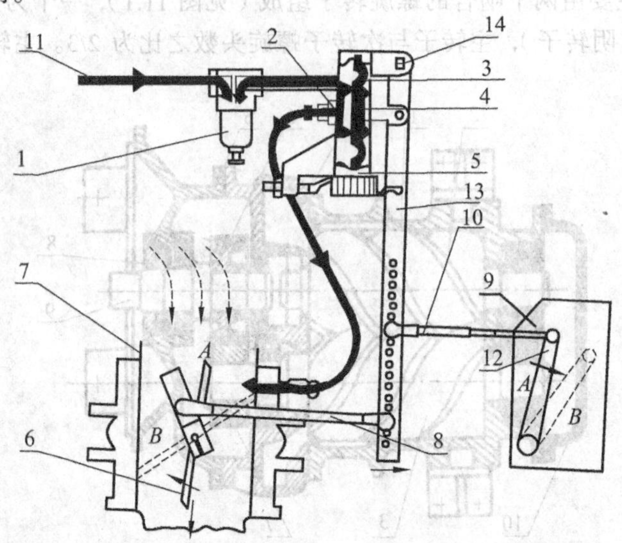

图 11.3　空压机吸气调节机构

1—减压阀；2—喷口；3—鼓膜；4—活塞；5—弹簧；6—进气阀；7—进气活门；8、10—控制杆；9—柴油机调速器；11—与储气罐相接的压缩空气；12、13—杠杆；14—轴

3. 螺杆式空压机的优点

（1）振动小，噪音低。因螺杆式空压机属回转式空压机，振动很小。在噪声方面，线速度高的干式无油螺杆空压机仍存在着若干问题有待解决。湿式（喷油式）螺杆空压机，由于喷油冷却减少内泄漏，从而成功地降低了转速（线速度为 20 ~ 30 m/s）。加之使用了吸气消音器，使噪声大幅度减低。

（2）维护容易。活塞式空压机的吸排气阀检修麻烦，费用大，而螺杆式空压机则无此情况。螺杆式空压机润滑油每天检查一两次，排气温度也较低，可以实现无人操作。

（3）体积小，重量轻。由于螺杆式空压机排气时无脉动，所以不需要大容量的储气罐，全机组的体积仅为活塞式空压机的一半左右。

螺杆式空压机的缺点是动力消耗大。但自非对称齿形出现后，有效地降低了满载功率的消耗。螺杆式空压机的比功率接近或略高于往复式空压机。

11.2　常用的空压机

根据噪声的大小，螺杆式空压机有低噪声型空压机[用于对噪声[(75 ± 3)dB 以下]要求较严格的场合]和标准型空压机（用于噪声不受限制的场合）。

目前，国内外螺杆式空压机的生产厂家较多，应用比较普遍。

下面介绍几种常用的空压机。

11.2.1 国产螺杆式空压机

国产螺杆式空压机已形成系列，如无锡压缩机生产的螺杆式空压机有 16 种之多，其排气压力为 0.7 ~ 2.5 MPa，排气量为 3 ~ 200 m³/min。表 11.1 列出了无锡压缩机厂生产的三种比较适用于潜孔锤钻探的螺杆式空压机型号及技术参数。

表 11.1 螺杆式空压机型号及技术参数

型号	风压/MPa	风量/(m³/min)	动力机			质量/kg
			型号	转速/(r/min)	功率/kW	
LGYⅡ-12/7	0.7	12	6135AK-1	1 500	150	
LG16-20/5-15D	1.5	20	JQ_3-280S4-D_2/T_2-W	1 480	90	约 4 000
LGY25/20-20/25	2.5	20	12V150-4	1 800	500	

11.2.2 英格索兰空压机

美国英格索兰公司生产的空压机型号较多，其排气压力为 0.7 ~ 17.5 MPa，排气量为 3 ~ 40 m³/min。空压机还配备传感监控器，能够自动检测空压机与发动机的故障，并可在运转超压时自动停车。表 11.2 列出了几种空压机的型号及技术参数。

表 11.2 英格索兰空压机型号及技术参数

型号	风压/MPa	风量/(m³/min)	型号	风压/MPa	风量/(m³/min)
HP525WGM	1.05	15	RHP750WCAT	2.1	21.2
HP600WGM	1.05	17	XHP900WCAT	2.5	25.5
XHP750WGM	1.75	21.25	XHP1070WCAT	2.5	30.3
			XHP1170WCAT	2.5	33.1

11.2.3 阿特拉斯科普科空压机

瑞典阿特拉斯科普科公司也生产有各种型号的空压机，表 11.3 列出了几种空压机的型号及技术参数。

表 11.3 阿特拉斯科普科空压机型号及技术参数

型号	风压/MPa	风量/(m³/min)	型号	风压/MPa	风量/(m³/min)
PT900Gd	0.7	25.5	XRS350Gd	2.0	21
PTHS900Gd	1.05	24.8	XRYS1260	2.2 ~ 3.6	34 ~ 40
XR210Gd	1.2	12.6	XRXS1275	3.1	35.5
XR350Gd	1.2	21	XRVS1300	2.6	36.4
XRS210Gd	2.0	12.6	XRVS976	2.6	77.7

此外，复盛公司和美国寿力公司的空压机性能也不错，也常用。

11.3 潜孔锤钻进用钻杆

潜孔锤钻进用钻杆可分为常规钻杆和特殊钻杆（如双壁钻杆等）两大类。由于风动潜孔锤钻进使用的循环介质（压缩空气）压力相对较低，钻具转速较慢，所需钻头压力较小，钻杆承受的扭矩也不大，因此对钻杆的要求相对地降低了。选用钻杆时所考虑的因素，主要是在连接方式上要求具有一定的紧密性，在钻杆规格上要确保循环介质有较高的上返速度。为有效地清除孔内岩屑，液体介质的上返速度，一般要求在 0.6 ~ 1.2 m/s，而气体介质上返速度不得小于 15 m/s，最好在 22 m/s 以上。

11.3.1 常规钻杆

进行潜孔锤钻进时，若为正循环钻进，一般则使用标准的常规地质钻杆或石油钻杆。在钻杆连接上，为了避免在接头处漏气，故要求在连接后能保持密封。在钻杆的强度方面，因使用潜孔锤钻进施加孔底的压力较牙轮钻头或硬合金环状钻头为小，故钻杆承受的扭矩也小，常规钻杆均能满足要求。为了减少钻杆内的气流阻力，多采用内平钻杆。常用的石油钻杆规格尺寸见表 11.4 及表 11.5。

表 11.4　国产有细扣内加厚钻杆（YB528-65，mm）

通称尺寸	钻杆/mm							接箍/mm					理论质量/kg		
	外径	壁厚	内径	内加厚部分				外径	长度	镗孔			每米光管	两端加厚质量	接箍
				加厚长度	过渡部分长度	内径				直径	长度	端部厚度			
						加厚	端面倒角								
73	73.0	5.5	62.0	90	40	48		95	165	76.2	3	5	9.16	2	4.3
		7	59.0			45	54						11.4		
		9	55.0			34	43						14.2		
89	88.9	7	74.9	100	40	60	69	108	165	92	3	6.5	14.2	3.2	4.4
		9	70.9			49	58						17.8		
		11	66.9			45	54						21.2		
102	101.6	7	87.6	115	55	74	83	127	184	104.8	3	6.5	16.4	5	7.4
		9	83.6			66	75						20.4		
		11	79.6			58	67						24.6		
114	114.3	7	100.3	127	55	82	91	140	203	117.5	3	6.5	18.5	6	9.2
		9	96.3			74	83						23.3		
		11	92.3			68	77						28.0		
127	127.0	7	113.0	127	55	95	104	152	203	130.2	3	6.5	20.7	6.5	10
		9	109.0			87	96						26.2		
		11	105.0			79	88						31.5		
140	139.7	7	125.7	127	55	105	114	171	216	144.5	3	6.5	22.9	7.5	14
		9	121.7			101	110						29.0		
		11	117.7			91	100						35.0		

表 11.5　国产有细扣外加厚钻杆（YB528-65，mm）

通称尺寸/mm	钻杆/mm						接箍/mm					理论质量/kg		
	外径	壁厚	内径	外加厚部分			外径	长度	镗孔			每米光管	两端加厚质量	接箍
				外径	加厚长度	过渡部分长度			直径	长度	端部厚度			
60	60.3	5	50.3	67.5	110	65	86	140	70.6	3	4	6.8	1.5	2.7
		7	46.3									9.15		
73	73.0	5.5	62.0	81.8	120	65	105	165	84.9	3	5	9.16	2.5	4.7
		7	59.0									11.4		
		9	55.0									14.2		
89	88.9	7	74.9	97.1	120	65	118	165	100.3	3	6.5	14.2	3.5	5.2
		9	70.9									17.8		
		11	66.9									21.2		
102	101.6	7	87.6	114.3	140	65	140	203	117.5	3	6.5	16.4	4.5	9
		9	83.6									20.4		
		11	79.6									24.6		
114	114.3	7	100.3	127	140	65	152	203	130.2	3	6.5	18.5	5	11
		9	96.3									23.3		
		11	92.3									28.0		
140	139.7	7	125.7	154	145	65	185	216	157.2	3	8	22.9	7	15
		9	121.7									29.0		
		11	117.7									35.0		

常规石油钻杆用的接头，接头形式有三种，即正规接头、贯眼接头、内平接头。

正规接头，接头内径小于内加厚钻杆和外加厚钻杆的内径，泥浆流过时阻力较大，但强度比其他类型接头高，代表符号 REG。

贯眼接头，接头内径和钻杆内加厚处内径相近似，泥浆流过时阻力不大，流速没有明显变化，代表符号 FH。

内平接头，接头内径和外加厚钻杆内径相近似，泥浆流过时阻力最小，因此多用于小钻杆。在涡轮钻井中，为使水马力得到充分利用，也多用内平式接头，代表符号 IF。

11.3.2　双壁钻杆

在 20 世纪 60 年代初，美国沃尔克尼公司率先研制成功双壁钻杆钻进技术。其双壁钻杆，外径为 60 ~ 340 mm，用于气举反循环钻进、气举正循环泥浆钻进、反循环连续取样或连续取心钻进、潜孔锤钻进及直径 0.8 ~ 6.1 m 的超大口径钻进。双壁钻杆钻进可连续取得百分之百的地层样品（连续岩芯或岩屑）。此技术所解决的实质问题，主要是提高钻进循环介质上返速度和保护井壁。双壁钻杆还有若干非钻进用途，如用作近海油气开采的隔水导管、油井气举管、用于油井内砂子及其他碎屑的气举处理、浆液气举（包括煤泥和其他矿泥的气举）、地下立式储罐的快速空间防废液锈蚀处理，以及管道输送剧毒、易燃或其他危险液体等。

风动潜孔锤钻进可采用双壁钻杆，以反循环的方式更及时地清除孔底岩屑，既能提高钻进效率，又能保护钻孔的孔壁。双壁钻杆是一种作钻柱用的内外同心固定的双层管子，外管管壁较厚，用以在钻进时传递扭矩和钻压；内管主要用来间隔钻柱中的下行气流与上返气流，使岩芯或岩屑由内管上返地表，受力不大，故管壁较薄。压缩空气沿内外管之间的环状间隙压向孔底，驱动潜孔锤，冷却钻头，清除孔底岩屑，并以高速连续地把岩屑或岩芯携带到地表。双壁钻杆一般均采用内平接头，气流阻力小。因为压缩空气是自内外管之间压入孔底，然后经内管上返地表，可以避免循环介质对孔壁的冲蚀，上返岩屑也不致于和孔壁脱落物相混杂或中途落入钻孔缝隙等孔壁缺陷中去。

1979 年国家原地质部勘察技术研究院研制了双壁钻杆，其结构特点如图 11.4 所示。这种双壁钻杆系用于潜孔锤水井钻进。

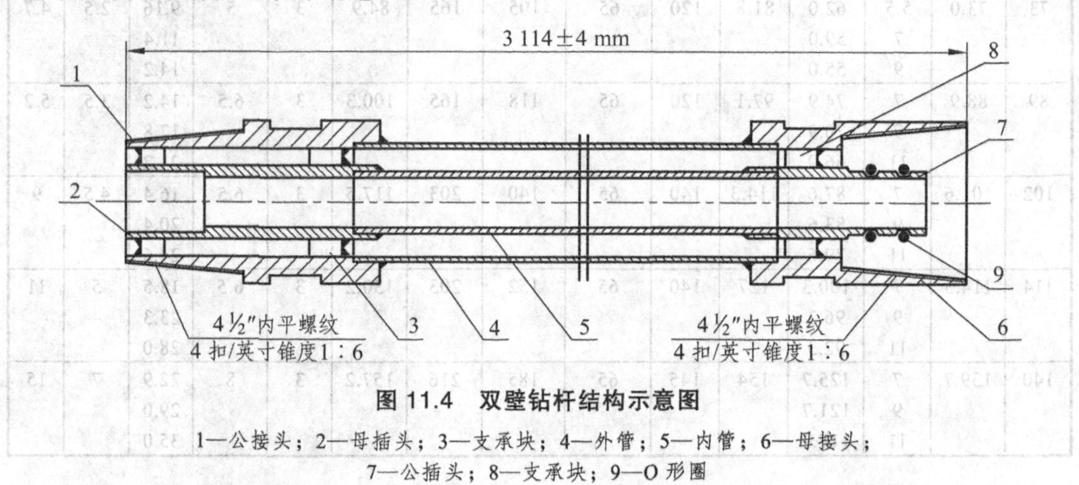

图 11.4 双壁钻杆结构示意图

1—公接头；2—母插头；3—支承块；4—外管；5—内管；6—母接头；7—公插头；8—支承块；9—O 形圈

为了实现双壁钻杆的反循环钻进，在钻杆与潜孔锤之间可以加接一封隔器，如图 11.5 所示。封隔器是由内管、外管、橡胶封隔圈、上下座圈、上下接头等组成。为了与双壁钻杆的外管连接，在上接头 16 上再焊一个内平公接头。双壁钻杆的内管与封隔器的内管 4 插接，下接头 1 与潜孔锤相接。改变调整垫圈的薄厚尺寸，可以调整橡胶封隔圈的直径，以使橡胶封隔圈与钻孔相匹配。当钻具下入孔底时，橡胶封隔圈与孔壁接触，封隔了钻孔与钻具间的环状间隙。在钻进过程中，由孔底携带岩屑上返的气流，由于封隔器的封隔，携带岩屑的上返气流通过反循环进入管 5、内管 4，再通过双壁钻杆内管上返地表，完成反循环过程。

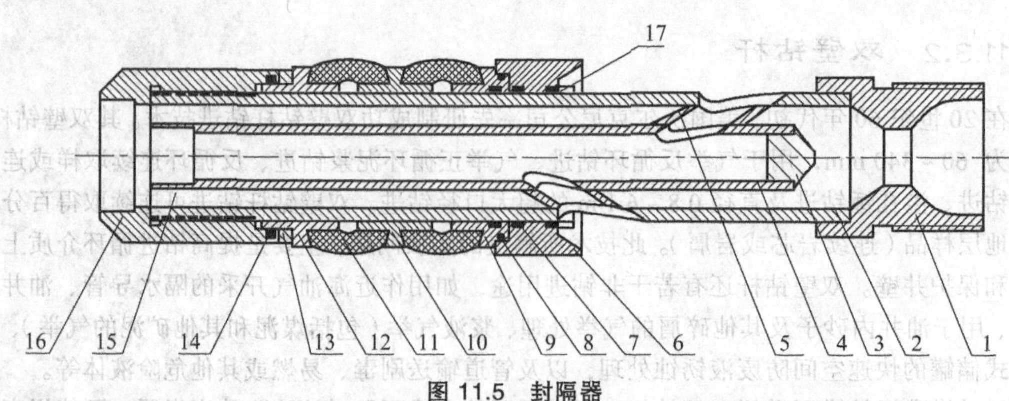

图 11.5 封隔器

1—下接头；2—外管；3—内管堵头；4—内管；5—反循环进入管；6—扩孔器；7、8、14—O 形密封圈；9—下座圈；10—中间座圈；11—橡胶封隔圈；12—上座圈；13—调整垫圈；15—支承；16—上接头；17—限位环

双壁钻杆钻进系统的主要优点在于可以连续地采集到 100%的地层样品，且样品的代表性高。循环介质的上返速度高，孔底岩屑清除及时，因而钻进效率高，比一般岩芯钻探可高十几倍。钻杆外管与孔壁间隙小，导向性好，比较容易保持钻孔的平直度。钻孔免受上返流体的冲刷，孔壁稳定。循环介质在管内循环，即使在裂隙、晶洞和节理发育地层钻进，循环介质漏失小，并保持循环不中断，便于控制孔内状态。由于钻进效率高，钻头寿命长，孔内事故发生概率小，施工质量高，所以，一般工程的成本可降低 75%以上。

第 12 章 其他气动潜孔锤钻进方法

12.1 气动潜孔锤跟管钻进法

气动潜孔锤跟管钻进即潜孔锤扩孔跟管钻进，是一种既发挥潜孔锤碎岩效率高的优点，又设法克服其护壁性能差的不足，而采取的一种工艺措施。这种钻进方法，主要是为解决坚硬破碎松散地层或卵砾石地层的护壁难而采取的。如瑞典的“ODEX”钻进法、德国的“天王星”及“海王星”钻进法等都属于扩孔跟管护壁钻进方法的范畴。近年来，我国气动潜孔锤跟管钻进技术发展较快，开发有 DPA 型、QD 型单偏心跟管钻具，SPA 型、QG 型带中心钻头单偏心跟管钻具，QS 型双偏心跟管钻具，同心跟管钻具等。下面以 QG 型跟管钻具为例介绍该项技术。

12.1.1 QG 型跟管扩孔钻具

1. QG 型跟管扩孔钻具的设计原则

（1）上端能与常规空气潜孔锤相连，承受钻机施加的钻压和回转扭矩以及由冲击器提供的冲击能，并能有效地传递给钻头破碎岩石。

（2）要有一个能张敛的扩孔装置，能在需要时张开扩孔，不需要时收敛。实现张敛的驱动力可以是弹簧的形变力、气压或钻压作用在斜面上的分力、转动摩擦力等。

（3）跟管钻进的套管无单独的驱动装置，可在钻具和套管上建立一对传力装置。将钻压及冲击能量部分地施加给套管，迫使套管随钻头同步钻进。

（4）钻具必须有让岩屑和气流通过套管内部返到地表的通道。

（5）有一个具有破岩效率高、寿命长的钻头。

2. 扩孔机构的研制

（1）扩孔机构的选择。国内外现有扩孔机构有以铰链连接，依靠弹簧变形力张开，强迫压缩弹簧收敛的；有铰支或滑槽形式，依靠斜面分力张敛的；也有用偏心圆依靠不同方向转动而实现张敛的。根据钻具能承受较大的冲击功和传递应力波的特点，选取偏心圆形式的扩孔装置，使钻具扩孔体有足够的强度，有较小的界面。

（2）偏心扩孔机构的工作原理。设计了两种偏心张敛扩孔机构：一种为利用孔底摩擦力张敛的推出式偏心机构；另一种为利用惯性及孔壁或套管底部摩擦力张敛的甩出式偏心机构。现分述如下：

① 推出式偏心机构。推出式偏心机构的原理见图 12.1。它由中心钻头体上的偏心轴、冲击导正器下部的导槽及偏心扩孔器组成。偏心扩孔器心部有一长圆孔、上端面有导块可在

导正器的导槽中滑动，下端部分镶了硬质合金切削具。中心钻头上部是中心轴，插在导正器中心孔中并由半合环卡住，保证其不脱落，并能自由转动，底部镶有硬质合金切削具，中间部分为一偏心轴，偏心扩孔器套在偏心轴上。钻具回转时，带动导正器转动，中心钻头由于孔底阻力暂不转动，扩孔器由导正器通过导块带动转动。它的长圆孔与中心钻头的偏心轴发生位置上的改变，使偏心轴给扩孔器一个通过偏圆圆心、平行于导正器导槽的力，将扩孔器推出。当扩孔器到达设计位置时，中心钻头的偏心轴受长圆孔的阻力不能转动。而后导正器的导槽带动扩孔器的导块，扩孔器的长圆孔又带动偏心轴使中心钻头旋转，从而进入钻进扩孔的工作状态。收回扩孔器时，反转钻具，中心钻头的偏心轴脱离约束而进入自由状态。由于受孔底阻力不回转，偏心轴又给扩孔器一个同张开时相反的力使扩孔器收敛到下钻时的位置，从而能从套管内提出。

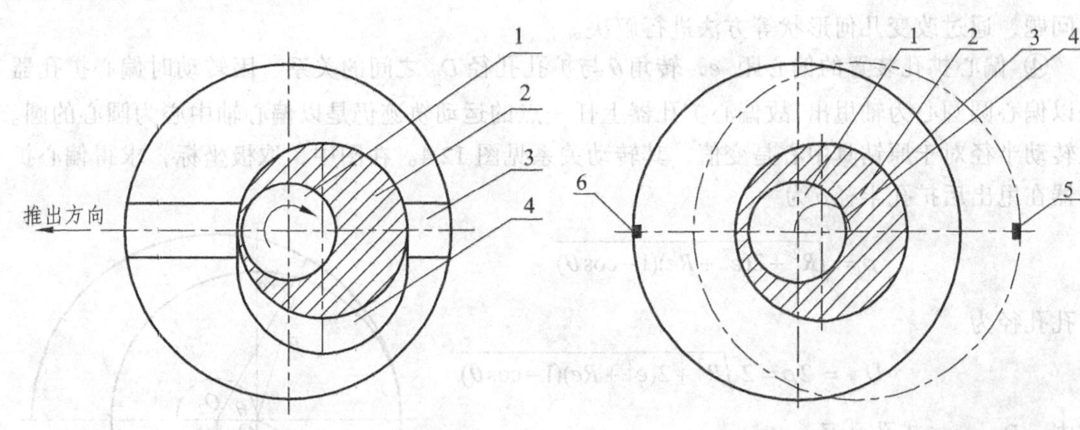

图 12.1　推出式偏心扩孔机构原理图

1—中心轴；2—偏心轴；3—导块；4—偏心长圆孔

图 12.2　甩出式偏心扩孔机构原理图

1—中心轴；2—偏心轴；3—偏心孔；4—偏心扩孔器外圆圆心运动轨迹；5—偏心扩孔器转动 180°后的位置；6—偏心扩孔器收敛位置

② 甩出式偏心扩孔机构。甩出式偏心扩孔机构的原理见图 12.2。它由一对偏心圆组成，扩孔器内圆的偏心孔套在中心钻头中部的偏心轴上，当扩孔器与中心钻头发生相对转动时，偏心扩孔器外圆圆心围绕偏心圆圆心旋转，相当于增加了钻具回转中心的半径。以瑞典阿特拉斯公司 ODEX 钻具为例，它的中心钻头中部有偏心轴，上部用螺纹与导正器连接，偏心扩孔器套在中心钻头的偏心轴上，中心钻头的偏心扩孔器上设有用于传递扭矩的凸缘，凸缘有倾斜的接触表面，见图 12.3。钻进时，回转钻具，偏心扩孔器由惯性力和孔壁摩擦力甩出，旋转 180°后被凸缘限位，并由斜面升起，压紧在导正器下端的平面上，以利于传递冲击器的冲击能量和减少偏心孔的磨损。此时扩孔直径最大，可钻出让套管顺利通过的钻孔。收回提钻时，反转钻具，由孔壁摩擦力

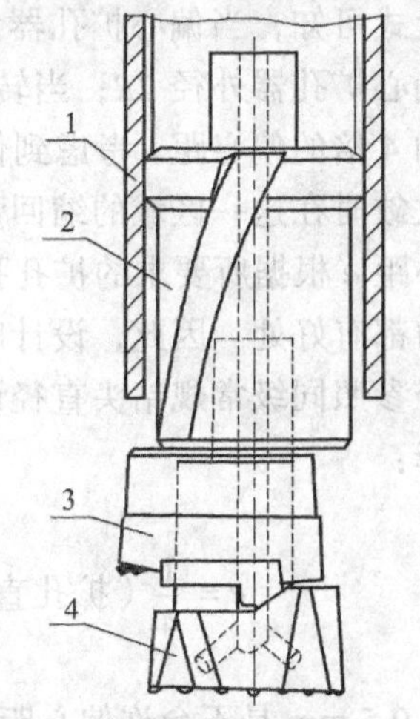

图 12.3　ODEX 钻具示意图

1—套管；2—冲击导正器；3—偏心扩孔器；4—中心钻头

或套管鞋底部的摩擦力使扩孔器与钻具产生相对运动，缩回到收敛位置，使钻具能从套管中提出。

③ 推出式与甩出式偏心机构的比较。原国家地矿部成都探矿工艺所在小直径试验中，制造了两种机构并做了试验对比，结果如下：

a. 推出式：加工简单，在试验中钻进到粉砂层时，孔底被高压空气吹空，不能提供给中心钻头阻力，使偏心扩孔器不能收敛。

b. 甩出式：加工工艺复杂，不易保证加工质量。中心钻头螺杆部分受力复杂，复合力过大；发生过螺杆折断事故，使钻头断落孔底。但钻进任何地层都能灵活地开合，即使在孔底无摩擦阻力时还可以提钻具，借助套管鞋端面提供摩擦力收敛。

为保证钻具动作可靠和有效，QG 型跟管扩孔钻具选择甩出式偏心扩孔机构。加工和受力问题，通过改变几何形状等方法进行解决。

④ 偏心扩孔装置的偏心距 e，转角 θ 与扩孔孔径 $D_{扩}$ 之间的关系。因转动时偏心扩孔器是以偏心圆圆心为轴甩出，故偏心扩孔器上任一点的运动轨迹仍是以偏心轴中心为圆心的圆。但转动半径对于原钻具中心是变值，其转动关系见图 12.4。在图中，取极坐标，求得偏心扩孔器在甩出后扩孔半径 ρ 为

$$\rho=\sqrt{R^2+2(e^2+Re)(1-\cos\theta)}$$

扩孔孔径为

$$D_{扩}=2\rho=2\sqrt{R^2+2(e^2+Re)(1-\cos\theta)}$$

式中　$D_{扩}$ ——扩孔孔径；

ρ ——扩孔半径；

R ——偏心扩孔器外圆半径；

e ——偏心轴偏心距；

θ ——偏心扩孔器甩出时转角。

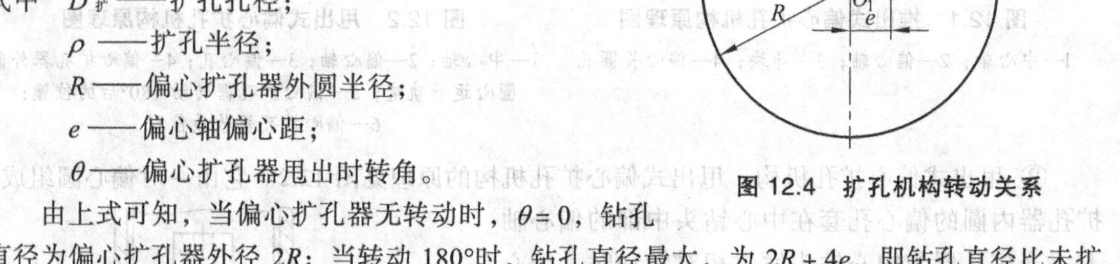

图 12.4　扩孔机构转动关系

由上式可知，当偏心扩孔器无转动时，$\theta=0$，钻孔直径为偏心扩孔器外径 $2R$；当转动 180°时，钻孔直径最大，为 $2R+4e$，即钻孔直径比未扩孔时增加 4 倍的偏心距。考虑到偏心扩孔器在转动 170°以后扩孔直径的增量很小，也意味着当反转收敛时在这一区域的缩回量小，因此设计时选定限制转角在（0° ~ 165°）± 5°。

偏心距 e 根据所要求的扩孔孔径与中心孔径的差值来选择。偏心距选小些，对加工制造，钻具受力都有好处。因此，设计时应尽量增大中心钻头直径，以能通过套管鞋为原则；或是将其直径参照同级常规钻头直径设计，以减小偏心扩孔器的负荷。在实际设计中，应用以下公式选择：

$$e=\frac{1}{4}（扩孔直径-中心钻头直径）+0.5\ \text{mm}$$

式中，+ 0.5 mm 是不允许偏心距有负公差。从实际钻孔的测量来看，由于冲击破岩的原因，孔径都大于设计计算值，足以补偿偏心孔转角未到 180°时不足的尺寸。

3. 排屑通道设计

为了保证导正器在钻进时起到导正作用，它的外表面与套管鞋的内表面间隙较小，孔底破碎的岩屑要从这里通过，进入套管内而后排出孔外，这一段排屑槽设计的合理与否，直接关系着钻进能否顺利进行。风槽形状、断面大小与其他方面相互制约。槽开得太小，会引起孔底岩屑不能顺利排出，堵塞气流，导致已排入套管内的岩屑沉降，卡在钻杆与粗径钻具连接部位，形成事故；槽开得太大，套管鞋上台肩受压强过大，发生变形，也会卡住钻具。为了保证气流不沿套管外壁逸出，而是携带岩屑及时从孔底进入套管后排出，研制者曾研制了三种不同形状的排屑槽并做了试验，最后选为矩形截面的直槽作为排屑槽，参阅图 12.5。

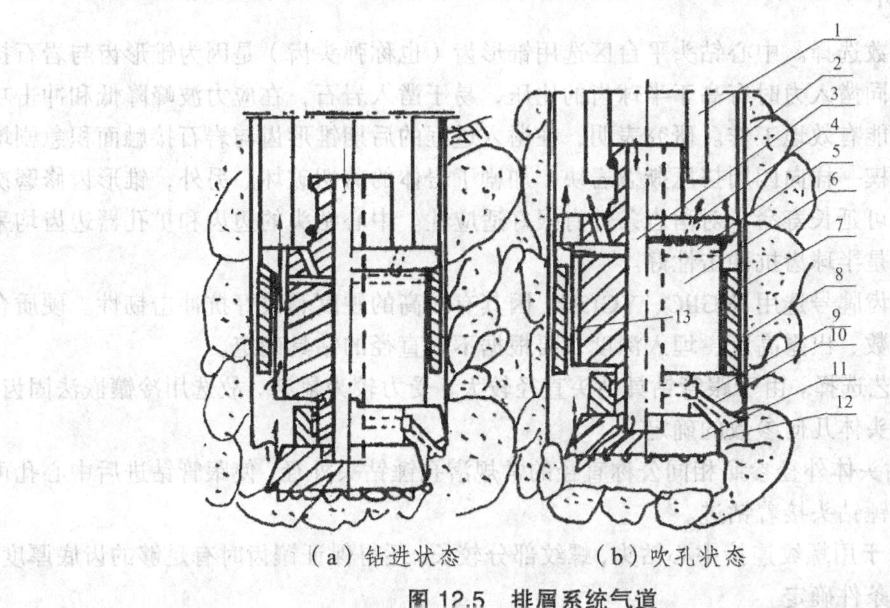

（a）钻进状态　　（b）吹孔状态

图 12.5　排屑系统气道

1—冲击器；2—套管；3—中心孔；4—上吹孔；5—侧吹孔；6—导正器；7—套管鞋；
8—孔壁与套管间隙；9—偏心扩孔器钻头；10—偏心扩孔器气孔；
11—中心钻头；12—中心钻头气孔；13—导正器表面排屑槽

钻具在钻进位置时，冲击器的下端压在导正器的上端，封闭了孔 4，套管鞋内表面与导正器外表面间的间隙很小，空气从侧吹孔 5 吹出时阻力很大，但能在导正器外表形成一层气垫，使钻具的回转阻力减小。由于上吹孔 4 与侧吹孔 5 基本上处于被封堵的状态，气流主要通过中心孔 3 经孔 10、12 排出，对钻头切削具进行冷却以及吹洗孔底被破碎的岩屑，然后携带岩屑从排屑槽 13 进入套管内并排出地表。但是，实际钻进时往往由于钻杆与套管之间的环状面积过大，稍大的岩屑可能在钻杆与粗径钻具的连接处滞留，慢慢增多，堵塞风道，卡住钻具。因此，除必须用取粉管收集较大的岩屑外，还必须要有强制吹孔，使未做功的压缩空气直接吹洗孔底，加大岩屑的上返速度。强制吹孔时，上提钻具 200 mm 左右，见图 12.5（b），压缩空气直接进入钻具中心孔，如果无孔 4 和 5，气流将直接从孔 10、12 吹出，将孔底岩屑吹起通过槽 13 进入套管内。由于导正器排屑槽 13 截面有限，套管外又有已破碎过的环状间隙 8 可供气流通过，有可能由于岩屑一时来不及通过排屑槽而将其堵塞，使高压气流经套管外部的通道上返，这种现象可称为气流"短路"或"串气"。出现这种现象后，套管内无岩屑排出，全部沉降到下部卡住钻具，再加大压气吹孔也无济于事，只有提钻处理。但上提钻具吹孔时，首先孔4被打开，使高压空气向上吹出，接着，孔5也从套管鞋部位提高到管鞋台肩之上，解除了对孔5的封堵，使孔5也向套管内排气。在钻具被提起吹孔时，孔4、5的阻力较小，大部分压缩空气从孔4、5处排出，对套管内岩屑进行冲洗。若此时排屑槽通畅，分流到孔底的气流仍可携带孔底岩屑返到套管内与套管内的气流会合，增加岩屑上返的速度，吹孔完毕，放下钻具，各风道又恢复钻进状态。在钻进试验中，钻进卵石层、回填土层时排屑正常（即使在钻进黏土层时，中心钻头气道全部被糊死，但导正器表面气孔未被堵，使钻进能够继续进行），这说明气道分布和排屑系统的设计是合理的。

4. 钻头设计

（1）齿形参数选择。中心钻头平台区选用锥形齿（也称弹头齿）是因为锥形齿与岩石接触面积小，在相同凿入力时有高于半球齿的比压，易于凿入岩石，在应力波峰降低和冲击功不足时锥形齿还能有效地工作。研究表明，在凿入过程的后期锥形齿与岩石接触面积急剧增大，圆锥体像尖楔一样向四周挤压撕裂岩块，加剧了岩体的剪切破坏。另外，锥形齿修磨次数少或不修磨也可延长寿命，对凿岩条件有很好适应性。中心钻头的边齿和扩孔器边齿均采用半球齿，原因是半球齿抗冲击性好。

硬质合金柱齿牌号选用 YGllC、YGl5C，因其有较高的硬度和较好抗冲击韧性。硬质合金柱齿直径、齿数、出露高度、埋入深度，要根据不同直径的钻具确定。

（2）固齿工艺选择。由于跟管钻具钻头直径较大，受力较为复杂，故选用冷镶嵌法固齿。

（3）中心钻头体几何参数的确定。

① 外径。钻头体外径参照相同公称直径的常规潜孔锤钻头外径，使跟管钻进后中心孔可直接用常规潜孔锤钻头接着钻进。

② 高度。由于用螺纹连接中心钻头，螺纹部分较长，还得保证镶齿时有足够的齿底厚度，高度依以上两个条件确定。

③ 侧隙角。为减少钻头体与孔壁的摩擦，采用15°的侧隙角。

④ 边齿倾角。为使边齿镶入后钻头能有外出刃，也为钻头钢体能有足够的承托力固住边齿，照通常情况选边齿倾角为35°。

⑤ 排屑系统。采用两个中心风眼，底部有放射状排屑风沟两条；无风眼的排屑沟两条，侧面有8条强力排屑风槽。

⑥ 连接螺纹。曾设计过两种不同齿形角和不同螺距的梯形螺纹作对比试验，其结果是选用螺纹角为85°及螺距为8 mm的地质管材螺纹。

（4）偏心扩孔钻头几何参数的确定。

① 外径。钻头体外径稍大于或等于中心钻头体外径。

② 偏心距。偏心距与导正器偏心轴的偏心距相等。

③ 排屑系统。由于偏心扩孔器工作时与孔壁岩石接触面积很小，其余面积足以通过岩屑，所以表面不设排屑沟槽。底部有两个风眼，用于吹洗被破碎的岩屑。

偏心扩孔器有效破岩齿数少，但扩孔面积大，磨损厉害，属于易损件。

5. 导正器设计及强度计算

导正器是一个传递钻压、扭矩及冲击应力波的关键部件，其受力非常复杂，它的强度直接影响着整个钻具的工作情况。该钻具与 ODEX 钻具结构的不同之处在于：将偏心轴、螺杆等和导正器制成一个整体，使整个钻具的受力状况得到改善，而中心钻头和偏心扩孔器成为可更换的易损件。导正器的选材和受力计算很重要，以免其过早失效。

导正器采用 35CrMo 钢或 42CrMo 钢进行锻造后机加工成形，再经调质处理；尾部高频淬火，使其表面有较高的硬度，芯部有很好的韧性，以适应交变应力。导正器花键部分的尺寸参照所配潜孔锤的花键套设计；冲击套管鞋的凸台外径应比所配用套管的最小内径小 2 mm；导正部分外径应比标准的同级潜孔锤钻头外径稍大；偏心轴的偏心距根据所需扩孔孔径而定，如 QG273/210 钻具定为 16 mm；螺杆直径尽量大些，但要在偏心轴上留出足够的端面向中心钻头传递冲击功。

导正器工作时所受的最大应力为冲击应力。由于应力波有叠加、反射等特性，导正器所受的力是交变力，有拉伸、压缩，用普通的碰撞公式不能计算出所受的力。为了使钻具的设计、受力和强度校核有依据，采用了电子计算机，用表算法对导正器在受冲击时应力波的大小作了计算，使进一步的计算有了依据。

表算法是以波在传播时的特性为基本出发点，即扰动以固定的速度沿轴线方向传递，在截面不变的杆中，扰动的传递只有位置的迁移，而无形状的改变。在截面积变更的界面上，则产生透射和反射。任一截面上，总载荷是顺波和逆波的叠加。根据这一原理，可将波的传递一步一步地计算。

表 12.1 所列为 QG273/210 钻具用表算法计算出各界面的最大冲击力和应力以及在工作时所受复合应力的计算结果。

表 12.1　QG273/210 钻具的计算结果

	界面	A—A	B—B	C—C	D—D	E—E	O—O	S—S
由冲击引起	最大压力/N	912 252	810 468	432 339	399 240	272 240	907 313	154 067
	最大拉力/N	197 321	171 452	102 737	110 421	87 010		
	最大压应力/MPa	86	26	30	39	30		
	最大拉应力/MPa	19	5	7	8	9		
由回转引起	剪应力/MPa	20.63		8.66		7.31		
	弯曲应力/MPa			20.71				
	复合应力/MPa	93.13		52.88		77.24		
	安全系数	2.19		3.42		2.25		

注：钻井凿入效率 $\eta = 0.533\ 198\ 4$，受冲击面最大受力 $F = 907\ 313$ N，传递效率 $\eta = 0.791\ 442$，最大凿入力 $S = 154\ 067$ N。

12.1.2 潜孔锤跟管钻进工艺

潜孔锤跟管钻进是一种特殊的钻进方法，有必要研究其钻进工艺。

1. 钻具组合

在进行潜孔锤跟管钻进时，除必须用QG型钻具外，还应有常规器具与之组合，才能进行正常工作。钻具组合见图12.6。钻具由潜孔冲击器6、导正器7、偏心扩孔钻头9、中心钻头10、偏心护套12、砂土层用锥形钻头11和套管鞋8组成，并根据需要可附加扶正器3、取粉管5及排粉罩2，或者使用双壁钻杆13加带有封隔器14的正反拉头15用于中心取样钻进。

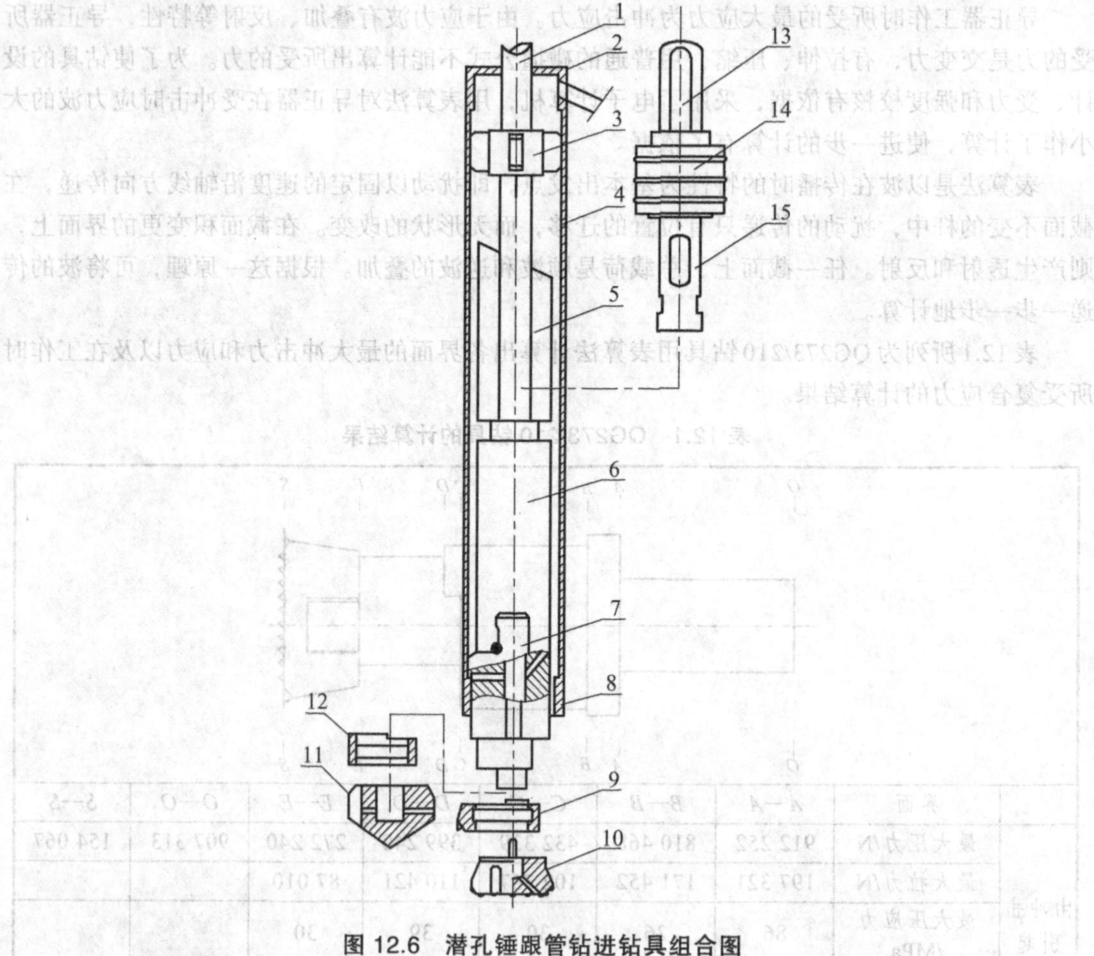

图12.6 潜孔锤跟管钻进钻具组合图

1—钻杆；2—排粉罩；3—扶正器；4—套管；5—取粉管；6—潜孔冲击器；7—导正器；8—套管鞋；9—偏心扩孔钻头；10—中心钻头；11—锥形钻头；12—偏心护套（在砂土层锥形钻头时配用）；13—双壁钻杆；14—封隔器；15—正反接头

钻进软硬互层的地层时，钻具组合如下：

（1）外层。排粉罩2、套管4、套管鞋8。

（2）内层。钻杆1、扶正器3、潜孔冲击器6、导正器7、偏心扩孔钻头9、中心钻头10，为防止排不出的大粒径岩屑造成卡夹，在潜孔冲击器的上方装有取粉管5。

用双壁钻杆进行中心取样钻进时，加上带有封隔装置的正反交叉接头15，可去掉排粉罩和取粉管。

2. 钻具工作原理

钻进时，将压缩空气或压缩空气和泡沫从钻杆送入潜孔冲击器使之工作，冲击器活塞冲击导正器，导正器偏心轴上套着偏心扩孔钻头，前端用丝扣连接着中心钻头。当钻具顺时针回转时，偏心扩孔钻头由惯性力和孔内摩擦力张开，并在开启到最大位置后被导正器上的挡块限位，冲击功由导正器传递给中心钻头和偏心扩孔钻头，对孔底岩石进行破碎。偏心扩孔钻头扩出大于套管外径的钻孔，使套管不受孔壁岩石的阻碍而通过。套管的重力大于地层对套管外壁的摩擦阻力时，套管靠自重跟进；当套管外壁的阻力较大，套管停止前进时，内层钻具继续向前破碎岩石，直到导正器上的台肩与套管鞋上的台肩接触。此时导正器将潜孔冲击器传来的冲击能量部分施加给套管鞋，再加上钻压的作用，迫使套管鞋带动整个套管柱与钻具同步跟进，保护已钻孔段的孔壁。

导正器的导正表面开有提钻吹岩屑的气孔，与潜孔冲击器外壳底部接触的地方也开有气孔，以利吹孔时能使大量的空气从套管内部上返，并对夹在该部位的岩屑进行清除。偏心轴上开的气孔可对偏心扩孔钻头进行冷却并防止岩屑卡住扩孔钻头，大部分空气由中心孔通过中心钻头的风道直接冲洗孔底已被破碎的岩屑，岩屑通过开在导正器表面的排粉槽进入套管并被上返的高速气流或泡沫带出孔外。

钻具工作时，开在导正器表面台肩上的孔分别被套管鞋内表面及潜孔冲击器底部封闭，大量的空气进入钻头工作区，对钻头进行冷却和清洗孔底；提钻吹孔时，台肩上的孔打开，由于孔底空气阻力大，大部分压气将从台肩上的孔向上吹洗套管内的岩屑，使岩屑不能沉积在台肩上。钻具再往上提，导正器表面的气孔也打开，对套管内的岩屑进行强力吹除，粒径过大的岩屑将沉降于取粉管内，其余的经过排粉罩排出套管或经正反交叉接头进入双壁钻杆的中心管而排出孔外。

当钻进工作告一段落，需将钻具提出时，可稍稍反转钻具，偏心扩孔器又依靠惯性力和孔底的摩擦力收回，整套钻具外径小于套管内径，即可将钻具提出或加接钻杆、套管等工作。

有些覆盖层没有硬石块，主要由薄黏土层和砂土层组成，钻进此类地层时，可不用偏心扩孔钻头，并将中心钻头换为锥形钻头进行跟管钻进，但应经常提动钻具吹孔，防止泥包钻头堵塞风道。

3. 确定气动潜孔锤跟管钻进的最大跟进套管深度

在气动潜孔锤偏心跟管钻进中，套管外壁受到孔壁及垮塌岩石的摩阻力作用，一旦其摩阻力等于作用于套管靴上的套管自重力、钻具的轴压力、气动潜孔锤最大冲击载荷之和值时，套管便不能向下跟进，此时钻孔深度，即为气动潜孔锤跟管钻进的最大跟进套管深度。

气动潜孔锤跟管钻进最大深度与跟进套管和地层摩阻力有直接关系。该摩阻力的大小与地层的成分和结构构造有关，理论上套管和地层摩阻力应该等于作用于套管壁上地层压力与套管和地层间摩擦系数之积。根据这种假设，套管侧壁摩阻力是随深度增加近似的三角形分布，然而，实际上侧壁摩阻力的大小和分布规律还未了解得很清楚。这里引用沉井法施工中确定井壁与地层摩阻力的方法，即该地层摩阻力与地层种类有关，每种地层单位面积摩阻力常数见表 12.2。采用这种方法确定套管和地层摩阻力，计算得到的气动潜孔锤跟管钻进最大深度值与工程施工结果误差不大。

表 12.2 地层对套管外壁单位面积摩阻力

地层种类	外壁单位面积摩阻力 f /kPa	地层种类	外壁单位面积摩阻力 f /kPa
淤泥质黏土	15～20	粗砂与砂卵石	20～30
黏性土	25～50	破碎岩石	30～40
砂类土与砂	15～25		

在气动潜孔锤偏心跟管钻进中，冲锤高速冲击产生的应力波，经导正器凸肩传递给管靴和套管。设冲锤质量为 M，撞击末速度 v_c，导正器波阻为 m，冲锤冲击产生的入射波 $p(t)$ 的波形会因冲锤形状的不同和撞击面接触条件的不同而不同，这里令

$$p(t)=mv_c e^{\left(\frac{m}{M}\right)t} \quad (\mathrm{N}) \tag{12-1}$$

式中，t 为时间，其他符号含义同前。

此时钻孔深度为 L，套管在下一次冲击载荷 P 作用下位移 U，则

$$P=(\pi Df-q)(L+U)-W \quad (\mathrm{N}) \tag{12-2}$$

式中 D——套管外径，m；

f——套管外壁单位面积摩阻力，kPa；

q——套管重量提供的跟进力，$q=q_0\cos\theta$（其中，q_0 为单位长度套管重力，θ为钻孔顶角）；

W——钻具的轴压力，N；

其余符号含义同前。

将式（12-2）微分得

$$\frac{\mathrm{d}P}{\mathrm{d}t}=(\pi Df-q)\frac{\mathrm{d}U}{\mathrm{d}t}=(\pi Df-q)v \tag{12-3}$$

式中 v——套管跟进速度，m/s；

其余符号含义同前。

入射波 $p(t)=m\cdot v(t)$，$v(t)$ 为入射波引起的质点速度；入射波在导正器凸肩处的反射波为 $p'(t)=-m\cdot v'(t)$，$v'(t)$ 为反射波引起的质点速度，$v'(t)=v-v(t)$，式中符号含义同前。

由波的合成得

$$\begin{aligned}P&=p(t)+p'(t)\\&=p(t)-m[v-v(t)]\\&=2p(t)-\frac{m}{(\pi Df-q)}\cdot\frac{\mathrm{d}P}{\mathrm{d}t}\end{aligned}$$

整理得

$$\frac{\mathrm{d}P}{\mathrm{d}t}+\frac{1}{m}(\pi Df-q)P=\frac{2}{m}(\pi Df-q)p(t) \tag{12-4}$$

当 $t=0$ 时，$U=0$，$P=(\pi Df-q)L-W$，并把式（12-1）代入式（12-4），解之可得

$$P=2\left[\frac{\mathrm{e}^{-\frac{m}{M}t}-\mathrm{e}^{-\frac{1}{m}(\pi Df-q)t}}{1-\lambda}\right]mv_{\mathrm{c}}+[(\pi Df-q)L-W]\mathrm{e}^{-\frac{1}{m}(\pi Df-q)t}\quad(\mathrm{N}) \tag{12-5}$$

式中　$\lambda=\dfrac{m^2}{M(\pi Df-q)}$；

其余符号含义同前。

为了从式（12-5）中求得力的最大值 P_{m}，将该式微分，令其等于零，得

$$t=\frac{\ln\left\{\frac{1}{\lambda}-\frac{(1-\lambda)}{2v_{\mathrm{c}}\lambda m}[(\pi Df-q)L-W]\right\}}{\frac{1}{m}(\pi Df-q)-\frac{m}{M}}\quad(\mathrm{s}) \tag{12-6}$$

将式（12-6）代入式（12-5），得

$$P_{\mathrm{m}}=2mv_{\mathrm{c}}\lambda^{\frac{\lambda}{1-\lambda}}\left\{1-\frac{(1-\lambda)[(\pi Df-q)L-W]}{2mv_{\mathrm{c}}}\right\}^{\frac{\lambda}{\lambda-1}}\quad(\mathrm{N}) \tag{12-7}$$

将式（12-7）代入式（12-2），便可求得当跟进套管深度为 L 时，再一次冲锤冲击后，套管位移 U：

$$U=\frac{2mv_{\mathrm{c}}}{\pi Df-q}\lambda^{\frac{\lambda}{1-\lambda}}\left\{1-\frac{(1-\lambda)[(\pi Df-q)L-W]}{2mv_{\mathrm{c}}}\right\}^{\frac{\lambda}{\lambda-1}}+\frac{W}{\pi Df-q}\quad L\quad(\mathrm{m}) \tag{12-8}$$

由于跟进套管阻力随孔深增加而增加，因此，在钻进设备、潜孔锤、地层等条件一定时，存在最大跟进套管深度 $L_{\max}$，在式（12-8）中，令 $U=0$，可得

$$L_{\max}=\frac{1}{\pi Df-q}(2mv_{\mathrm{c}}+W)\quad(\mathrm{m}) \tag{12-9}$$

此时套管下部丝扣处所受应力最大，应力最大值 $\sigma_{\max}$ 为

$$\sigma_{\max}=\frac{8mv_{\mathrm{c}}^2+4W}{\pi(d_1^2-d_2^2)}\quad(\mathrm{Pa}) \tag{12-10}$$

式中　d_1 ——套管外径，m；

d_2 ——套管丝扣处内径，m；

其余符号含义同前。

4. 使用方法及注意事项

（1）设备选择。跟管钻进的机械钻速很高，但加接钻杆费工费时，加接套管更是如此，

为了减少加接套管的时间，可选用长行程动力头钻机，以增加单根套管长度。若使用立轴或转盘式钻机，则应将钻机垫高或将孔口挖低，才能加接1m以上的套管。

空压机及地面设备如泡沫泵、稳压罐、流量计及潜孔锤注油系统等都与常规潜孔锤钻进相同。

（2）套管配备。为了方便地加接钻杆和套管，除第一根套管应根据钻具长度具体确定外，其余的均应加工成与钻杆相同的长度。采用螺纹连接时，套管螺纹与钻杆螺纹旋向应相反。

套管鞋采用钻头用料或套管接箍料制成。在不需起拔套管又有焊接设备的地方，可采用可焊性好的薄壁管或卷管，这样可减少机加工的工作量，并可节省钢材。

（3）开孔前准备。在做好各项准备工作，并检查设备的运转和钻具的动作都无问题后，将第一根带有套管鞋的套管套入钻具，使偏心扩孔器出露于管鞋之外，手动旋转使偏心扩孔器张开，套管不致在提升时掉下，并应注意开孔时扶正器应在套管上端起到扶正套管的作用。第一根套管安放得不正，会导致钻孔发生偏斜。

（4）钻进时不要盲目追求进尺，以防岩屑产生得太多来不及排出，引起卡钻。因此钻进操作应及时观察排屑情况。

（5）反转钻具收敛扩孔器时，应小心操作，防止钻杆或冲击器脱扣。

（6）用常规钻杆钻进时必须使用取粉管。由于钻进多在松散垮塌地层进行，破碎岩石不是钻进中的主要问题，主要问题是如何使孔底岩屑通过导正器表面的排屑槽进入套管而后排到孔外。由于地层松散，压缩空气进入孔底后部分从套管外壁逸出，部分进入地层，使返回套管内携带岩粉的压气量减少，岩屑的上返速度低，特别是在钻杆及粗径钻具连接部位，较大的岩屑将会沉降，为此应设置取粉管收取。

（7）必须使用扶正器，以保证钻杆与套管的同轴度。跟管钻进是单偏心扩孔器扩孔，受力不均匀，存在的反力使套管有偏斜的趋势，要保证钻孔垂直，一方面采用刚性好的套管，另一方面用扶正器配合导正器使套管与钻杆保持良好的同轴性。

（8）钻杆接头必须涂丝扣油。偏心扩孔器在极易垮塌地层钻进时，侧面容易把探头石挤入孔壁，因此钻机的回转阻力较大，钻杆也由于冲击器的振动和回转的大扭矩而过紧，为了使钻杆容易拧卸，不致因扭矩过大而黏扣，必须在接头处涂以丝扣油。

12.2 湿式气动潜孔锤钻进施工法

硬岩钻进中，冲击钻一般比回转钻的钻进效率高、经济效益好。冲击钻自古代起就开始使用（如绳式顿钻），并沿袭至今。

高度机械化的冲击钻有风动或液动冲击器等冲击回转钻具，风动潜孔锤下孔内，能够直接冲击地层，与顶部驱动式的冲击器等相比，能量衰减少，钻进大口径或深孔的效率高。此外，回转钻钻进硬岩，钻头消耗大，且需要很大的钻压和扭矩，所以设备体积大。

以往风动潜孔锤是利用做功后的排气在孔内的上升流动排除钻屑（岩粉）。当孔径加大后，为了保证孔内环空间隙的排气速度，需要使用大量的压缩空气（流速在 20 m/s 以上），钻屑的大小也受限制。孔内基本上是用空气充填（无水状态）。因此，海、河等的水下钻孔或者地下水丰富的地层，钻孔深度受到限制。

MACH 施工法发展了风动潜孔锤钻进技术，其特点是利用压缩空气驱动潜孔锤，而利用清水或泥浆的反循环排出钻屑。空气通道与泥浆流动系统路线各自独立，两者在孔内互不接触。

MACH 为 Mud Air Circulation Hanmer（泥浆、空气循环潜孔锤）的缩写。由于 MACH 施工法的开发，使硬岩大口径钻进变得容易，同时还扩大了风动潜孔锤在水下或地下水位以下工作的适应性，对于孤石、大卵石的钻孔也行之有效。

12.2.1　MACH 施工法概要

图 12.7 为 MACH-150R 钻具的结构示意图。钻具将 3 个 AD-350 型风动潜孔锤 1 组合在一起，由带送排气管的钻杆 2 悬吊。钻杆以直径 200 mm 的排渣管 3 为中心，周围配 1 根直径 50 mm 的送气管 4 和 2 根直径 50 mm 的排气管 5。钻杆两端通过法兰连接。地表空压机送出的压缩空气通过送气管分配给 3 个风动潜孔锤，使各活塞 6 工作后，从钻头 7 侧向排气孔 8 排出，再经 2 根排气管上返至地表。排气管与送气管以 2∶1 比例配置的目的为减少排气通道的背压上升。

钻头冲击产生的钻屑（岩粉）通过泥浆的反循环被吸入下端中心部位的反循环吸渣口 9，并于排渣管内由泥浆携带上升排出。

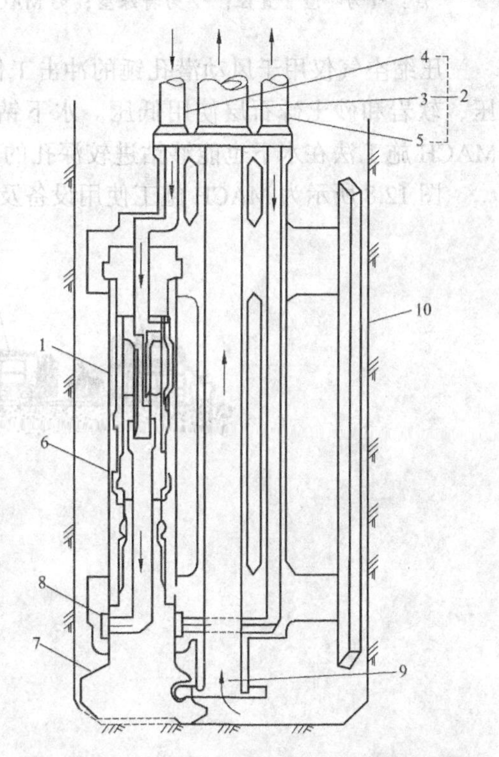

图 12.7　MACH-150R 型钻具结构示意图

1—AD-350H 型风动潜孔锤×3 个；2—钻杆；3—排渣管 200 mm×1 根；4—送气管 50 mm×1 根；5—排气管 50 mm×2 根；6—活塞；7—钻头；8—排气孔；9—反循环吸渣口；10—导向板

MACH 施工法的钻具有使用 1 个风动潜孔锤的单锤式和将 3 个同样风动潜孔锤组合在一起的多锤式，如表 12.3 所示。单锤式钻具适用于 250 ~ 800 mm 的中小口径钻进；多锤式钻具适用于 1 000 ~ 1 500 mm 的大口径钻进。泥浆的循环方式也有两种，即 MACH-25 型钻具利用 50 mm 钻杆正循环，MACH-30、38 型钻具利用配 100 mm 排渣管的钻杆反循环或者正循环，MACH-45R、50R 型钻具利用配 150 mm 排渣管的钻杆反循环，MACH-60R、80R、100R、120R 和 150R 型钻具利用配 200 mm 排渣管钻杆反循环。反循环钻进一般在 70 ~ 100 m 采用泵吸方法，超过 100 m 时采用气举方法。

如上所述，因为 MACH 施工法钻具的泥浆（或清水）流路与空气通道相互分离，所以能够在水下使用。因而也就能够利用泥浆保护干式风动潜孔锤钻进时孔壁稳定困难的砂土、砾石和卵石层，防止坍塌，减少孔内事故。反循环钻进能够不破碎而直接将卵砾石排出，提高钻进效率的同时降低钻头消耗。

表 12.3 MACH 钻具技术规格

孔径/mm	钻具型号	潜孔锤型号	耗气量（m^3/min，$7\ kg/cm^2$）	钻杆直径*1/mm	备注
1500	MACH-150R	AD-350×3	90	200	反循环方式多锤
1200*2	MACH-120RS				
1200	MACH-120R	AD-270×3	57		
1000	MACH-100R				
800	MACH-80R	AD-510×1	40		反循环方式单锤
600	MACH-60R				
500	MACH-50R	AD-380×1	25	150	
450	MACH-45R				
380	MACH-38R	AD-300×1	20	100	反正循环方式单锤
300	MACH-30R	AD-260×1	15		
250	MACH-25R	AD-220×1	14	50*3	正循环方式单锤

注：*1 为排渣管直径；*2 为特殊型；*3 MACH-25 型钻具系正循环方式，故为送水管直径。

压缩空气仅用于风动潜孔锤的冲击工作，并能够根据地质情况调节冲击力，硬岩使用高压，软岩和砂土砾石层使用低压。水下钻进时，排气也不受水压造成的背压影响。这就是 MACH 施工法在水下也能够钻进较深孔的理由。

图 12.8 所示为 MACH 施工使用设备及其配置。MACH 钻具 1 连接在钻杆 4 的下端。钻杆

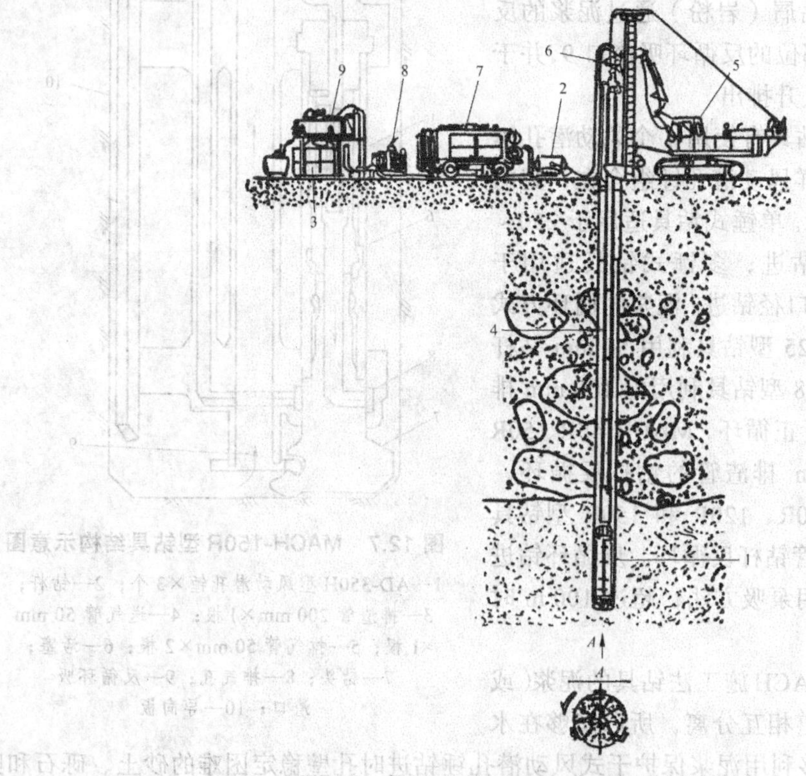

图 12.8 MACH 施工法使用设备及其配置图

1—MACH 钻具；2—储气罐；3—泥浆箱；4—钻杆；5—主机；6—动力头；7—空压机；8—砂石泵；9—振动泥浆

的上端与动力头 6 连接。动力头的中心贯通排渣管。排渣管的上端经水龙头与排渣软管连通。动力头的下部有送气气龙头和排气气龙头，并分别连接送、排气软管。动力头与水龙头形成一体，能够沿主机 5 桅杆升降。空压机 7 的容量 15 ~ 17 m^3/min、压力 7 kg/cm^2，一般可根据所需空气量使用数台。各空压机送出的压缩空气集中到储气罐 2 后通过送气软管送至气龙头。

钻渣被砂石泵 8 抽吸后，与泥浆一起经排渣管—水龙头—排渣软管，送至振动泥浆筛 9 进行分离。分离后的泥浆流入泥浆筛下面的泥浆箱 3 内，然后由潜水泵等再送回孔内，维持水位一定。

动力头的驱动及其升降动作靠主机上的液压泵实现。此外，主机还可使用履带式打桩机，只在其三点固定式导杆上装配专用动力头即可。在任何场合履带式主机均机动性强、方便。

MACH 施工法可钻孔深度取决于空压机输出压力和地质条件。使用输出压力 7 kg/cm^2 的空压机，额定孔深为 50 m，如果所钻地层为软岩 ~ 中硬岩或者砾石、卵石层，能够钻至 100 m，若使用 7 kg/cm^2 以上的高压空压机，能够钻进更深的孔。

12.2.2　MACH 施工法的优点

与以往的回转钻或干式风动潜孔锤相比，MACH 施工法具有下述优点：

（1）除纯黏土外，砂土至砾石、卵石、孤石、风化岩、硬岩一般都能钻进，对地层的适应性非常广。

（2）与使用牙轮的回转钻相比，钻压及扭矩小，所以机械设备的体积小、重量小，搬迁安装容易。

（3）钻速比其他钻机高，经济效益好。

（4）不受水位的影响，能够在水下或含水层钻孔，并利用泥浆护壁防止坍塌。

（5）大块钻渣容易排出，二次破碎少，钻进效率高，钻头寿命长。

（6）可根据地质情况调节风动潜孔锤的冲击能量，能够有效地使用空压机。

（7）产生的粉尘少，噪声小。

12.3　气动矛和夯管锤施工法

12.3.1　气动矛法

1. 概　述

气动矛施工法是使用得最早和最广的一种非开挖铺管方法。气动冲击矛是使用得最早、应用最广的一种非开挖施工工具。早在 20 世纪初，波兰便开始了冲击矛的研制和生产；60 年代，俄罗斯发明了一种无阀式气动冲击矛。随后德国的 TT 公司和美国的 Allied 公司相继开发了类似的产品，并在前端增加了一个矛头，这便是目前广泛使用的气动冲击矛。近几年，国外又开发出以液压为动力的液动冲击矛。

施工时，在压气的作用下气动矛内的活塞作往复式运动，不断冲击矛头，矛头挤压周围的土层形成钻孔，并带动矛体前进。随着气动矛的前进，可将直径比矛体小的管线拉入孔内，完成管线铺设。根据地层条件也可先成孔后，随着气动矛的后退将管线拉入，或边扩孔边将管线拉入。冲击矛的矛头有多种结构形式，可根据不同土质条件选择使用，如锥形矛头适用于均质土层；台阶式矛头可在含砾石层中施工，活动式矛头能够冲碎砾石并保直前进。

虽然已有可控制的气动矛出现，但绝大多数气动矛仍是不可控的。为保证施工的精度，施工前的校正工作极为重要。此外，为保证气动矛受力均匀，并防止因冲击挤压引起的路面"隆起"，一般气动矛以上地表土层的厚度（即管线的埋深）应大于矛体外径的10倍左右。

气动矛法的优点：

（1）操作简单，不要求较高的专业技术。

（2）施工成本低。

（3）对地表干扰少。

气动矛法的缺点：

（1）地层条件变化或遇到障碍时易偏离设计方向。

（2）不可控制方向，精度有限。

（3）不适用于硬土层、含大卵砾石的地层以及含水地层。

气动矛法的适用条件：

（1）管径30～250 mm。

（2）管线长度20～60 m。

（3）管材为PVC、PE、钢管、电缆等。

（4）适用于不含水的均质地层，如黏土、亚黏土等。

2. 工作原理

压气驱动的冲击矛（也称气动冲击矛）在压缩空气的作用下，矛体内的活塞作往复运动，不断地冲击矛头。由于活塞的质量很大（一般为矛头质量的10倍），每次冲击使矛头获得很大的冲击力和高速度，足以克服端部阻力和摩擦阻力，形成钻孔并带动矛体前进，同时将土向四周挤压，如图12.9所示。由于矛体与土层摩擦力的作用，以及活塞往复运动的冲击力远大于回程时的反作用力，所以冲击矛可在土层中自由移动。冲击矛既可前进，也可以后退（只需反方向转动压气软管1/4圈，改变配气回路使活塞向后冲击）。冲击矛的后退功能主要是用来回拖管线，或者在遇到障碍物时返回工作坑，重新开孔。

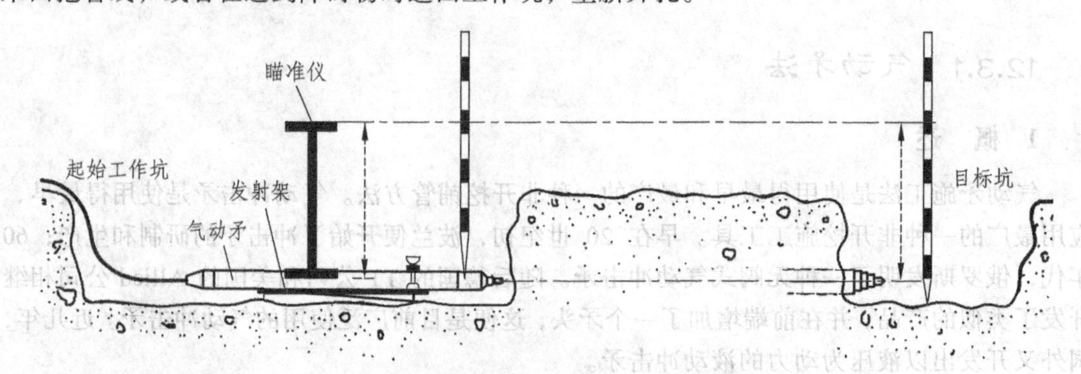

图12.9　气动矛施工法示意图

3. 施工工艺

气动矛施工时，一般先在欲铺设管线地段的两端开挖发射工作坑和目标工作坑，其大小可根据矛体的尺寸、铺管的深度、管的类型以及操作方便而定。随后，将冲击矛放入发射工作坑，并置于发射架上，用瞄准仪调整好矛体的方向和深度。最后，使气动冲击矛沿着预定的方向进入土层。当矛体的 1/2 进入土层后，再用瞄准仪校正矛体的方向，如有偏斜应及时调整。校正过程可重复多次，直到矛体完全进入土层。

管线的铺设方法有以下几种：

（1）直接拉入。

这是成孔与铺管工作同时完成的方法。待铺设的管线通过锥形管接头[见图 12.10（a）]或用钢绳及夹具与冲击矛相连接[见图 12.10（b）]。当铺管长度较长时，可在发射坑利用紧线夹，并通过钢绳或滑轮对管施加一个辅助的推力。有时，也可以用一个千斤顶来提供辅助推力。

当土层的稳定性较差或施工长度较长时，为了避免孔壁的塌落，建议使用直接拉入法。

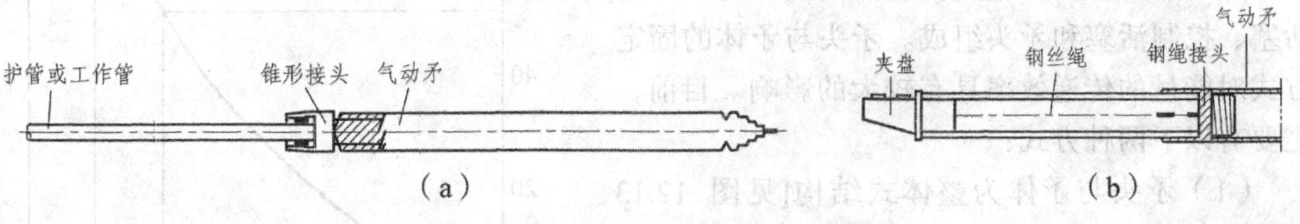

图 12.10　直接拉入管线的方法

（2）反向拉入。

当冲击矛到达目标工作坑后，将待铺设的管线与冲击矛相连接；然后，旋转 1/4 圈压气软管，使冲击矛反向冲击而后退，并将管线拉入孔内。也可以用直接拉入法所述的方法来增加辅助推力。

（3）扩孔后拉入。

如果管径较大，而且土层稳定时，可先用冲击矛形成先导孔，然后在冲击矛上外加一个扩孔套，边扩孔边将待铺设的管线拉入孔内，一般扩孔套的外径与冲击矛外径之比应小于 1.6。当土的阻力极大时，可以先用冲击矛形成一导向孔，然后再进行夯管施工，见图 12.11。

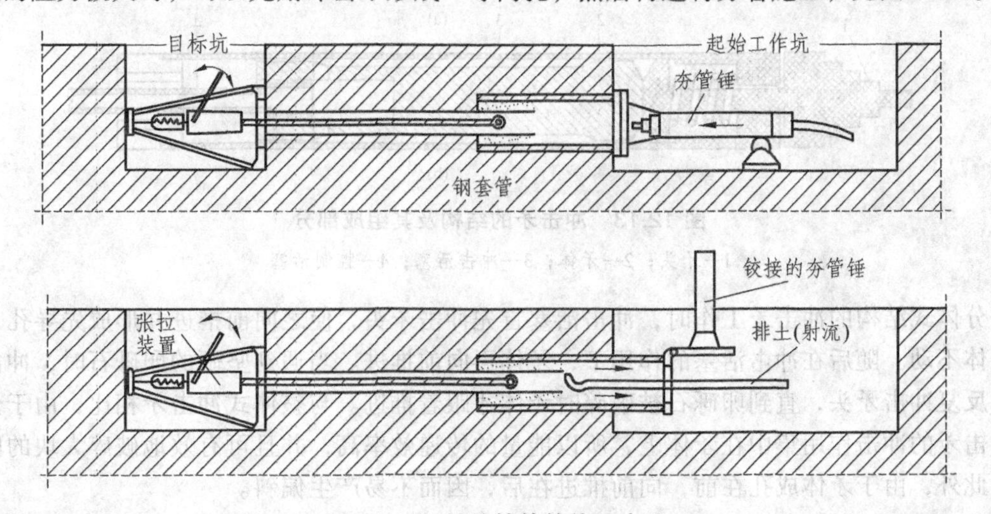

图 12.11　扩孔铺管的施工方法

这种方法的优点如下：

① 一种冲击矛可用于不同直径管线的铺设。

② 贯穿先导管的钢绳在一定程度上可起到调节方向的作用，同时又可施加辅助拉力。

4. 施工机具

使用冲击矛施工时，常用的机具主要有：冲击矛、空压机、注油器、高压胶管、发射架、瞄准仪、拉管接头等。

空压机提供压缩空气，压力一般为 6 ~ 7 bar（见图 12.12），排气量视气动矛的大小而定，一般小于 6 m^3/min。注油器向压气中注入润滑油，以润滑气动矛和冷却矛体。常用的注油器为自吸式注油器，注油量一般为 0.005 ~ 0.01 L/min。

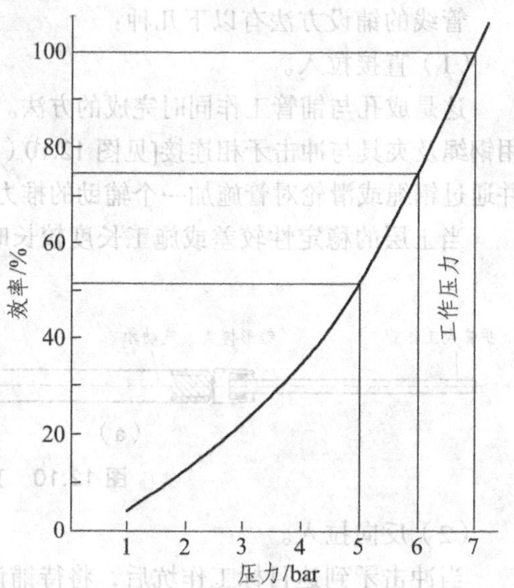

图 12.12　压气的压力大小与工作效率之间的关系

冲击矛为主要的钻具，它由钢质外壳、冲击活塞、控制活塞和矛头组成。矛头与矛体的固定方式对能量的传递效率具有较大的影响。目前，主要有以下两种方式：

（1）矛头与矛体为整体式结构[见图 12.13（a）]。

（2）矛头可沿矛体的轴线滑动的分体式结构[见图 12.13（b）]。

整体式结构的优点是冲击活塞相对较大，因而能量也较大，所以施工速度快。另外，冲击矛的结构简单，没有易损件，维修方便。

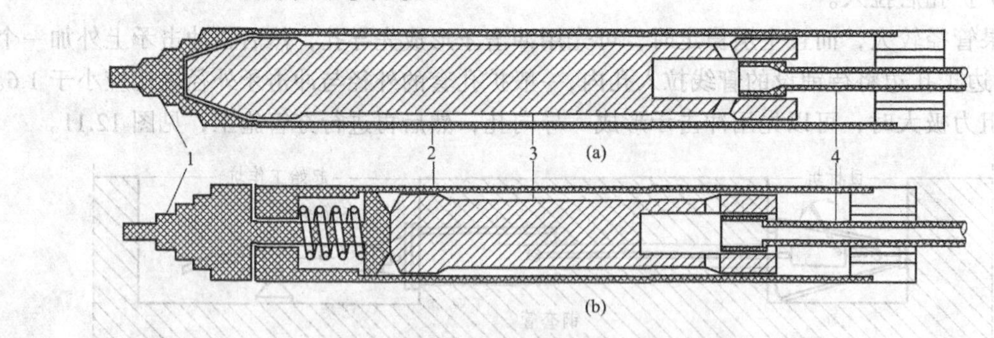

图 12.13　冲击矛的结构及其组成部分

1—矛头；2—矛体；3—冲击活塞；4—控制活塞

分体式结构的冲击矛工作时，冲击活塞首先冲击矛头，使之向前推进并形成先导孔，此时矛体不动。随后在冲击活塞的作用下，矛体再向前推进。当遇到坚硬的卵砾石时，冲击活塞可反复冲击矛头，直到卵砾石被破碎时矛体才跟着推进。与整体式冲击矛相比，由于分体式冲击矛的冲击作用集中在矛体上，所以能量的传递效率高，并且可有效地破碎大块的卵砾石。此外，由于矛体成孔在前，向前推进在后，因而不易产生偏斜。

近几年，为了避免冲击矛施工的盲目性，提高施工精度，避免破坏已有的地下管线，对

传统的冲击矛进行了一系列改进。除了设计不同形式的矛头（见图 12.14）外，最显著的是

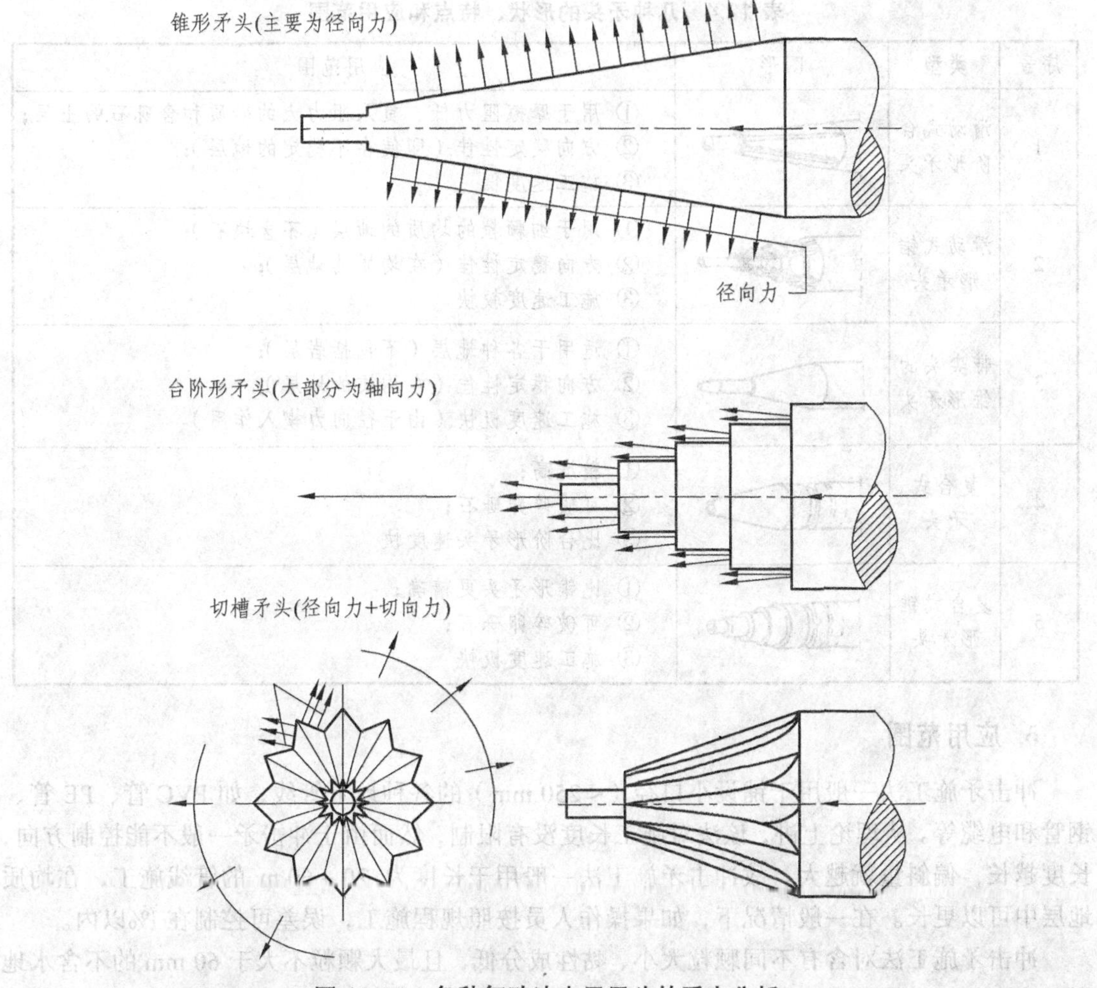

图 12.14 各种气动冲击矛矛头的受力分析

研制成功可测式和可控式冲击矛。可测式冲击矛是在矛头内附加一个信号发射装置，施工时在地表用手持式探测器接收该信号发射装置发射出来的信号,并显示其深度和平面投影位置。当发现冲击矛严重偏离设计方向或接近现有的地下管线时，可退回冲击矛，重新开孔。可控式冲击矛在可测式冲击矛的基础上，利用带斜面的矛头来实现控制冲击矛的推进方向，因而施工精度更高。图 12.15 是可控式冲击矛的一个例子。

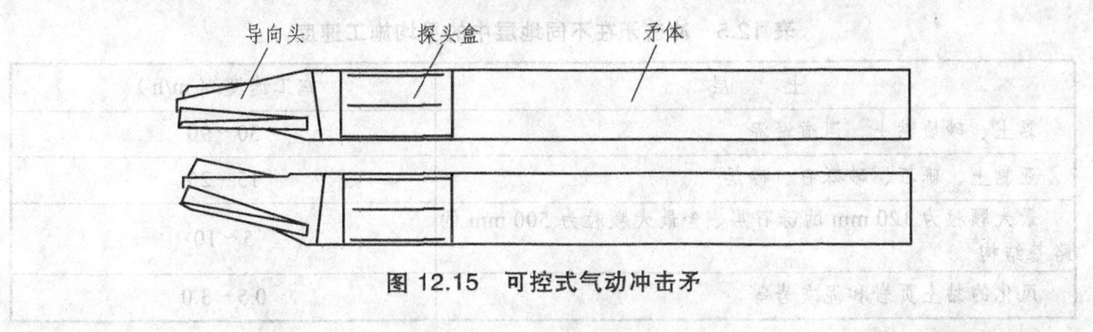

图 12.15 可控式气动冲击矛

矛头的形状对施工速度和精度具有决定性的影响，表12.4列出了几种矛头形状及其特点。

表12.4 几种矛头的形状、特点和应用范围

序号	类型	图形	应用范围
1	滑动式台阶形矛头		① 用于摩擦阻力低、贯入阻力大的砂质和含砾石的土层； ② 方向稳定性佳（即使在不稳定的地层）； ③ 施工速度低
2	滑动式锥形矛头		① 用于细颗粒的均质的地层（不含块石）； ② 方向稳定性佳（在均质的地层）； ③ 施工速度较快
3	带尖头的锥形矛头		① 适用于各种地层（不包括岩层）； ② 方向稳定性佳（在均质的地层）； ③ 施工速度极快（由于径向力楔入作用）
4	复合式矛头		① 精度高； ② 可破碎卵砾石； ③ 比台阶形矛头速度快
5	复合式锥形矛头		① 比锥形矛头更精确； ② 可破碎卵砾石； ③ 施工速度极快

5. 应用范围

冲击矛施工法一般用于铺设小口径（<250 mm）的各种地下管线，如PVC管、PE管、钢管和电缆等。从理论上讲，该法对施工长度没有限制，然而由于冲击矛一般不能控制方向，长度越长，偏斜量就越大。故冲击矛施工法一般用于长度为 20～60 m 的管线施工，在均质地层中可以更长。在一般情况下，如果操作人员按照规程施工，误差可控制在1%以内。

冲击矛施工法对含有不同颗粒大小、黏性成分低，且最大颗粒不大于60 mm的不含水地层最为理想。虽然，有的冲击矛也可用于含少量砾石的土层中施工，但最大的砾石直径不应大于冲击矛的外径。在含地下水的地层，由于冲击振动使矛体与接触面的周围发生"液化"，摩擦力降低，因而冲击矛无法前进或前进的速度极慢，并且有可能造成下沉。在这种地层中，若使用冲击矛施工法，最好在冲击矛的后面跟入钢管，并在工作坑外对钢管施加外力，不断推进钢管。

施工速度主要取决于土层条件（见表12.5），一般为10～20 m/h，最高可达90 m/h。

表12.5 冲击矛在不同地层中的平均施工速度

土　层	施工速度/（m/h）
黏土、砂质黏土、河道淤泥	30～90
亚黏土、砾石、砂砾石、砂层	15～25
最大颗粒为120 mm的砾石层、含最大颗粒为500 mm的路基结构	5～10
风化的黏土页岩和泥灰岩等	0.5～3.0

冲击矛施工法以冲击挤压的方式成孔，为保持周围土体压力均匀，矛体受力均匀，不发生偏斜，并防止由于冲击挤压而造成的地表隆起（见图 12.16），一般规定冲击矛至地表的覆盖土层厚度，即地下管线的埋深，应大于冲击矛直径的 10 倍。如果是并排平行铺设管线，则相邻两管线的距离也应大于冲击矛直径的 10 倍，以避免破坏邻近的管线。

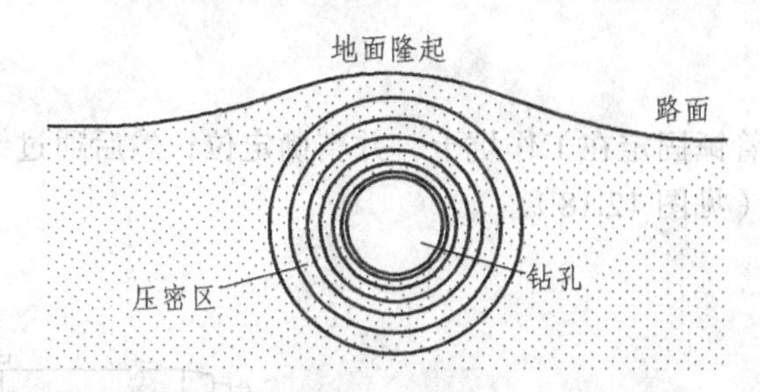

图 12.16　管线埋深不足引起的地面隆起

12.3.2　夯管法

1. 概　述

夯管施工法是指用夯管锤（低频、大冲击功的气动冲击器）将待铺设的钢管沿设计路线直接夯入地层，实现非开挖穿越铺管。施工时，夯管锤的冲击力直接作用在钢管的后端，通过钢管传递到前端的管鞋上切削土体，并克服土层与管体之间的摩擦力使钢管不断进入土层。随着钢管的前进，被切削的土芯进入钢管内。待钢管全部夯入后，可用压气、高压水射流或螺旋钻杆等方法将其排出。

由于夯管过程中钢管要承受较大的冲击力，因此一般使用无缝钢管，而且壁厚要满足一定的要求。钢管直径较大时，为减少钢管与土层之间的摩擦阻力，可在管顶部表面焊一根小钢管，随钢管的夯入，注入水或泥浆，以润滑钢管的内外表面。

夯管法的优点如下：

（1）对地表的干扰极小。

（2）对土层的扰动小。

（3）设备简单、投资少，施工成本低。

夯管法的缺点如下：

（1）不可控制施工方向。

（2）不适用于含大卵砾石的地层。

夯管法的适用范围如下：

（1）管径为 50 ~ 2 000 mm。

（2）管线长度为 20 ~ 80 m。

（3）管材为钢套管。

（4）适用于不含大卵砾石的各种地层，包括含水地层。

2. 工作原理

夯管过程中，夯管锤产生的较大冲击力直接作用于钢管的后端，通过钢管传递到最前端钢管的管鞋上，克服管鞋的贯入阻力和管壁（内、外壁）与土之间的摩擦阻力，将钢管夯入地层（见图 12.17）。随着钢管的夯入，被切削的土芯进入钢管内，待钢管抵达目标坑后，将钢管内的土用压气或高压水排出，而钢管则留在孔内。有时为了减少管内壁与土的摩擦阻力，在施工过程中夯入一节钢管后，间断地将管内的土排出。

3. 施工工艺

施工前，首先将夯管锤固定在工作坑上，并精确定位；然后通过锥形接头和张紧带将夯管锤连接在钢管的后面（见图 12.18）。

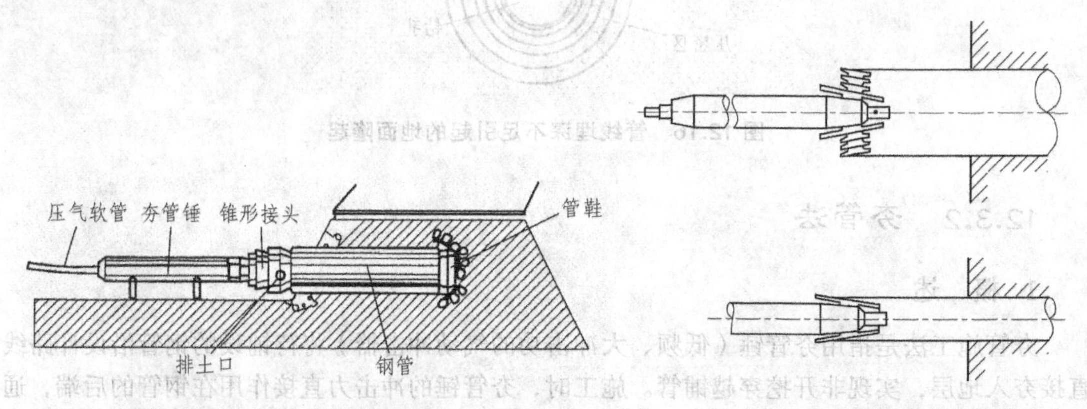

图 12.17　夯管施工法示意图　　　图 12.18　夯管锤和钢管的连接

为了保证施工精度，夯管锤和钢管的中心线必须在同一直线上。在夯第一节钢管时，应不断地进行检查和校正。如果一开始就发生偏斜，以后就很难修正方向。

每根管子的焊接要求平整，全部管子须保持在一条直线上，接头内外表面无凸出部分，并且要保证接头处能传递较大的轴向压力。

当所有的管子均夯入土层后，留在钢管内的土可用压气或高压水排出。排土时，需将管的一端密封。当土质较疏松时，管内进土的速度会大于夯管的速度，土就会集中在夯管锤的前部。此时，可使用一个两侧带开口的排土式锥形接头在夯管的过程中随时排土。对于直径大于 800 mm 的钢管，也可以采用螺旋钻杆、高压射流或人工的方式排土。

铺设较大直径的钢管时，为减小钢管与土层的摩擦力，可在管顶部表面焊一根钢管，随钢管的夯入，注入膨润土泥浆，以润滑钢管内外表面。

4. 施工机具

夯管锤铺管系统的配套主要机具为：空压机、夯管锤、带爪压盘、锥形接头、排土锥、张紧带及管鞋。

（1）空压机。

驱动夯管锤的空气压缩机与驱动气动矛的空压机一样，属于低压空压机，工作压力为 0.6 ~ 0.7 MPa。但排气量较大，最大达 50 m^3/min，需要的空气量根据夯管锤的直径不同而变化。

（2）夯管锤。

夯管锤提供铺管所需的冲击力，通常为低频、大冲击功的气动冲击锤提供夯管所需的冲击力。有时，气动矛也可以作为夯管锤使用，这主要用于小口径钢套管的铺设。

（3）带爪卡盘。

罩在锤的后端，卡盘上的爪用于挂张紧带。

（4）排土锥。

其前端与要铺设的钢管连接，后端与钢质锥套连接，主要作用为传递冲击力和排除进入管中的部分土体。

（5）张紧带。

一般为柔韧性强的尼龙带，在锤的两侧对称张紧，以便锤的能量有效地传递给钢管。

（6）管鞋。

焊接在钢管前部，其内径比钢管内径小，外径比钢管外径大，主要用来切割土体，减少土层及土芯与钢管内壁及外壁的摩擦力。

（7）锥形接头。

锥形接头由一组钢质锥套管叠加而成，其作用是传递冲击能量。根据钢管和夯管锤的直径可确定所需的锥套个数，即可用一种型号的夯管锤，通过不同数量锥套的组合，进行不同直径管线的施工。

在施工过程中，由于管子必须直接承受较大的冲击力，因此夯管法只适用于钢管的施工。一般地，钢管的直径和施工长度是一定的，而管节的长度和壁厚是不定的。管节的长度是由可获得的施工空间和运输等条件决定的。条件许可时，可使用较长的管节，以减少接头的数量和辅助的施工时间。由于运输方面的原因，管节的长度一般为 5～8 m，通常为 6 m。钢管的壁厚应与管的内径和夯管长度相匹配，以防止管的破裂，其匹配关系见表 12.6。

表 12.6 钢管的壁厚与内径的匹配关系

内径/mm	200	300	400	500	600	700	800	900	>1000
壁厚/mm	5～7	7～8	8～10	10～12	12	12～15	15	15～719	>20

为了减少摩擦阻力，通常在第一节管的端部的内环或外环焊上切削刀具，以形成一定的超挖量。内环切削具通常为一个整环，而外环切削具则仅覆盖管外周的上部，一般在 270°～320°，以保证管支撑在底部上。此外，还可每隔 5～6 m 焊上类似的外环形切削具。

5. 应用范围

夯管施工法适用的管径范围较大，可以从 50～2 000 mm。施工长度一般在 20～80 m，最大可达 100 m 左右，主要取决于地层条件。

夯管施工法对地层的适用性也较强，几乎可在任何地层中施工，除含有大量粗颗粒卵砾石的地层外，无论是含卵砾石的土层，还是含有地下水的土层，均可使用该法。通常，这种施工法的水平和高程偏差可控制在 2%以内。

施工速度主要取决于夯管锤的冲击力大小、钢管的内径和土层的性能，一般为 5～10 m/h，最快时可达 20 m/h。

典型气动矛的主要技术参数见表 12.7。

表 12.7 典型气动矛的主要技术参数

型号	直径/mm	长度/mm	质量/kg	压气消耗/(m^3/min)	冲击频率/(次·min^{-1})	最大铺管直径/长度(mm/m)
1. 德国 Tracto-Technik 公司						
Grundomat45	45	920	8	0.45	570	40/40
55	55	1110	13.5	0.6	510	45/50
65/65k	65	1290/1000	25/17	0.7	470/640	50/50
75/75k	75	1410/1210	34/28	1.0	420/520	63/50
85/85k	85	1470/1265	46/40	1.1	390/460	75/50
95/95k	95	1690/1490	67/87	1.2	315/380	85/50
110/110k	110	1890/1690	96/89	1.6	280/315	90/50
130	130	1730	127	2.4	350	110/50
145	145	1850	180	3.5	290	125/80
160	160	1950	216	4.2	320	145/50
180/180k	180	2150/1850	290/260	4.5/4.0	275/300	160/50
GrundoramDAVID	95 112	1460	59	1.2	345	200
ATLAS/mini	130 145	1453/946	95/60	2.7/1.7	320/580	300
TITAN	145 160	1545	137	4.0	310	400
OLYMP/mini	180 195	1690/1080	230/175	4.5/3.5	280/500	500
HERKULES	216 235	1913	368	8.0	340	500
GIGANT/mini	270 300	2010/1230	615/940	12/10	310/430	800/800
KOLOS/mini	350 400	2341/1847	1180/940	20/16	220/300	1200/1000
GOLIATH	450 510	2852	2465	35	180	1400
TAURUS	600 670	3645	4800	50	180	2000
Grundocrack130	130	1360	100	2.7	320	
145	145	1600	180	4.0	310	
180	180	1690	250	4.5	280	
220	220	1910	368	8.5	340	
2. 德国 ESSIG 公司						
IP45	45	800/1000	8/9	1.0		40
IP55	55	1200	16	1.0		40/45
IP65	65	1300	25	1.5		50
IP70	70	1050/1500	22/27	1.5		50
IP80	80	1500	36	1.5		75
IP110	110	1500	72	2.5		90

续表 12.7

型号	直径/mm	长度/mm	质量/kg	压气消耗/（m^3/min）	冲击频率/min^{-1}	最大铺管直径/长度（mm/m）
IP155	155	1800	160	6.0	320	400
IP200	200	1700	315	7.0	480	600
IP400	400	2400	1650	18	180	1200
IP530	530	2800	3500	40	180	1400
3. 瑞士 Terra 公司						
TU045s	45	900	8	0.6	500	40
TU065miniS	68	1000	20	1.1	480	60
TU080miniS	80	1000	26	1.8	550	75
TU090miniS	90	1000	32	1.8	550	80 150
TU105miniS	105	1100	46	2.4	540	90 200/50
TR190miniF	190	900	110	4	550	500
TR210（F）	210	1600	298	7	320	600
TR360	360	1750	663	12	280	1000
TR510TWIN	510/540	1850	1625	27	250	1500
TR540XL（F）	540	2300	2385	34	195	2000
4. 廊坊勘探所						
M63	63			0.8～1.2		43 73
M108	108			2～3		89～159
H190	190/200	1600	200	3～6		108～325
H260	260/270	1900	520	4～9		159～539
H300	300/310	2100	750	6～12		219～630
H350	350/365	2400	1200	9～18		273～830
H420	415/425	2800	1950	12～24		325～1020
H510	510/525	3200	3200	18～35		426～1500
H610	610/625	3700	5000	25～50		529～2000
5. 上海隧道股份公司机械厂						
DH70	70	1280	24	0.7～0.9	350～450	
DH95	95	1430	54	0.9～1.2	320～430	
DH360	360	2750	1300	22～26	160～260	
DH600	600	3650	500	48～52	130～170	

12.4 中心取样钻探技术

中心取样钻探在国外被称为 CSR（Center Sample Recover），依介质不同，分为空气 CSR 和水力 CSR。其以特有的双壁钻杆反循环系统和全面破碎的碎岩方式，依靠收集钻进过程中由内管中心通道上返至地表的岩屑来取代常规取心钻探中的岩芯进行地质编录、岩矿分析等，是一种全新的钻探方法，具有优质、高效、低耗的显著特点，因此，在工业发达国家得到了迅速发展。资料介绍，西方工业发达国家在地质勘探工作中利用该方法所完成的钻探工作量在 20 世纪 80 年代后期即已超过了长期以来一直占主导地位的金刚石钻探方法，且用于中心取样钻探的设备与机具也早已形成系列，较有名的有：美国 W. N 公司的 CON-COR 系列双壁钻杆及英格索兰公司的 TH 系列钻机，加拿大 DRILLSYSTEMS 公司的 CSR 系列钻机及钻具等。与其他取心钻探相比，在相同地质条件下，CSR 钻探方法的钻探效率比金刚石取心钻探高 3 ~ 10 倍，而钻探成本却只有金刚石取心钻探的 1/8 ~ 1/3。

我国首次应用这项技术始于 1980 年，由黄河水利委员会引进法国福拉克公司生产 VPRH 型钻机，包括双壁钻杆及全部钻具，应用于小浪底黄河水利枢纽工程的工程地质勘察。水电部长春水利勘测设计院从美国引进了 T4-W 型钻机，用于水文水井钻探。用于地质矿产勘探却是始于地矿部 1986 年从荷兰引进 Mini-200 型水力反循环钻机，主要用于砂矿钻进。同年底，原国家地矿部和煤炭部又分别从加拿大和美国引进了 CSR-1000AV 和 TH-100 型钻机，均为固体矿产勘探用钻机。

原国家地矿部为验证这种方法的地质效果，专门利用引进的样机在山东及宁夏等地进行了地质效果对比试验与钻探生产试验，均取得了令人满意的效果，将其确定为重点研究与发展项目。将中心取样钻探技术列为"八五"探矿科技攻关项目，通过攻关，使该项技术国产化，并以小型化作为国产化、国情化的重点。中心取样钻探设备、机具等的国产化工作已经完成，并已在多个矿区进行了大量生产试验。

12.4.1 中心取样钻探方法原理与特点

1. 方法原理

中心取样钻探技术的钻进原理如图 12.19 所示。压缩空气经侧入式气水龙头进入双壁钻杆的环状间隙并下行，到达孔底后经内管中心通道上返，同时将所钻地层样品及岩屑携至地表并进入旋流器，样品在旋流器中与空气分离，再根据地质要求进行不同比例的无分选缩分，最后将所分样品按要求包装编号后送交化验室分析处理。

根据流体力学的基本理论，钻进中循环介质携带岩芯（样）的能力与循环介质的密度和上返速度的大小成正比例关系。空气是一种极低密度的介质，其密度约为水的 1/800，因而在上返速度相同的情况下，其携带岩样的能力远远低于液体。只有当空气上返速度很大时，才能与液体一样携带同样大小的岩样。而空气的上返速度会受到其他条件的约束，因此在进行中心取样钻探时，通常采用全面破碎钻进工艺，即用牙轮钻头或潜孔锤钻进，以取样代替取心，从而保证在较低的空气上返速度的情况下，岩样能充分地被空气携带到地表。目前进行这种方法施工时，一般要求空气的上返速度不小于 25 m/s。

2. 工艺特点

中心取样钻探与常规取心钻探方法相比，其根本区别在于三个方面：改变了冲洗循环介质，即从液态变为气态；改变了循环方式，即从单臂钻杆正循环变为双壁钻杆反循环；改变了碎岩方式及样品形态，由原来的切削与磨削碎岩变为冲击与冲击切削碎岩，由获取柱状岩芯变为获取碎屑状岩样。

由于这三个根本区别，决定了中心取样钻探方法具有以下工艺特点。

（1）钻进效率高。

采用了潜孔锤和牙轮钻头，改变了碎岩方式，以冲击破碎取代了切削破碎和磨削破碎。使用空气作为循环介质，排粉效果好，减少或避免了重复破碎。此外，由于没有了液柱压力，孔底岩石从承受三向应力转为二向应力，使岩石强度相对降低；取消了常规钻探中的取心过程，钻进过程中除加接双壁钻杆和偶尔更换钻头外，样品在钻进时连续排出，纯钻时间利用率高。

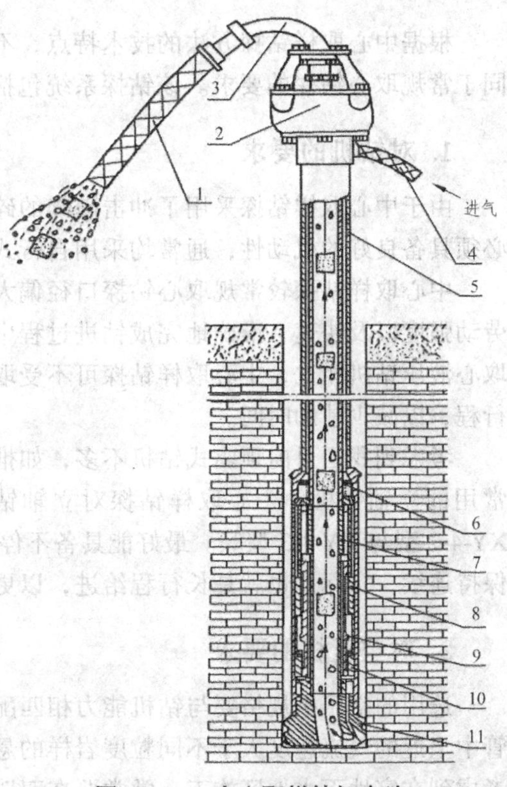

图 12.19　中心取样钻探方法

1—排渣胶管；2—气水龙头；3—鹅颈弯管；4—进气胶管；5—双壁钻杆；6—逆止阀；7—工作气室；8—内缸；9—活塞；10—衬套；11—反循环钻头

（2）有利于穿越复杂地层。

钻进时，压缩空气在双壁钻杆中的循环恰似一闭路循环系统，即便遇到老窿或溶洞，一旦钻具到达洞底，正常循环也会立即恢复，而这在常规钻探方法中却是无法实现的。

此外，双壁钻杆为满眼钻具，孔壁间隙小，故破碎岩块没有坍塌的空间条件，双壁钻杆对孔壁还有一定的支护作用。而钻进过程的连续性，避免了因频繁提下钻具所形成的压力激动和抽吸作用给钻孔造成的破坏。

（3）钻孔质量好。

双壁钻杆为满眼钻具，刚性好，所以很少发生孔斜；双壁钻杆定尺规格一致，不会发生孔深丈量误差；无论地层条件如何，样品采取率总能达到或接近100%，且没有外来的污染。

（4）钻进工艺简单。

由于中心取样钻探钻具自身的特点及碎岩方式的改变，钻进参数如压力、转速等的控制比较简单，即便稍有不当，对钻进效率、孔内安全等影响均不大。此外，由于实现了样品连续上返，常常是一个钻头打一个孔，提一次钻，除特殊情况外，即使在复杂地层钻进，也不必采取护孔堵漏措施，钻孔结构简单，通常一径终孔。

（5）可以气代水。

有利于在干旱缺水地区施工，这一点对于开发我国大西北具有特殊意义。

12.4.2 中心取样钻探方法对设备的要求

根据中心取样钻探方法的技术特点，不难看出其对钻探设备的配置及技术参数等都有不同于常规取心钻探的要求。该钻探系统包括钻机、空压机、水泵等。

1. 对钻机的要求

由于中心取样钻探采用了冲击破碎的碎岩方式，钻进效率高，搬迁频繁，所以要求钻机必须具备良好的机动性，通常均采用自行式或拖挂式。

中心取样钻探较常规取心钻探口径偏大，且使用双壁钻杆，质量大。为了降低操作者的劳动强度以及快速、准确地完成钻进过程中的各个机械动作，一般要求采用全液压控制。与取心液压钻机相比，中心取样钻探可不受取心回次长度的限制，故要求动力头有尽可能大的行程，以减少辅助时间。

考虑到我国目前顶驱式钻机不多，如推广中心取样钻探技术尚需立足于国内各地勘单位常用的立轴钻机。中心取样钻探对立轴钻机的最基本要求是应具备大通孔的回转器，如XY-4-2型与XY-4-3型等。最好能具备不停车倒杆功能（如新研制的CD-3型），使钻进过程保持连续，实际上也就是长行程给进，以更好地满足中心取样钻探工艺要求。

2. 对空压机的要求

选用的空压机规格要与钻机能力相匹配，除了具有足够的压力外，其风量不仅要确保内管中上返的气流速度大于不同粒度岩样的悬浮速度，还应满足所配用的冲击器对风量的要求。考虑到在富地下水地区施工，常常要在双壁钻杆的不同部位安装使用汽水混合器，因此空压机的风量实际上要比理想条件下的计算值大。影响选用空压机参数的因素有：孔深、孔径、钻进速度、冲击器类型、地下水位及涌水量等。

3. 对水泵的要求

尽管中心取样钻探的主要特征是以空气作为冲洗循环介质，但在实际生产中，经常遇到潮湿地层，特别是泥质成分很高的潮湿地层，如各种泥质粉砂岩、板岩、页岩、黏土岩等。

在这些地层中钻进，样品在内管上返途中极易相互碰撞而发生粘连，像滚雪球一样越来越大，严重时可造成排样困难甚至堵塞岩样上返通道。为此，常常采用雾化钻探来解决在这种地层中的施工问题。所谓雾化钻探，就是在钻进时往空气管线再注入少量清水，与空气混合后呈雾状形态，以分散、润滑岩样颗粒，使它们不致相互粘连成团块。而在某些地下水比较丰富的矿区施工，为了降低内管上返流体的压力，有时往孔内注入少量泡沫剂，这些就都需要一台灌注泵。

中心取样钻探对灌注泵的要求如下：

（1）排量小，可无级变速。雾化钻探时，清水的作用仅仅是形成水雾，而不是要求其悬浮岩样，通常汽水比为（2000～3000）：1。而根据所钻地层、机械钻速的不同等因素，需经常调节注水量，因而要求流量能随时任意调节。

（2）压力高，即水泵的灌注压力必须高于空气压力，否则空气有可能倒灌入水泵而无法正常供水。

我国目前农业上使用的药械泵或清洗泵一般可满足上述要求。

12.4.3 中心取样钻探工艺

中心取样钻探工艺根据所选用钻具的不同而异，中国地质科学院勘探技术研究所研究并经过试验验证可实现中心取样钻探工艺的基本钻具组合方式有 6 种，如图 12.20 所示。不同的钻具组合所适应的地质条件如表 12.8 所示。

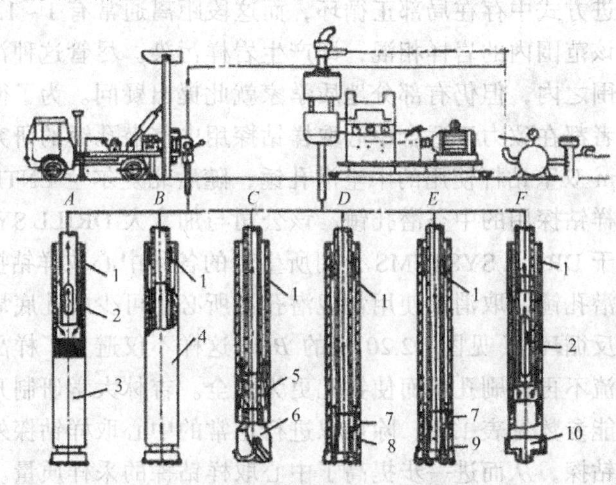

图 12.20 中心取样钻探钻具组合

A—常规潜孔锤钻具组合；*B*—贯通式潜孔锤钻具组合；*C*—牙轮钻具组合；*D*—硬质合金钻具组合；*E*—复合片钻具组合；*F*—刮刀钻具组合 1—双壁钻杆；2—转换接头；3—常规潜孔锤；4—贯通式潜孔锤；5—牙轮钻具配气接头；6—牙轮钻头；7—岩芯卡断器；8—硬质合金钻头；9—复合片钻头；10—刮刀钻头

表 12.8 不同钻具组合所适应的地质条件

钻具组合	地层条件					
	坚硬	中硬	软	松软	破碎	涌水
A	●	●	○	×	●	○
B	●	●	○	×	●	○
C	○	●	●	○	○	●
D	×	●	●	●	○	●
E	○	●	●	●	○	●
F	×	×	●	●	●	●

注：●—适合；○—基本适合；×—不适合。

1. 潜孔锤钻进

迄今为止，潜孔锤是在硬岩中最有效的钻进工具，参见图 12.20 中的 *A*。其中的转换接头是用潜孔锤进行反循环连续取样钻探的关键部件，其结构如图 12.21 所示。钻进时，沿双壁钻杆下行的压缩空气到达转换接头后内聚进入潜孔锤以驱动其工作。从潜孔锤排出的空气携带岩样沿锤体与孔壁之间的环状间隙上行至转换接头处，经转换接头的侧开口进入转换接头上部内聚而进入内管上返。实际上在转换接头至孔底这一段距离内形成了局部正循环。

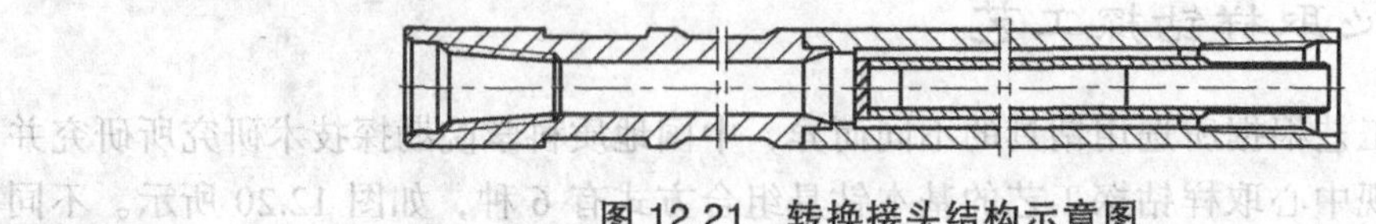

图 12.21　转换接头结构示意图

由于在潜孔锤钻进方式中存在局部正循环，而这段距离通常有 1 ~ 1.5 m，那么在一些破碎地层，就可能造成该范围内的岩样相混，即产生岩样污染。尽管这种污染程度极微，一般均在地质规范许可范围之内，但仍有部分地质学家就此提出疑问。为了彻底消除样品污染，世界各国的钻探工作者都在致力于适合中心取样钻探用中空潜孔锤的研究。1986 年澳大利亚率先推出适于 ϕ114 mm 双壁钻杆使用的中空潜孔锤，随后北爱尔兰 ENTEC INDUSTIESLTD 也推出了用于中心取样钻探用的中空潜孔锤。该公司与加拿大 DRILL SYSTEMS 公司合作，将该中空潜孔锤配备于 DRILL SYSTEMS 公司所生产的各种中心取样钻探设备上，取得了良好的效果。使用这种潜孔锤，取消了使用常规潜孔锤所必不可少的孔底局部正循环过程，成为名副其实的“全孔反循环”（见图 12.20 中的 *B*）。这样不仅避免了样品的机械混杂，还由于携带岩样的高速气流不再冲刷孔壁而使钻孔更为安全。吉林大学研制开发了 GQ 系列贯通式气动潜孔锤，其性能参数见表 12.9，除可以进行正常的中心取样钻探外，还配备了取心球齿钻头，可实现取心钻探，从而进一步提高了中心取样钻探的采样质量。中国地质科学院勘探技术研究所也研制了 FQC 系列反循环气动潜孔锤产品，其结构见图 12.22，其性能参数见表 12.10。而后者主要用于水井和工程成孔钻进施工。

表 12.9　GQ 系列贯通式气动潜孔锤主要技术参数

型号	潜孔锤外径/mm	贯通孔直径/mm	钻孔直径/mm	潜孔锤长度/m	冲击功/J	冲击频率/Hz	耗气量/(m^3/min)	潜孔锤压力降/MPa	活塞质量/kg
GQ-80	80	28	85 ~ 112	1 062	124	18	3	1.1	4
GQ-90	89	33	95 ~ 120	1 222	155	19	4.8	1.4	4.9
GQ-100	100	44	105 ~ 132	1 056	165	18	5	1.0	5.2
GQ-108	108	38	112 ~ 132	1 255	268	19	9	1.4	8.5
GQ-127	127	44	132 ~ 152	1 264	410	18.8	11	1.4	13
GQ-146	146	44	152 ~ 185	1 267	534	17	12	1.1	17
GQ-160	160	60	165 ~ 200	1 302	640	16	13	1.0	20
GQ-200	190	62	200 ~ 250	1 468	720	18	14	1.0	23
GQ-250	242	60	250 ~ 350	1 459	1052	16	17	1.05	34

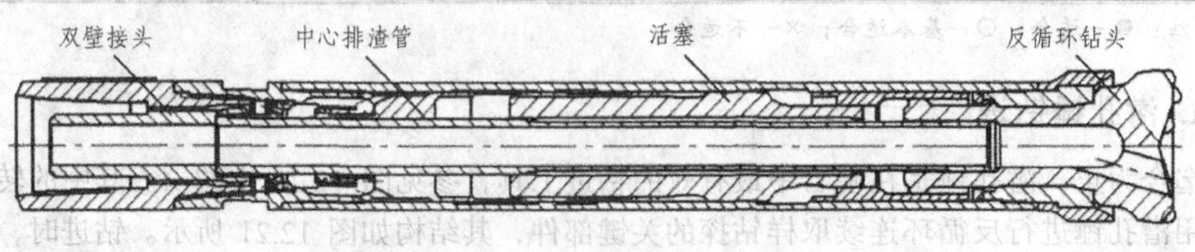

图 12.22　FQC 贯通式气动潜孔锤

表 12.10　FQC 系列反循环气动潜孔锤主要技术参数

型号	冲击器外径/mm	中心孔直径/mm	钻孔直径/mm	冲击器长度（包括钎头）/mm	冲击功/J	冲击频率/(次·min^{-1})	使用气压/MPa	耗气量/($m^3 \cdot min^{-1}$)
FQC335	85	33	90～105	1 143	475	≪800	0.7～2.1	4.2～11.7
FQC345	105	33	110～130	1 281	600	≪800	0.7～2.1	5.7～14.2
FQC355	124	36	135～155	1 292	791	810～1 200	0.8～2.1	6.5～19.3
FQC365	154	61	160～200	1 345	950	600～1 100	0.8～2.1	9～18
FQC385	185	72	200～220	1 421	1 141	660～1 280	0.8～2.1	12～30.8
FQC390	188	76	216～254	1 450	1 200	660～1 160	0.8～2.4	13～30.8
FQC3110	250	93	260～311	1 440	1 260	600～1 230	0.8～2.4	15～34

潜孔锤钻探以冲击破碎为主，所以其钻进参数与常规回转钻进有较大不同。钻压主要取决于地层岩石硬度，地层自软至硬，钻压由小到大。转速是最重要的参数，其选取的合理与否，直接影响到机械钻速和钻头寿命。如果地层坚硬而转速过快，则可能在每转之间，孔底存在未被冲击破碎的岩石间隔，导致钻具运转不平稳，并加速钻具非正常磨损。如果在较软地层中转速过低的话，则又可能导致重复破碎，这些都会影响钻进效率。通常可借助经验公式确定转速，即 $n = v/2$（n 为转速，r/min；v 为机械钻速，ft/h）。例如，假如钻进时机械钻速 $v = 50$ ft/h，则合理的转速 $n = v/2 = 25$ r/min。该经验公式在现场中确有一定的指导意义。CSR-1000AV 型钻机在山东试验时，机械钻速一般都在 20 m/h（约 66 ft/h）左右，故动力头转速一般维持在 30～35 r/min。

但必须注意，钻具的回转速度还受冲击器性能的影响，一般来说，冲击功小，转速高；冲击频率高，转速也要高。此外，还要根据钻进时的孔径、岩性、空压机性能、钻头类型等确定依靠大量的实践来逐步探索。

潜孔锤的冲击频率一般从每分钟几百次到每分钟几千次，因此在工作时必须给予必要的润滑，定期保养。在研磨性强的地层或注水钻进时，一般每工作 50 h 左右即应保养一次；而在干地层钻进，每 100 h 保养一次即可。国内通常采用的方法是在每次加接双壁钻杆时，一次性向双壁钻杆中注入少量润滑油，借助于气流将润滑油带进潜孔锤内，这样的润滑为间断性润滑，因此应配备自动注油器。

正常情况下，潜孔锤钻头寿命可达数百米，所以一般钻头要在不止一个钻孔中使用，因此应特别注意确定合理的钻孔结构，排队使用钻头。重复使用的钻头应测出其当时的直径，并检查球齿的磨损情况，如果磨损严重，则可能严重影响钻进效率。此时应对球齿进行修复。

2. 牙轮钻进

在中硬以下的固结性岩石中，采用牙轮钻进往往可获取很高的钻探效率。图 12.20 中的 C 是牙轮钻具组合示意图。在钻进时，压缩空气经接头和导气套在几乎靠近孔底处均匀排出，不仅避免了样品污染，而且由于空气在距孔底很近处排出，还有利于清洗孔底和样品内聚上返，并可减少双壁钻杆与孔壁之间环状间隙的耗气量。

牙轮钻头可选普通牙轮钻头，但必须适当改进。首先需将原钻头内水眼直径加大，尽可能接近双壁钻杆内径，以利于岩屑进入内管上返；然后将钻头的 3 个掌子柄加工成可使导气套尽量套在接近钻头的底面处，使气流直接冲刷孔底。选择何种切削刃的牙轮钻头，则主要取决于地层条件。一般在 5 级以下地层中钻进，可选用铣齿钻头；在胶结良好的 5 级以上地层中钻进，通常选用各种镶齿钻头。地层越硬，镶齿出刃量越小，同时镶齿的硬质合金牌号也不尽相同。

牙轮钻进时主要钻进参数的取值范围可参考如下值：钻压 7 ~ 15 kN/英寸钻头直径；转速 30 ~ 60 r/min；扭矩 900 ~ 400 Nm/英寸钻头直径；风量 3 ~ 10 m^3/min。

参数随地层由软至硬而从小到大取值。其中，扭矩的大小可反映孔内安全程度和钻进参数合理与否。如果钻压、转速值合理，孔内无异常，则扭矩值较推荐值偏低，且稳定，表现为钻具运转平稳，进尺均匀； 如果钻具运转平稳但扭矩值偏低且机械钻速不高，一般表明钻压偏低，此时可加压至钻速有明显提高而钻具依然运转平稳； 如果钻压、转速均不大，机械钻速也不高，但钻进扭矩过大，运转平稳，则表明钻具外环间隙堆积有岩粉，此时可停止给进，将钻具提离孔底一段距离，反复提动数次，一般均可将堆积物排除。

如果钻孔较深，不能确保一个钻头可以终孔，则要考虑钻孔结构问题。一般应以能实现反循环、保证采样质量的大径钻头开孔，以后逐级缩小，即钻杆直径（mm）：114、89、73；钻头直径（mm）：140 ~ 127、114 ~ 95、95 ~ 83。如果一孔终了，钻头还可继续使用，则在新孔中的同径孔段中与新钻头排队使用。当然，下孔前一定要用钻头量规测出其直径以确定其能否下孔。量规可用不同直径的铁环制成。

由于中心取样钻探不需要提钻取心，所以钻进时无法直接检测钻头的磨损情况，这就要求操作者能够根据仪表所反映出的参数变化、钻机工作状态等正确判断钻头的工作情况并采取有效的技术措施，使钻头得以在最佳状态下工作。最常见的钻头故障是钻头牙轮被泥或岩粉包死以及牙轮轴承损坏等。如果钻进时钻具回转正常，扭矩比正常值略高，风压升高，不进尺，孔口有泥砂返出，则表明钻头被包死，牙轮已不能回转。此时可停止给进，在送风的同时注水，并适当提高转速，将包裹物冲开。倘无效，可变反循环为正循环，让高速气流直接冲刷牙轮钻头内侧；如仍无效，则需提钻清洗钻头。平时可通过控制机械钻速来防止钻头"泥包"。

如果钻进时钻具回转不稳，产生有规律的周期性振动，如将钻具提离孔底，前述情况消失，表明已有至少一个牙轮轴承损坏，此时应注意排渣管排出物。如果牙轮轴承损坏严重，常有碎屑随岩样返出，一经发现应马上提钻更换钻头。

3. 取心钻进工艺

在一些松软的地层或地质人员对岩样有特殊要求（如岩样块度）的矿区，则需要使用取心钻具进行反循环连续取心钻探，通常使用硬质合金及复合片钻具（见图 12.20 中的 *D*、*E*），其所适应的地质条件如表 12.8 所示。

4. 富含地下水地区施工要点

采用空气钻进，最大钻进孔深一般取决于所用空压机的额定压力。在干孔中钻进，系统空气压力仅用于空气流动过程中的沿程阻力损失，因此，钻进孔深较大。例如使用压力为

1.75 MPa 的空压机，钻孔深度可达 2 000 m 以上。而一旦孔内有水且水量较大（涌水量大于 5 m^3/h）时，则水柱静压力成为影响双壁钻杆空气反循环连续取样钻探孔深的主要因素。在这种情况下，如果仍使用前述空压机潜孔锤钻进，则最多可在静水位以下 180 m 以内的孔段钻进。此时要钻到设计孔深，则需采取分段气举的方法，此法一般仅限于牙轮钻进。

所谓分段气举，就是在静水位以下的双壁钻杆柱中间按不同间距设置汽水混合接头，使部分沿内外管环隙下行的气流经汽水混合接头直接进入内管，与聚留在内管中的静水柱混合形成充气液体而使液柱压力降低，从而维持正常钻进。通常的作法是在双壁钻杆上，静水位以下 80 ~ 100 m 的地方安装第一个汽水混合接头，此后如果需要，还可按 80 ~ 100 m 的间距设置第 2 个乃至多个汽水混合接头。采用这种方法，在孔内涌水量大于 30 m^3/h、静水位 7 m 的富含水地层施工，利用压力为 2.42 MPa 的空压机，可以钻进孔深 500 m 以上的钻孔，而不安汽水混合接头则最大钻进孔深仅 250 m。

汽水混合接头可以自制，也可在现场改制，也有的双壁管本身就带有，如 WALKER-NEER 公司生产的 CON-COR 双壁钻杆就配备汽水混合接头；而 DRILL SYSTEMS 公司则推荐在其内管短节中部钻一个 $\phi 3 \sim 5$ mm 的小孔即可。小孔孔径的大小正比于孔内水量，不用时用电焊将小孔堵上即恢复为正常接头。勘探技术研究所研制的 CSR73 钻具采用了如图 12.23 所示的短气接头来实现分段气举钻进。需要时按前述间距将其加接到钻杆柱中间即可，极为实用、方便。但由于空压机排量有限，汽水混合接头不可能无限加上去，因此钻进孔深取决于空压机的性能。

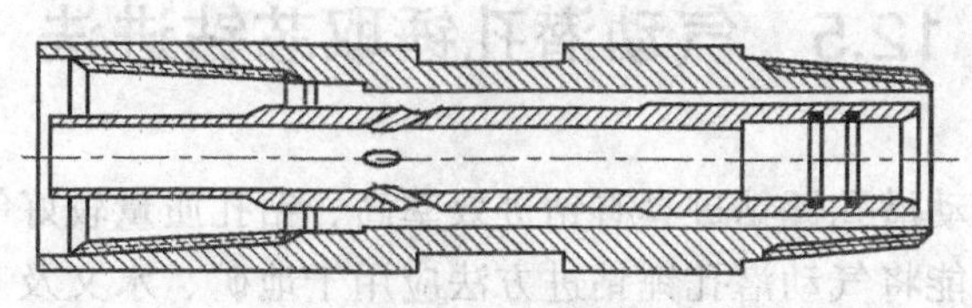

图 12.23　短气接头

12.4.4　中心取样钻探采样工作程序

对于固体矿产勘探，任何钻进方法都是为获得准确、可靠的地下地质信息。因此，如何搞好样品的采取便成了取样钻探工作中至关重要的一项内容。

1. 样品的收集

在中心取样钻探中，携带样品上返的气流速度高达几十甚至 100 m/s 以上，因此必须有一种装置使上返气流减速并与样品分离。一般使用旋流器。旋流器工作原理与现在常用于泥浆处理的旋流除砂器、除泥器相似。旋流器种类较多，根据空压机的能力来选用，常用的有桶式与铅笔式两种，但原理都完全相同。

2. 样品的缩分与现场处理

中心取样钻探为全断面取样，即整钻孔柱状地层全被破碎后返上地表。为此必须对样品进行无分选缩分，缩分比例根据最终 1/8、1/4 与 1/2，即把每一取样段的样品都分为 4 部分，根据地质人员需要任取其中的一部分或几部分。最普遍的作法是保留 2 个 1/8 样品，其中一个作为主样品送检，另一个作为副样品保管。必要时可从副样品中再提取送检样复检，剩余的1/4与1/2样品可现场倒掉。

3. 取样注意事项

由于中心取样钻探采取样品与常规钻探采取岩芯的操作程序完全不同，因此，取样钻探对操作者还有一些特殊要求。

（1）在取样段确定后，每到一取样段钻进终了，要停止给进一定时间，使该取样段的岩样全部上返至地表后方能开始下一取样段的钻进。如果一取样段尚未终了，但孔口发现地层变化，则采样人员应根据地质人员要求立即更换样品收集容器，将不同地层的样品分开，等地质人员根据换层情况重新确定取样段之后再继续钻进。

（2）样品的干湿不仅是在样品形态上有差别，在现场的收集与处理上也有较大的区别。一般情况下，地质人员希望得到干燥的样品，但实际钻进时，由于地区和矿区的不同，有的需要注水钻进（如潮湿的黏土层）或因地下水比较丰富，而得到的是含水样品。此时应注意，如果在矿层钻进，应在取样段终了停止给进一次注水 20 L 左右，以便把黏附在双壁钻杆内壁的岩样（可能富集该取样段中的有用成分）全部冲洗干净，否则可能使2个取样段的样品混杂而造成污染或混样。

12.5 气动潜孔锤取芯钻进法

在钻进方法中，气动潜孔锤钻进具有钻进效率高、钻孔质量较好等优点，但以往基本上是不取芯全面钻进，若能将气动潜孔锤钻进方法应用于地矿、水文及工程地质钻探中，则不仅能发挥其优越性，而且具有以下优点：

（1）可以较好地解决干旱缺水地区、复杂地层（如严重漏失层、破碎层及水敏性地层等）的钻探问题。

（2）在水文地质和工程地质勘察中，有利于确保压水实验和抽水实验的准确性，也不会影响勘察的边坡的稳定性。有些情况下，这类钻孔是不允许用泥浆等冲洗液钻进的。

（3）在相同孔径下，取芯钻进与不取芯钻进相比，单位进尺的排粉量减少，气体循环压力会降低，对于确定的空压机，有利于提高钻进效果，可钻进的孔深也会有所增加。另外，气体对孔壁冲刷、扰动也会减弱，有利于孔壁稳定。

可见，采用气动潜孔锤取芯钻进方法是十分必要的，对于提高勘探施工经济效益很有意义。

12.5.1 CX-120型气动潜孔锤取芯钻具的结构和工作原理

研制了CX-120型气动潜孔锤取芯钻具。CX-120型气动潜孔锤取芯钻具结构如图12.24所示。钻具上部与CIR110型气动冲击器相匹配，该钻具属单动双管结构，由接头、柱齿合金、两副推力球轴承、滑套、弹簧、内管接头、内外岩芯管、扶正环、带弹簧片的卡簧、卡簧座和钻头等组成。钻头外径为ϕ120 mm，内径为ϕ63 mm，钻具总长为2 075 mm，钻具质量为82 kg。回次进尺可达1.5 m。该钻具适于钻进具有微裂隙或轻度破碎的地层。除了图12.24所示结构外，该钻具还配有另外一种钻头、卡簧和卡簧座，与钻具其他部分相匹配，仅总长增加了18.5 mm，钻头直径等参数不变，适于钻进完整均质地层。

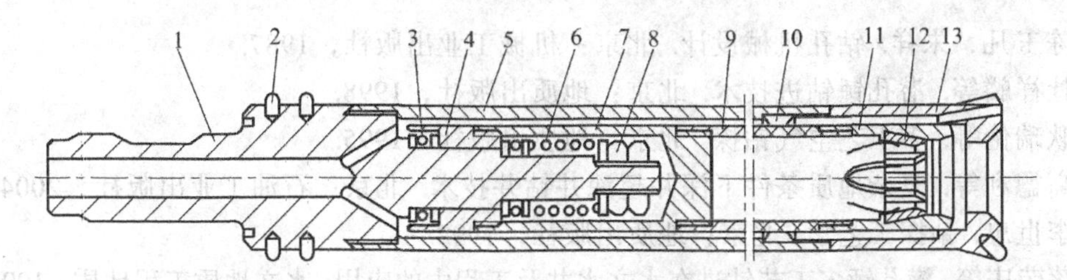

图12.24 CX-120型气动潜孔锤取芯钻具结构示意图

1—接头；2—柱齿合金；3—轴承；4—滑套；5—外岩芯管；6—弹簧；7—内管接头；8—螺母；9—内岩芯管；10—扶正环；11—卡簧座；12—卡簧；13—钻头

正常钻进时，轴压力、回转运动和冲击力经气动冲机器传递给接头、外岩芯管、钻头，进行破碎孔底岩石，此时内管部分不动；压气经气动冲机器流出后进入接头内孔、内外岩芯管环隙、钻头气孔，到达孔底，冷却钻头，冲洗孔底，携岩粉沿外环隙上返。取芯时，缓慢上提钻具，滑套压缩弹簧，内岩芯管、卡簧座部分下移坐落在钻头内台阶上，以便外管承受较大的卡芯力，便可卡断岩矿芯。

12.5.2 钻具与地层相适应问题

（1）对于完整地层，可采用卡簧、卡簧座卡芯装置，以及单管或单动双管型气动潜孔锤取芯钻具。对于微裂隙地层或较破碎地层，可采用带弹簧片卡簧、卡簧座卡芯装置（卡簧的锥度角可为5°，卡簧卡牢岩矿芯较可靠），以及单动双管型气动潜孔锤取芯钻具，并采用底喷气孔式钻头方可保证岩矿芯质量和数量。

（2）气动潜孔锤取芯钻具主要是依靠冲击作用钻进碎岩的。冲击碎岩时，常利用凿碎单位体积岩石所耗费的能量——凿碎比功，来反映凿碎效果。通过许多实际测定数据的分析，单次冲击功与凿碎比功的关系基本一样，在冲击功很小时，小的冲击功不足以使岩石产生破碎坑，凿下的岩粉很细，比功很大；当冲击功超过一定值之后，凿碎比功进入一个相对稳定的区域，在这个区域里，比功是变化不大的。可见，当冲击功超过一定值时，碎岩才是合理的，碎岩速度会随冲击功增加而成正比例增大的，此时碎岩速度也会随气动潜孔锤的冲击频率增加而增大的。该冲击功临界值，取决于岩石性质，依据国内外资料，中硬-硬岩石为单位合金刃长冲击功10～17 J/cm，或每颗柱齿合金冲击功10～17 J/颗。因此，一般来说，在一定钻孔直径条件下，尽量选择具有较大冲击功的气动潜孔锤配取芯钻具，如CX-120型气动潜孔锤取芯钻具采用了冲击功为178 J的CIR110型潜孔锤，然后依据钻头情况，计算钻头单位冲击功——若为刃片合金钻头，则为单位合金刃长冲击功；若为柱齿合金钻头，则为每颗柱齿合金冲击功。若钻头单位冲击功未达到冲击功临界值，则应适当调减合金数量，使其达到或接近冲击功临界值。另外，若地层不太硬，趋向选择刃片合金钻头，碎岩效果更好些。

（3）如果空压机的压力指标够，应尽量采用较大风量，可以增大气动潜孔锤的冲击功和冲击频率；又可及时排屑，有利于提高钻速和岩矿芯质量。

参考文献

[1] 陈玉凡，朱祥. 钻孔机械设计. 北京：机械工业出版社，1987.

[2] 杜祥麟等. 潜孔锤钻进技术. 北京：地质出版社，1998.

[3] 耿瑞伦等. 多工艺空气钻探. 北京：地质出版社，1995.

[4] 高德利等. 复杂地质条件下深井超深井钻井技术. 北京：石油工业出版社，2004.

[5] 李世忠. 钻探工艺学. 北京：地质出版社，1992.

[6] 蒋荣庆等. 潜孔锤多工艺钻进在水文水井及工程中的应用. 水文地质工程地质，1998（6）.

[7] 蒋光旭等. SYZX96/75 绳索取心液动锤钻具的应用效果. 探矿工程，2010（6）.

[8] 苏义脑. 钻井力学与井眼轨道控制文集. 北京：石油工业出版社，2008.

[9] 石永泉. 关于液气混合潜孔锤的试验与研究. 探矿工程，1990.

[10] 石永泉. 孔底反射器的设计和使用. 地质与勘探，1991（8）.

[11] 石永泉. 冲击回转钻进中的静压力. 地质与勘探，1994（1）.

[12] 石永泉. 无阀潜孔锤冲击功和冲击频率的计算. 西部探矿工程，1999（1）.

[13] 石永泉. CX-120 型气动潜孔锤取芯钻具的研制. 成都理工学院学报，2002（5）.

[14] 石永泉. 复杂地层气动潜孔锤跟管钻进最大深度的确定方法. 地质与勘探，2009（4）.

[15] 石永泉. 夯管法理论问题的探讨. 探矿工程，2000（1）.

[16] 石永泉. 气动潜孔锤取芯钻进工艺问题的研究. 探矿工程，2009（s1）.

[17] 王人杰等. 液动冲击回转钻探. 北京：地质出版社，1998.

[18] 徐小荷等. 岩石破碎学. 北京：煤炭工业出版社，1984.

[19] 许刘万等. 反循环气动潜孔锤的研制及应用. 探矿工程，2009（4）.

[20] 许刘万等. 多工艺空气钻进技术及其新进展. 探矿工程，2009（10）.

[21] 杨惠民. 钻探设备. 北京：地质出版社，1988.

[22] 殷琨等. 水文水井潜孔锤反循环钻进技术. 探矿工程，2003（s1）.

[23] 颜纯文等. 非开挖铺设地下管线工程技术. 上海：上海科学技术出版社，2005.

[24] 张国忠. 气动冲击设备及其设计. 北京：机械工业出版社，1991.

[25] 张晓西. 中心取样钻探技术（一）. 探矿工程，2000（1）.

[26] 张晓西. 中心取样钻探技术（二）. 探矿工程，2000（2）.

[27] 张晓西. 中心取样钻探技术（三）. 探矿工程，2000（3）.

[28] 周志鸿，等. 地下凿岩设备. 北京：冶金工业出版社，2004.